普通高等学校"十三五"规划教材

工程测量

主　编　范正根　余　莹
副主编　吴　巍　李　志

合肥工业大学出版社

前　　言

工程测量是土木工程、建筑学、城乡规划、工程管理、房地产开发与管理等工程类专业的技术基础课。该课程的特点是理论联系实践，要求学生在理论学习的基础上能用理论指导实践操作。本书是按照高等学校建筑类非测绘专业工程测量课程教学大纲的要求，结合多年教学、测绘生产实践经验和当前测绘领域的先进科学技术编写而成的。

本书内容涵盖普通测量学知识和施工测量内容，着重阐述了工程测量的基本理论知识，详细介绍了工程测量中涉及的技术和方法，注重对学生实际动手能力的培养。结合当前数字化测绘设备和技术的应用，本书增加了全站仪、GPS和数字化测图等新理论和新技术知识。

本书适用于建筑类非测绘专业如工程管理、城乡规划、建筑学、房地产开发与管理、土木工程、风景园林等专业的教学，也可供相关专业的工程技术人员参考。

本书编写分工如下：范正根撰写第一章、第二章、第十章、第十一章；余莹撰写第三章、第四章，第六章；吴巍撰写第七章、第八章和第九章，李志撰写第五章、第十二章。全书由范正根和余莹负责统稿校核。

本书的部分图表和内容参考了书末所列参考文献，在此向相关作者表示感谢。

由于编者水平有限，书中的错误和不足，敬请读者批评指正。

编者

2020.7

目　录

第一章 绪 论

本章学习测量学的基本概念。通过学习，了解测量学的分类、铅垂线、大地原点、大地坐标系、空间直角坐标系；熟悉地球曲率对距离、角度和高程测量的影响及测量工作的基本原理；掌握大地水准面、独立平面直角坐标系、高斯平面直角坐标系、高程系统等概念。

第一节 测量学的任务及作用

一、测量学的概念

测量学是研究地球的形状和大小以及确定地面（包括空中、地下和海底）点位的一门学科。

测量学将地表物体分为地物和地貌。地物是指地面上天然或人工形成的物体，包括湖泊、河流、海洋、房屋、道路、桥梁等；地貌是指地表高低起伏的形态，包括山地、丘陵和平原等。地物和地貌总称为地形。

测量学的主要任务是测定和测设。测定是指使用测量仪器和工具，通过测量与计算将地物和地貌的位置按照一定的比例尺和规定的符号缩小绘制成地形图，供科学研究和工程建设规划设计使用；测设是将在地形图上设计的建筑物和构筑物的位置在实地标定出来，作为施工的依据。

二、测量学的分类

测量学是一门综合性学科，按照研究范围、研究对象以及研究方法的不同可以分为大地测量学、普通测量学、摄影测量和遥感学、工程测量学、海洋测绘学、地图制图学等学科。

1. 大地测量学

大地测量学是一门研究和测定地球的形状、大小、重力场、地球整体与局部运动，以及建立地球表面广大区域控制网理论和技术的学科。大地测量学又分为几何大地测量学、物理大地测量学和卫星大地测量学（或空间大地测量学）。几何大地测量学是用几何观测量（长度、方向、角度、高差）研究和解决大地测量学科中的问题。物理大地测量学是用重力等物理观测量研究和解决大地测量学科中的问题。卫星大地测量学是用人造地球卫星观测量研究和解决大地测量学科中的问题。随着大地测量点位测定精度的日益提高，又出现了动态大地测量学，它是用大地测量方法研究地球运动状态及地球物理机制的理论和方法。

2. 普通测量学

普通测量学是一门研究小区域地球表面的形状和大小并绘制成图的学科。由于区域相对较小，所以把曲面近似的当作平面看待，不考虑地球曲率的影响。

3. 摄影测量和遥感学

摄影测量和遥感学是一门研究利用摄影或遥感技术获取目标物的影像数据，从中提取几何或物理信息，并用图形、图像和数字形式表达的学科。根据获得像片的方式和研究目的的不同，摄影测量学又分为航空摄影测量学、地面摄影测量学、水下摄影测量学和航天（卫星）摄影测量学等。

4. 工程测量学

工程测量学是一门研究工程建设和资源开发领域，在规划、设计、施工、管理各阶段进行的控制测量、地形测绘和施工放样、变形监测的理论、技术和方法的学科。由于建设工程的不同，工程测量学又可分为矿山测量学、水利工程测量学、公路测量学以及铁路测量学等。

5. 海洋测绘学

海洋测绘学是一门以海洋水体和海底为研究对象所进行的测量和海图编制的理论、方法的学科。主要包括海道测量、海洋大地测量、海底地形测量、海洋专题测量以及航海图、海底地形图、各种海洋专题图和海洋图集等的编制。

6. 地图制图学

地图制图学是一门研究各种地图投影理论、编绘制作等技术方法的学科。由于科学技术的进步和计算机的应用，地图制图学已向电子地图和地理信息系统方向发展。

三、测量学的应用

测量学应用广泛，在国民经济和社会发展规划中，测绘信息是重要的基础信息之一，各种规划及地籍管理，首先要有地形图和地籍图。另外，在各项经济建设中，从勘测设计阶段到施工、竣工阶段，都需要进行大量的测绘工作。在国防建设中，军事测量和军用地图是现代化大规模的诸兵种协同作战不可缺少的重要保障。至于远程导弹、空间武器、人造卫星和航天器的发射，要保证它们精确入轨，随时校正轨道和命中目标，除了应算出发射点和目标点的精确坐标、方位、距离外，还必须掌握地球的形状、大小的精确数据和有关地域的重力场资料。在科学实验方面，注入空间科学技术的研究，如地壳的变形、地震预报、灾情监测、空间技术研究、海底资源探测、大坝变形监测、加速器和核电站运营的监测等。即使在国家的各级管理工作中，测量和查阅地图资料也是不可缺少的重要工作。

此外，在各种工程建设中，测量技术的应用也十分广泛。例如，在建筑工程、城市规划、道路与桥梁工程、水利工程、管道工程与地下建筑等的勘测设计阶段需要测绘各种比例尺地形图，供规划设计使用；在施工阶段需要将图纸上设计好的建筑物、构造物的平面位置和高程，运用测量仪器和测量方法在地面上标定出来，以便进行施工；在工程结束后，还要进行竣工测量，供日后维修和扩建用；对于大型或重要的建筑物、构造物还需要定期进行变形观测，以确保其安全。

由此可见，测量工作贯穿于工程建设的始终，一名工程技术人员只有掌握必要的测量科学知识和技能，才能担负起工程勘测、规划设计施工及管理等任务。

第二节　地球的形状和大小

测量工作是在地球表面进行的，而地球的自然表面是不规则的。在地球表面上分布着高山、丘陵、平原、海洋，有高于海平面 8844.43m 的珠穆朗玛峰，有低于海平面 11034m 的马里亚纳海沟，地形起伏很大。但是由于地球半径很大(约 6371km)，地面高度变化的幅度相对于地球半径只有 1/600，从宏观上看仍然可以将地球看作圆滑球体。而且地球表面大部分是海洋，占地球面积的 71%，陆地仅占 29%，所以人们假想由静止的海水面向大陆延伸形成的闭合曲面来代替地球表面。

由于地球的自转，地球上任一点都受到离心力和地心引力的影响，这两个力的合力称为重力，如图 1-1(a)所示。重力的作用线在测量上称为铅垂线。用细线悬挂一个垂球，当垂球静止时，此方向线即为铅垂线。处处与重力方向垂直的连续曲面称为水准面，与水准面相切的平面称为水平面，任何自由静止的水面都是水准面。因此，水准面有无穷多个，其中与平均海水面相吻合的水准面称为大地水准面。大地水准面是测量的基准面，大地水准面所包围的形体称为大地体。

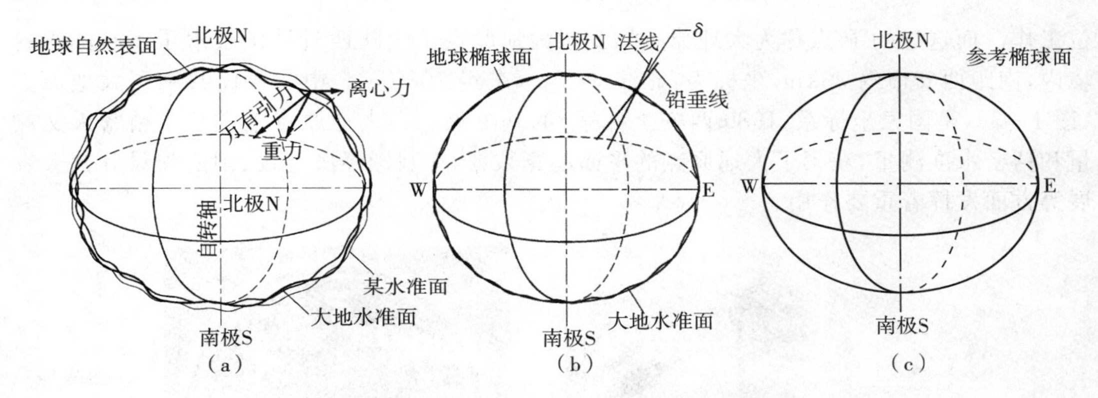

图 1-1　大地水准面和地球椭球体示意图

大地水准面和铅垂线是测量外业的基准面和基准线。用大地体表示地球体形是恰当的，但由于地球内部质量分布不均匀，引起铅垂线的方向产生不规则变化，致使大地水准面成为一个复杂的曲面，如图 1-1(a)所示，无法在这曲面上进行测量数据处理。为了使用方便，通常用一个非常接近于大地水准面，并可用数学式表示的几何形体(即地球椭球体)，来代替地球的形状，如图 1-1(b)所示，作为测量计算工作的基准面。地球椭球是一个椭圆绕其短轴旋转而成的形体，故地球椭球又称为旋转椭球体。如图 1-1(c)所示，旋转椭球体的形状和大小是由其基本的元素决定的。目前，我国采用的椭球体的参数为：

$$\left.\begin{array}{ll}\text{长半轴} & a=6378140\text{m} \\ \text{短半轴} & b=6356755.3\text{m} \\ \text{扁率} & f=\dfrac{a-b}{a}=\dfrac{1}{298.257}\end{array}\right\} \tag{1-1}$$

根据一定的条件，为确定参考椭球与大地水准面的相对位置所做的测量工作，称为参考椭球体的定位。在一个国家适当地点选一点 P，假设大地水准面与参考椭球面相切，切点 P'位于 P 点的铅垂线方向上(图 1-2)，这样的椭球面上 P'点的法线与该点对大地水准面的铅垂线重合，并使椭球的短轴与自转轴平行，且椭球面与这个国家范围内的大地水准差距尽量地小，从而确定了参考椭球面与大地水准面的相对位置关系，这就是椭球的定

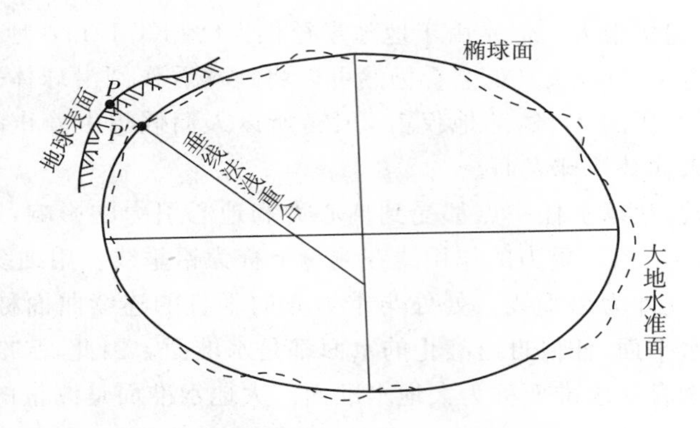

图 1－2　参考椭球体的定位

位工作。而这里的 P 点称为大地原点。我国大地原点位于陕西省泾阳县永乐镇石际寺村境内，南距西安市约 36km，坐标为：北纬 34°32′，东经 108°55′。中华人民共和国大地原点(图 1－3)，是国家坐标系(1980 西安坐标系)的基准点。在大地原点上进行了精密天文测量和精密水准测量，获得了大地原点的平面起算数据，在我国经济建设、国防建设和社会发展等方面发挥着重要作用。

图 1－3　中华人民共和国大地原点

第三节　地面点位的确定

测绘工作的实质是确定地面点的空间位置。地面点的空间位置通常用地面点到大地水准面的铅垂距离及其在投影面上的坐标表示，也就是由地面点的高低位置和在投影面上的位置构成三维坐标。此外，还可用地心坐标表示其三维空间位置。

一、地面点的高程

地面点的高低位置即为高程，也就是地面点到基准面的铅垂距离。由于基准面的不同，高程又分为绝对高程和相对高程。绝对高程是指地面点到大地水准面的铅垂距离，又称海拔。相对高程是指地面点到某一假定水准面的铅垂距离，又称为假定高程，当个别地区引用绝对高程有困难时使用。

如图 1-4 所示，A、B 两点的绝对高程分别为 H_A、H_B，相对海拔分别为 H'_A、H'_B。所以地面点 A、B 两点之间的高差为：

$$h_{AB}=H_B-H_A=H'_B-H'_A \tag{1-2}$$

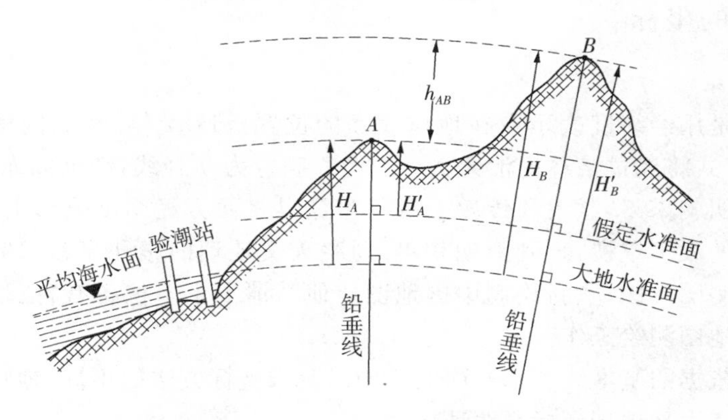

图 1-4　地面点的高程和高差

我国境内所测定的高程点是以青岛验潮站历年观测的黄海平均海水面为基准面，并于 1954 年在青岛市观象山建立了水准原点（图 1-5），通过水准测量的方法将验潮站确定的高程零点引测到水准原点，也即求出水准原点的高程。

图 1-5　我国大地水准原点

1956 年，我国采用青岛验潮站 1950—1956 年的潮汐记录资料推算出的大地水准面为基准引测出水准原点的高程为 72.289m，以这个大地水准面为高程基准建立的高程系称为“1956 年黄海高程系”，简称“56 黄海系”。

20 世纪 80 年代，我国又采用青岛验潮站 1952—1979 年的潮汐记录资料推算出的大地水准面为基准引测出水准原点的高程为 72.260m，以这个大地水准面为高程基准建立的高程系称为“1985 国家高程基准”，简称“85 高程基准”（1987 年 5 月 26 日正式公布使用，沿用至今)。

在水准原点,“85 高程基准”使用的大地水准面比“56 黄海系”使用的大地水准面高出 0.029m。

二、地面点的坐标

1. 地理坐标系

地理坐标系是用经纬度表示点在地球表面的位置。1884 年,在美国华盛顿召开的国际经度会议上,正式将经过格林尼治天文台的经线确定为 0°经线,纬度以赤道为 0°,分别向南北半球推算。明朝末年,意大利传教士利玛窦最早将西方经纬度概念引入中国,但当时并未引起中国人的太多重视,直到清朝初年,通晓天文地理的康熙皇帝(1654－1722)才决定使用经纬度等制图方法,重新绘制中国地图。他聘请了十多位各有特长的法国传教士,专门负责清朝的地图测绘工作。

按坐标系所依据的基本线和基本面的不同以及求坐标方法的不同,地理坐标系又分为天文地理坐标系和大地地理坐标系两种。

(1)天文地理坐标系

天文地理坐标又称天文坐标,表示地面点在大地水准面上的位置,其基准是铅垂线和大地水准面,它用天文经度 λ 和天文纬度 φ 来表示点在球面的位置。

如图 1-6 所示,过地表任一点 P 的铅垂线与地球旋转轴 NS 平行的平面称为该点的天文子午面,天文子午面与大地水准面的交线称为天文子午线,也称经线。设 G 点为英国格林尼治天文台的位置,称过 G 点的天文子午面为首子午面。P 点天文经度 λ 的定义是:P 点天文子午面与首子午面的两面角,从首子午面向东或向西计算,取值范围是 0°～180°,在首子午线以东为东经,以西为西经。同一子午线上各点的经度相同。过 P 点垂直于地球旋转轴的平面与大地水准面的交线称为 P 点的纬线,过地球质心 O 的纬线称为赤道。P 点天文纬度 φ 的定义是:P 点铅垂线与赤道平面的夹角,自赤道起向南或向北计算,其取值范围为 0°～90°,在赤道以北为北纬,以南为南纬。可以应用天文测量方法测定地面 P 点的天文纬度 φ 和天文经度 λ。

(2)大地地理坐标系

大地地理坐标又称大地坐标,表示地面点在参考椭球面上的位置,它的基准是法线和参考椭球面。它用大地经度 L 和大地纬度 B 表示。由于参考椭球面上任意点 P 的法线与参考椭球面的旋转轴共平面,因此,过 P 点与参考椭球面旋转轴的平面称为该点的大地子午面。

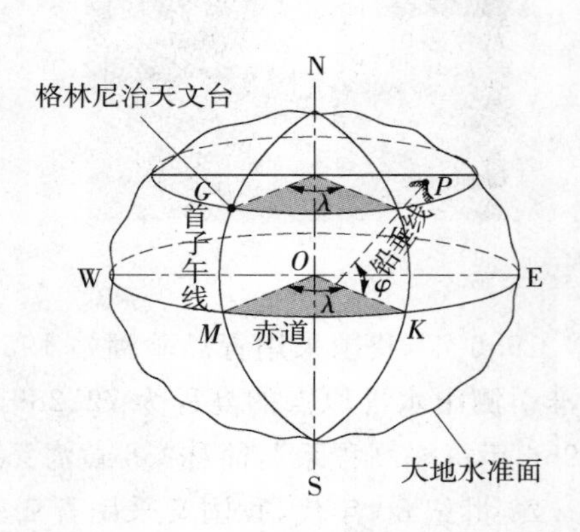

图 1-6　天文地理坐标系

P 点的大地经度 L 是过 P 点的大地子午面和首子午面所夹的两面角,P 点的大地纬度 B 是过 P 点的法线与赤道面的夹角。大地经纬度是根据起始大地点(又称大地原点,该点的大地经纬度与天文经纬度一致)的大地坐标,按大地测量所得的数据推算而得。我国以陕西省泾阳县永乐镇石际寺村大地原点为起算点，由此建立的大地坐标系，称为“1980 西安坐标系”，简称“80 西安系”。新中国成立后，曾采用“1954 北京坐标系”作为过渡，简称“54 北京系”，其大地原点位于现俄罗斯圣彼得堡市普尔科沃天文台圆形大厅中心。

2. 平面直角坐标系

(1)高斯平面直角坐标系

大地坐标是在旋转椭球面上确定地面点点位，常用于研究地球的形状和大小以及航天器与卫星发射定位等。球面是个曲面，其坐标不便直接用于工程规划、设计以及各种测量计算，为此，必须把球面上的坐标按一定的数学法则归算到平面上才能方便应用。

任何球面都是不可展的曲面，故将地球表面的元素按一定的条件投影到平面上必然会产生变形。测量上常以投影变形不影响工程要求为条件选择投影方法。地图投影的方法有等角投影(也称正形投影)、等面积投影和任意投影三种，我国采用正形投影。

德国数学家高斯提出的横椭圆柱投影是一种正形投影，如图 1－7(a)所示，它是将一个横椭圆柱套在地球椭球体上，使椭圆柱中心轴线通过椭球体中心 O，椭球体南北极与椭圆柱相切，并使椭球体面上某一子午线与椭圆柱相切。相切的子午线称为中央子午线。然后将中央子午线附近的椭球体面上的点、线按正形投影的条件归算到椭圆柱面上，再顺着过两极点的母线将椭圆柱面剪开，并展成平面，这个平面成为高斯投影平面。正形投影的条件是：保角性和伸长的固定性。保角性是指球面上无穷小的图形，在投影面上描写成相似的形状。伸长的固定性是指在同一点上不同方向的微分线段的变形比 m 为一常数，即：

$$m=\frac{\mathrm{d}s}{\mathrm{d}S}=k \tag{1-3}$$

式中：$\mathrm{d}s$——投影后的长度；$\mathrm{d}S$——球面上的长度。

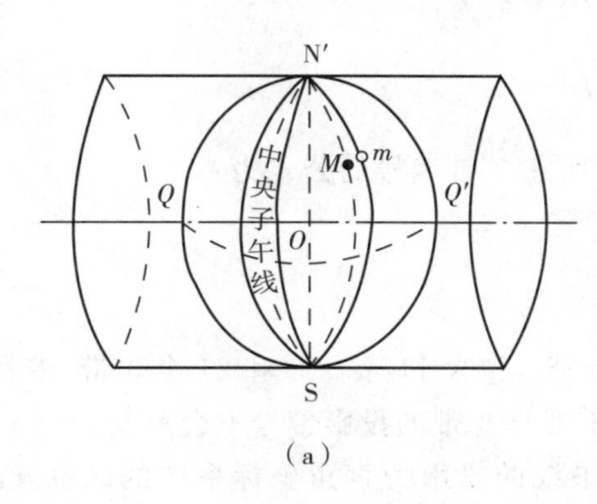

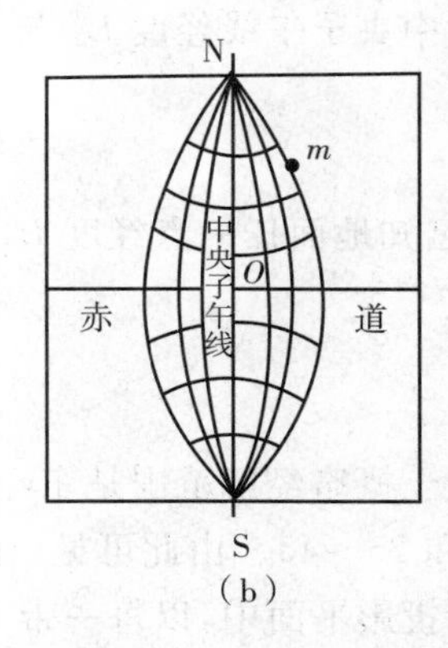

图 1－7　高斯投影

从高斯投影面上我们可以看出：投影后的中央子午线是直线，其长度不变，离开中央子午线的其他子午线是弧线并凹向中央子午线，离中央子午线越远，变形越大；投影后的赤道线也是一条直线，并垂直于中央子午线，其他纬线是弧线并凸向赤道，纬度越高变形越大，如图 1－7(b)所示。为了控制长度变形，测量中采用限制投影宽度的方法，即将投影区域限制在靠近中央子午线两侧的狭长地带，这种方法称为投影分带。带宽是以相邻两条子午线的经度差来划分，有 6°带、3°带和 1.5°带等不同的投影方法(图 1-8)。

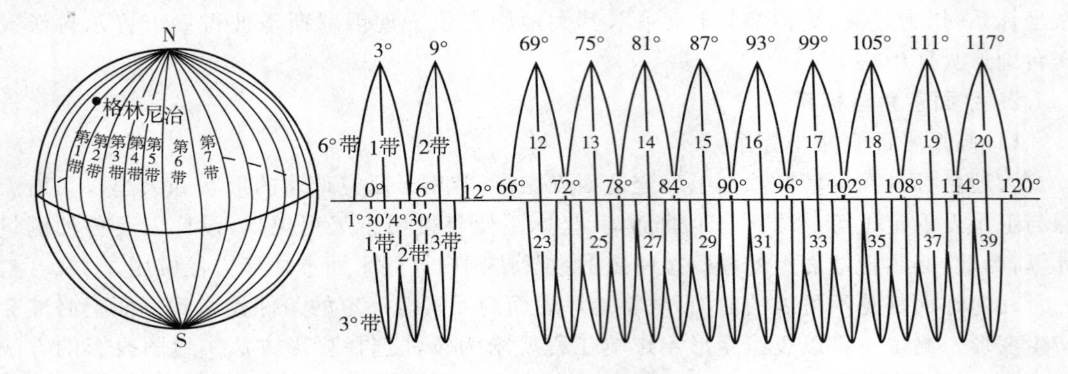

图 1-8　6°带和 3°带投影

6°带投影是从 0°经线起自西向东每隔 6°投影一次，这样将椭球分成 60 个带。带号为 1～60 带。第一个 6°带的中央子午线经度为 3°，任意带的中央子午线经度 L_0^6 与投影带号 N 的关系为：

$$L_0^6 = 6N - 3 \tag{1-4}$$

反之，已知地面任一点经度 L，求该点所在 6°带编号的公式为：

$$N = \mathrm{Int}\left(\frac{L}{6}\right) + 1(\text{有余数时}) \tag{1-5}$$

3°带是从东经 1.5°开始，自西向东按经度差 3°为一带，将椭球分为 120 个投影带。奇数带的中央子午线与 6°带的中央子午线重合，偶数带的中央子午线与 6°带的边缘子午线重合。各带的中央子午线经度 L_0^3 与带号 N 的关系为：

$$L_0^3 = 3n \tag{1-6}$$

反之，已知地面任一点经度 L，求该点所在 3°带编号的公式为：

$$n = \mathrm{Int}(\frac{L}{3} + 0.5) \tag{1-7}$$

我国疆土概略经度范围是东经 72°至 138°，包含 11 个 6°带和 21 个 3°带，带号范围分别为 13～23 和 25～45。由此可见，在我国 6°带与 3°带的投影带号不会重复。

在高斯投影平面中，以每一带中央子午线的投影为直角坐标系中的纵轴 x，北方向为正，南方向为负；以赤道的投影为直角坐标系中的横轴 y，东方向为正，西方向为负，两轴交点为坐标原点 O，象限按顺时针排序。由于我国的领土位于北半球，x 值均为正，y 坐标有正有负，如图 1-9(a)所示，$y_A = +136780\text{m}$，$y_B = -272440\text{m}$。为了避免 y 出现负值，将每带的坐标原点向西移 500km，如图 1-9(b)所示。坐标纵轴西移后，$y_A = (500000 + 136780)\text{m} = 636780\text{m}$，$y_B = (500000 - 272440)\text{m} = 227560\text{m}$。为了根据某点的横坐标值确定其位于投影带中的哪一个带，则在横坐标值前冠以带号，如 A、B 点均位于 20 带，则其坐标值 $y_A = 20636780\text{m}$，$y_B = 20227560\text{m}$。

(2)独立平面直角坐标系

大地水准面虽然是曲面，但当测区半径小于 10km 时，可用测区中心点 a 的切平面来代替曲面作为投影面。此时，地面点投影在投影面上的位置可用独立的平面直角坐标来确定。为了使测区内各点坐标均为正值，一般规定原点 O 选在测区的西南角，南北方向为纵轴 x 轴，向北为正，向南为负；以东西方向为横轴 y 轴，向东为正，向西为负，如图 1－10 所示。此外，还可以根据实际需要确定坐标原点与坐标轴方向。

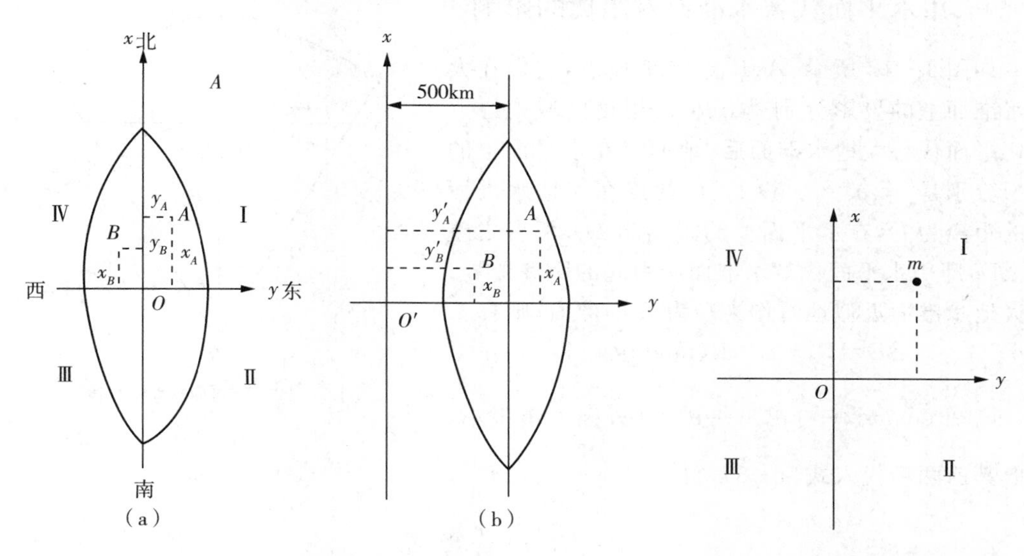

图 1－9 高斯平面直角坐标系

图 1－10 独立平面直角坐标系

3. 空间直角坐标系

GPS 卫星定位系统采用的是空间直角坐标系。如图 1－11 所示，以地球椭球体中心 O 作为坐标原点，起始子午面与赤道面的交线为 X 轴，赤道面上与 X 轴正交的方向为 Y 轴，椭球体的旋转轴为 Z 轴，指向符合右手规则。在该坐标系中，P 点的点位用 OP 在这三个坐标轴的投影 x、y、z 表示。

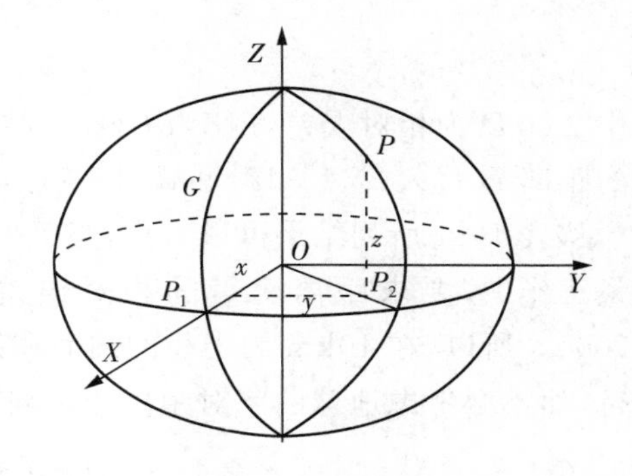

图 1－11 空间直角坐标系

“WGS－84 坐标系”，WGS 全称为“World Geodetic System”(世界大地坐标系)，它是美国国防部制图局为进行 GPS 导航定位，于 1984 年建立的地心坐标系，该坐标系即空间直角坐标系。空间直角坐标系可以统一各国的大地控制网，使各国的地理信息“无缝”衔接。空间直角坐标已在军事、导航及国民经济各部门得到广泛应用。“WGS－84 坐标系”可以与“1954 北京坐标系”或“1980 国家大地坐标系”等参心坐标系相互转换。

第四节　用水平面代替水准面的限度

水准面是个曲面，在普通测量工作中，是在一定的精度要求和测区范围不大时，不考虑地球曲率的影响，以水平面代替水准面。也就是把小区域地球表面上的点投影到水平面上一确定点位。但是，这小区域小到什么程度，必须以其产生的误差不超过测量和制图的误差为标准。

一、用水平面代替水准面对距离的影响

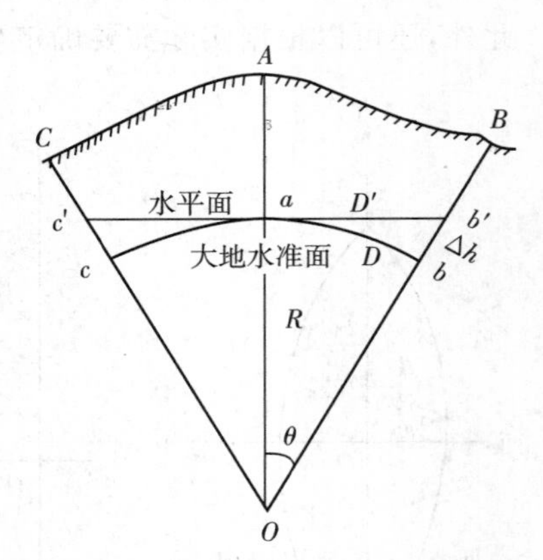

图 1－12　水平面代替水准面

如图 1－12 所示，A、B、C 是地面点，它们在大地水准面上的投影分别是 a、b、c，用该区域中心点的切平面代替大地水准面后，地面点在水平面上的投影分别是 a'、b'、c'。设 A、B 两点在大地水准面上的距离为 D，在水平面上的距离为 D'，两者之差为 ΔD，即用水平面代替水准面所引起的距离差异。将大地水准面近似地看作半径为 R 的球面，则有

$$\Delta D = D' - D = R(\tan\theta - \theta) \qquad (1-8)$$

已知 $\tan\theta = \theta + \frac{1}{3}\theta^3 + \frac{1}{15}\theta^5 + \cdots$，因 θ 角很小，只取其前两项代入式(1－8)，得

$$\Delta D = R(\theta + \frac{1}{3}\theta^3 - \theta) \qquad (1-9)$$

因故

$$\Delta D = \frac{D^3}{3R^2} \qquad (1-10)$$

$$\frac{\Delta D}{D} = \frac{D^2}{3R^2} \qquad (1-11)$$

式中 $\Delta D/D$ 为相对误差，用 $1/M$ 表示，M 越大，精度越高。取地球半径 R＝6371km，以不同的距离 D 代入式(1－10)和式(1－11)，得到表 1－1 所列结果。

从表 1－1 所列结果可以看出，当 D＝10km 时，所产生的相对误差为 1∶1220000。在测量工作中，要求距离丈量的相对误差最高为 1∶1000000，一般丈量仅为 1/4000～1/2000。所以，在 10km 为半径的圆面积之内进行距离测量时，可以把水准面当作水平面看待，而不必考虑地球曲率对距离的影响。

表 1－1　以水平面代替水准面对距离的影响

距离 D/km	距离误差 ΔD/cm	相对误差 $\frac{\Delta D}{D}$
10	0.82	1/122 万

（续表）

距离 D/km	距离误差 ΔD/cm	相对误差$\frac{\Delta D}{D}$
50	102.7	1/4.9万
100	821.2	1/1.2万

二、用水平面代替水准面对高程的影响

如图1-12所示，地面点B的高程应是铅垂距离bB，若用水平面代替水准面，则B点的高程为$b'B$，两者之差Δh即为对高程的影响。由几何知识可知

$$\Delta h = bB - b'B = Ob' - Ob = R\sec\theta - R = R(\sec\theta - 1) \tag{1-12}$$

将$\sec\theta$按级数展开为

$$\sec\theta = 1 + \frac{\theta^2}{2} + \frac{5}{24}\theta^4 + \cdots \tag{1-13}$$

已知θ值很小，仅取前两项代入式(1-12)，考虑$\theta = \frac{D}{R}$，故有

$$\Delta h = R(1 + \frac{\theta^2}{2} - 1) = \frac{D^2}{2R} \tag{1-14}$$

用不同的距离代入式(1-14)，可得表1-2所列结果。从表中可以看出，用水平面代替水准面对高程的影响是很大的，当距离为1km时，就有8cm的高程误差，这是绝对不允许的。由此可见，即使距离再短也不能以水平面作为高程测量的基准面，应顾及地球曲率对高程的影响。

表1-2　水平面代替水准面对高程的影响

D/km	0.2	1	2	3	4	5
Δh/cm	0.31	8	31	71	125	196

第五节　测量工作概述

一、测量工作的实质和内容

地球表面的物体和高低起伏的形态非常复杂多样，归纳起来可分为地物和地貌两大类。地面上的地物可分为天然地物和人工地物，如河流、湖泊、房屋、道路等。地球表面的高低起伏的形态为地貌，如高山、丘陵、平原等。地物和地貌统称为地形。地形的轮廓或地貌的形态都是通过一系列点的折线或曲线所构成。地形测量就是测定地物、地貌的一些特征点（轮廓特征的转折点，曲线的拐弯点）的平面位置和高程，然后按规定的符号和比例缩绘在图纸上，以获得相应的地形图。施工测量也是把设计好的地物特征点通过测量手段放

样到实地上。建(构)筑物的变形观测,也就是观测地物的一些点位的变化,以确定建(构)筑物的位移(沉降、倾斜等)情况。由此可见,测量工作的实质就是确定地面点的位置。

地面点的位置的测定方法有很多,在工程测量中常用的有几何测量定位和 GPS 全球定位等方法。在通常的测量工作中,不是直接测量点的坐标和高程,而是通过测量点间的距离、角度和高差的几何关系,求得待测点的坐标和高程。因此,高度、角度和距离测量是测量的基本内容。

二、测量工作的程序和原则

测绘地形图时,要先进行控制测量,再进行碎部测量。当测区范围较大时,应首先要进行整个测区的控制测量,然后再进行局部区域的控制测量;控制测量精度要由高等级到低等级逐级布设。因此,测量工作应遵循的程序和原则是"先控制后碎部""从整体到局部""由高级到低级"。这样,可以减少误差积累,保证测图精度,又可以分组测绘,加快测图进度。同时,测量工作还必须遵循"步步有检核"的原则,即"此步工作未做检核不进行下一步工作"。遵循这些原则,可以避免错误发生,保证测量成果的准确性。

测量工作的程序和原则,不仅适用于测定,而且也适用于测设。如欲将图 1-13 所示的设计的建筑物 P、Q 测设标定于实地,也必须先在施工现场进行控制测量,然后在控制点上安置仪器测设它们的特征点。测设建筑物特征点的工作也叫碎部测量,也必须遵循"先控制后碎部""从整体到局部""由高级到低级""步步有检核"的原则,以防出错。

测量工作分为外业和内业。测量外业是指利用测量仪器和工具进行实地测量,以取得测量数据,它是确保测量精度的前提。内业是指对外业测量成果进行数据处理和绘图,以得出最终测量成果。无论是外业还是内业,为保证成果的准确性,都必须坚持检核。

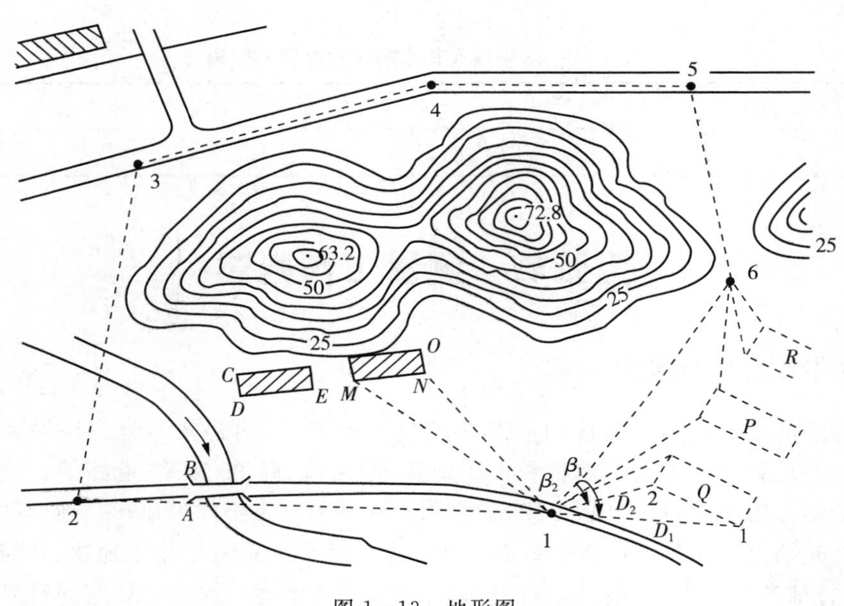

图 1-13　地形图

思考题与习题

1. 工程测量的研究对象和任务是什么？工程测量可以分为哪些类？

2. 什么是地物、地貌、地形？

3. 大地水准面是什么？铅垂线是什么？它们在测量工作中的作用是什么？

4. 什么是绝对高程(海拔)？什么是相对高程(假定高程)？

5. 高斯平面坐标系是如何建立的？

6. 广东省行政区域所处的概略经度范围是109°39′E～117°11′E，试分别求其在统一6°投影带与统一3°投影带中的带号范围。

7. 已知在21带中有A点，位于中央子午线以西206579.21m，试写出其不含负值的高斯平面直角坐标。

8. 测量工作应该遵循的原则是什么？为什么？

第二章　水准测量

本章将对水准测量进行阐述，应掌握水准测量基本原理，DS_3 水准仪的构造与使用，水准点和水准路线，单一附合水准路线测量的数据处理，水准测量的误差和减弱方法，精密水准仪和自动安平水准仪的原理与方法。

测量地面点高程的工作，称为高程测量。其根据所使用的仪器和施测方法的不同分为水准测量、三角高程测量、GNSS 拟合高程测量和气压高程测量。其中水准测量是测定高程精度最高的一种方法，被广泛用于国家高程控制测量、工程勘测和施工测量中。本章重点介绍水准测量。

第一节　水准测量原理

水准测量的基本原理是利用水准仪提供的一条水平视线，而后再借助竖立于被测点和已知点两个点上的水准尺读数，以此来测定两点间的高差，进而由已知点的高程求得未知点的高程。

如图 2-1 所示，已知点 A 的高程为 H_A，要求未知点 B 的高程 H_B。首先须测定 A、B 两点间的高差 h_{AB}；而后根据 $H_B=H_A+h$ 得出 B 点的高程 H_B。因此第一步就是在 A、B 两点之间安置一台水准仪，并在 A、B 两点各设立一把水准尺，通过水准仪上的望远镜在 A、B 两个点的水准尺上分别读取读数 a 和 b，则 A、B 两点间的高差为：

$$h_{AB}=a-b \tag{2-1}$$

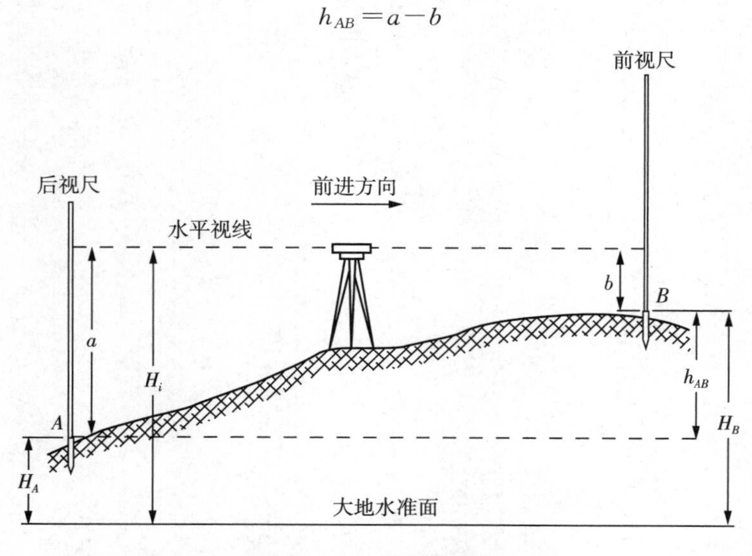

图 2-1　水准测量原理

假设水准测量是由 A 点→B 点行进的，则称 A 点为后视点，该位置上的水准尺读数 a 即为后视读数；称 B 点为前视点，该位置上的水准尺读数 b 为前视读数。则两点间的高差 h_{AB} 也可以写成

$$h_{AB}=\text{后视读数 } a-\text{前视读数 } b \tag{2-2}$$

高差有正负之分，正号表示 B 点高于 A 点；负号表示 B 点低于 A 点。因此在测量与计算中应该特别注意高差的方向性与 h 脚标字母顺序，h_{AB} 表示 A 点测量至 B 点的高差，而 h_{BA} 则相反，且有 $h_{AB}=-h_{BA}$。

由图 2-1 所示可知，未知点 B 的高程 H_B 为：

$$H_B=H_A+h_{AB}=H_A+(a-b) \tag{2-3}$$

这是通过高差法来求解高程，该方法常用于水准点的高程测量。也可以通过仪器的视线高程 H_i 来计算，即仪高法。

视线高程：
$$H_i=H_A+a \tag{2-4}$$

B 点高程：
$$H_B=H_i-b \tag{2-5}$$

利用仪高法可以在同一个测站测出若干个前视点的高程，该方法常用于断面测量和高程测量。在实际测量中，A、B 两点间的高差可能比较大，视线受阻，或两点相距较远，安置一次水准仪可能不能测定 A、B 两点间的高差。那么此时就需要我们在 A、B 两点间多安装几个测站点，即高程传递点，称为转点。先算出每个测站点的高差，而后求和相加，得出总高差 h_{AB}。最后根据高差法来得出 B 点高程，如图 2-2 所示。

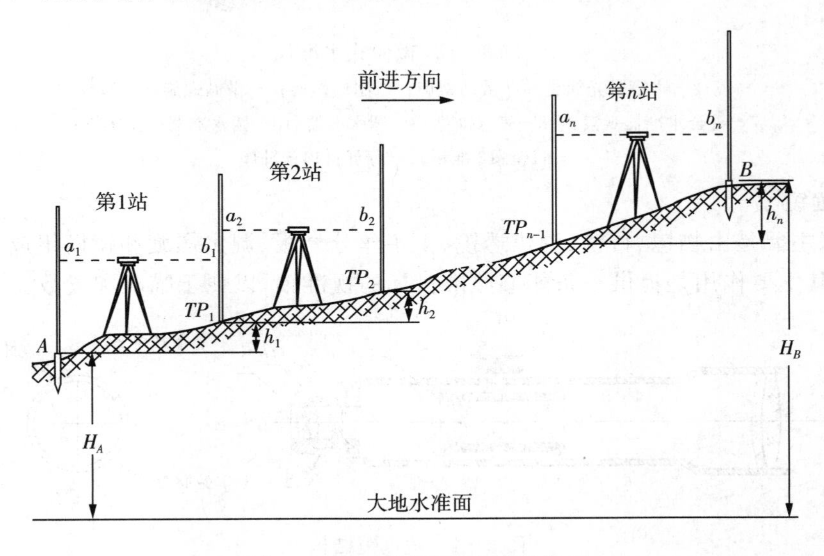

图 2-2　连续设站水准测量原理

第二节　水准测量的仪器和工具

水准测量所使用的仪器为水准仪，工具为水准尺和尺垫。

一、水准仪分类

按精度分可分为DS_{05}，DS_1，DS_3，DS_{10}，DS_{20}等5个等级。其中“D”和“S”分别为大地测量和水准仪的汉语拼音的首字母，下标05，1，3，10，20表示仪器的精度等级，即“每公里往返测量高差中数的中误差(单位为mm)”。

按性能分可分为微倾式水准仪、自动安平水准仪、精密水准仪和电子水准仪等4种类型。

本节主要介绍DS_3微倾式水准仪。其常用于国家三、四等水准测量或等外水准测量。

二、DS_3微倾式水准仪的基本构造

根据水准测量的基本原理可知，水准仪主要由望远镜、水准器以及基座三个部分组成，如图2-3所示。

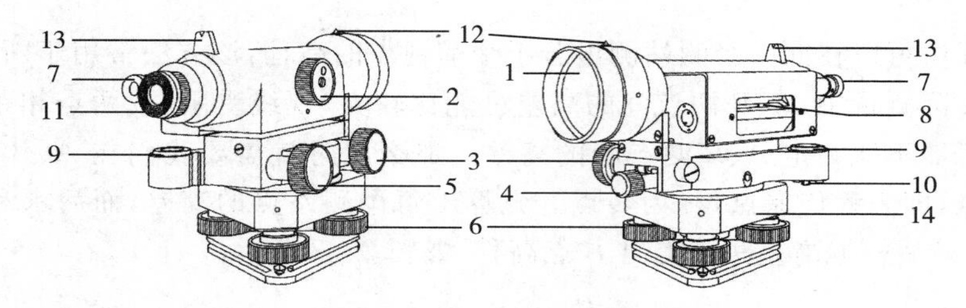

图2-3　DS_3微倾式水准仪

1—物镜；2—物镜对光螺旋；3—微动螺旋；4—制动螺旋；5—微倾螺旋；6—脚螺旋；7—符合水准器观察镜；8—管水准器；9—圆水准器；10—圆水准器校正螺钉；11—目镜；12准星；13—照门；14—轴座

1. 望远镜

望远镜主要是由物镜、目镜、调焦透镜、十字丝分划板、调焦螺旋和镜筒组成，如图2-4(a)所示。其主要作用是提供一条能够照准目标的视准轴，以便于瞄准和读数。

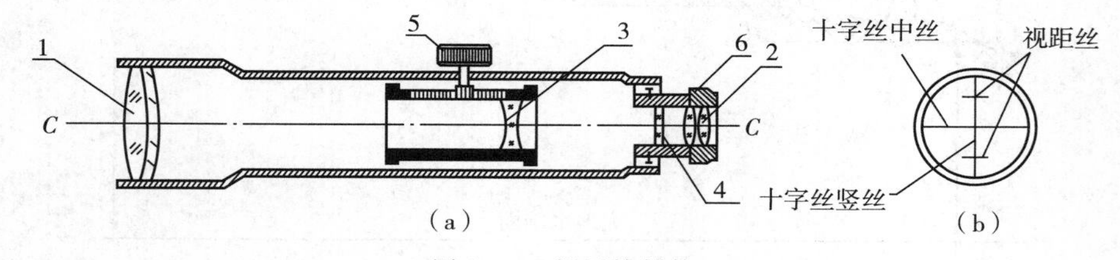

图2-4　望远镜结构

1—物镜；2—目镜；3—对光凹透镜；4—十字丝分划板；5—物镜对光螺旋；6—目镜对光螺旋

十字丝分划板如图2-4(b)所示。其上刻有两条相互垂直的长细线，分别称作中丝和竖丝，统称为十字丝，与中丝平行的上下对称的两根短横丝称为上下丝，统称为视距丝，主

要用来测量水准仪到水准尺的距离。具体内容后面章节将给予介绍。在水准测量时应该读取前后中丝在水准尺上的数，以此来计算高差。

物镜和十字丝分划板固定在镜筒内，物镜主要起成像作用。调焦透镜主要是通过调整焦距，从而使远近不同的目标都能成像在十字丝分划板上；目镜主要起放大十字丝分划板与物像的作用，通过转动目镜调焦螺旋，可使十字丝影像清晰。

十字丝交点与物镜光心的连线，称为视准轴或视线，如图 2－4 所示的 $C-C$。望远镜照准目标就是指视准轴对准目标，望远镜提供的水平视线，实质上就是视准轴处于水平位置。

望远镜的成像原理如图 2－5 所示。当目标 AB 经过物镜和调焦透镜的折射后，形成一个缩小而倒立的实像 ab。调节目镜调焦螺旋，就能通过目镜看到清晰放大而形成的虚像 $a'b'$。

由图 2－5 所示可知，望远镜中观察到虚像 $a'b'$ 的张角 β 远大于直接观测实像 AB 的张角 α。通常定义 β 与 α 之比为望远镜的放大倍数 V，即 $V=\beta/\alpha$。DS_3 微倾式水准仪望远镜放大率一般为 28～32 倍。

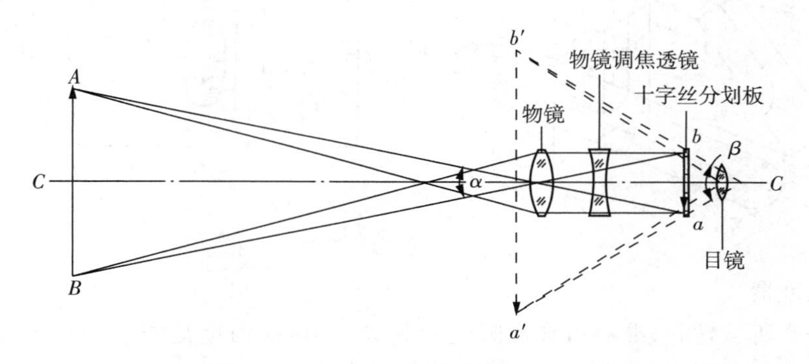

图 2－5　望远镜的成像原理

2. 水准器

水准器有管水准器和圆水准器两种。管水准器用来指示视准轴是否精确水平；圆水准器用来反映仪器竖轴是否竖直。

(1)管水准器

管水准器又称水准管，是一纵向内壁磨成圆弧形的玻璃管，管内装有酒精和乙醚的混合液，内含一气泡，如图 2－6 所示。由于气泡较轻，故恒处于管内最高位置。

水准管的表面一般都刻有间隔为 2mm 的分划线，分划线的对称中心 O，称为水准管零点，通过 O 点作圆弧的切线 LL，称为水准管轴，如图 2－6 所示。当水准管的气泡中点与水准管零点重合的时候，称为气泡居中。此时也就表示水准管轴处于水平位置，同时水准管轴与视准轴平行，则说明视准轴也位于水平位置。

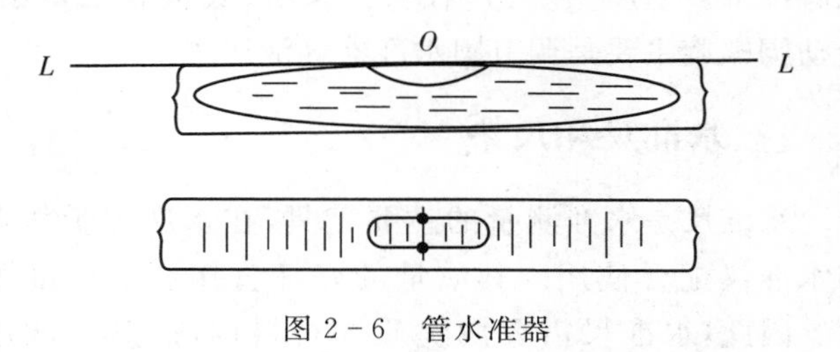

图 2－6　管水准器

水准管上相邻分划线间的圆

弧(弧长为2mm)所对的圆心角 τ,称为管水准器的分划值,又称为灵敏度,即:

$$\tau=\frac{2}{R}\rho'' \tag{2-6}$$

式中:$\rho''=206265''$;R 为水准管圆弧半径,mm。

分划值 τ 的几何意义:当水准气泡移动 $2mm$ 时,管水准轴倾斜的角度为 τ。显然 R 越大,τ 越小,管水准器的灵敏度越高,也就是精度越高。DS_3 水准仪管水准器分划值为 $20''/2mm$。

为便于准确判断气泡的居中,在水准管的上方装有一组符合棱镜,如图 2-7 所示。通过棱镜组的反射作用,将气泡两端的半个影像显示在望远镜旁的符合气泡观察窗中,当气泡两端的影像符合一个圆弧时,表示气泡居中。微倾螺旋可调节望远镜在竖直面内微小的俯仰,使得水准管气泡居中。这种能精确观察气泡居中情况的水准器称为符合水准器。

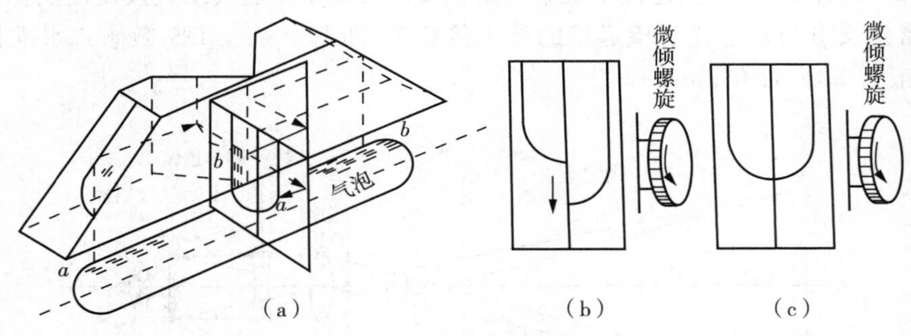

图 2-7 符合水准器

(2)圆水准器

如图 2-8 所示,圆水准器由玻璃圆柱管制成,其顶面内壁是磨成一定半径 R 的球面,中央刻有小圆圈,其圆心 O 是圆水准器的零点。

过零点 O 的球面法线为圆水准器轴,当圆水准气泡居中时,圆水准器轴处于竖直位置;当气泡不居中且偏移零点 2mm 时,轴线所倾斜的角度值,称为圆水准器的分划值,一般为 $8'\sim10'/2mm$。

圆水准器用于粗略整平仪器。制造水准仪时,使圆水准器轴平行于仪器竖轴。旋转基座上的三个脚螺旋使圆水准气泡居中时,圆水准器轴处于竖直位置,从而使仪器竖轴也处于竖直位置。

3. **基座**

基座的作用是支撑上部仪器,用中心螺旋将基座连接到三脚架上。基座主要由轴座、脚螺旋、底板和三角压板构成,转动脚螺旋主要是调节圆水准器气泡居中。

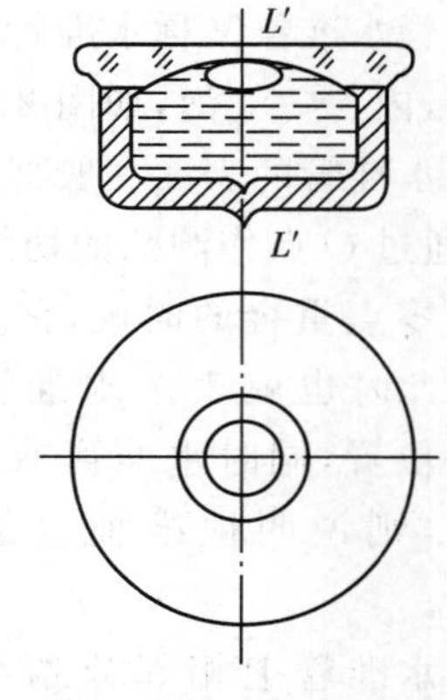

图 2-8 圆水准器

三、水准尺和尺垫

水准尺是水准测量的主要工具,在水准测量作业的时候与水准仪配合使用。其质量的好坏直接影响水准测量的精度。因此,水准尺需要用优质的材料构成,其一般用优质木材、玻璃钢和铝合金制成，长度为 2～5m。常用的水准尺有双面尺和塔尺等，如图 2-9(a)所示。

塔尺多用于等外水准测量，其长度有 2m 和 5m 两种，用两节或者三节套接在一起。尺的底部为零点，尺上黑白格相间，每隔宽度 1cm，有的为 0.5cm，每 1m 和 1dm 处均有注记。

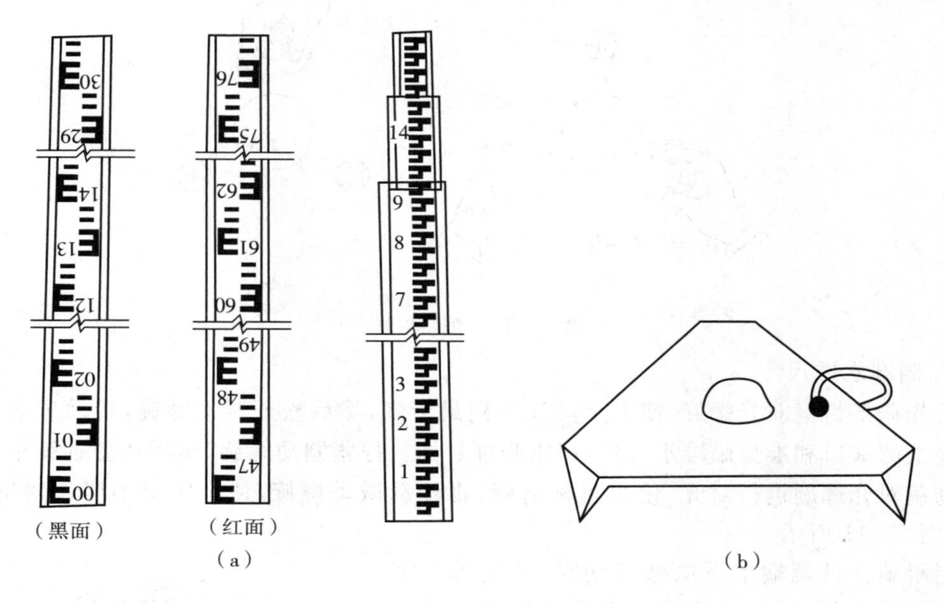

图 2-9 水准尺和尺垫

双面水准尺多用于三、四等水准测量，其长度有 2m 和 3m 两种，且两根尺子为一对。尺的两面均有刻画，一面为黑白相间，称为黑面尺（也称为主尺）；另一面为红白相间，称为红面尺。两面的刻画均为 1cm，并在分米处注记。两根尺的黑面均从零开始；而红面，一根尺由 4.687m 开始至 6.687m 或 7.687m，另一根由 4.787m 开始至 6.787m 或 7.787m。尺垫是用生铁铸造成的三角形板座，中央有一突起的半球体，下方有三个支脚，如图 2-9(b)所示。在路线水准测量时，将支脚踩入土中，将水准尺立在半球体的顶端。

第三节 水准仪的使用

用水准仪进行测量的基本步骤为：安置仪器、粗略整平、瞄准水准尺、精确整平和读数。

1. 安置仪器

首先撑开三脚架，并使其高度适中，架头大致水平稳固地架设在地面上，然后将水准仪平稳地安放在三脚架架头上，一手握住仪器，一手将三脚架上的连接螺栓旋紧，使得仪器与三脚架连接牢固。

2. 粗略整平

粗略整平简称粗平，它是通过调节三个脚螺旋，使得圆水准气泡居中，使仪器的竖轴大致铅垂。首先用双手按箭头方向转动脚螺旋①②，使气泡移到这两个脚螺旋连线中间，如图 2-10(a)所示；然后用左手按箭头方向转动脚螺旋③，使气泡居中，如图 2-10(b)所示。

在粗平的过程中，气泡移动的方向与左手大拇指转动脚螺旋的方向相同，因此称之为左手大拇指准则。

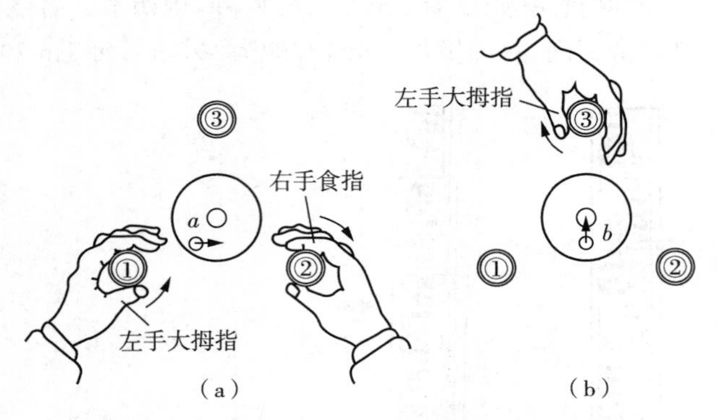

图 2－10 粗略整平

3. 瞄准水准尺

首先调节目镜对光螺旋，使十字丝像达到最清晰，然后松开制动螺旋，转动望远镜，通过镜筒上的缺口和准星瞄准水准尺，粗略瞄准目标。拧紧制动螺旋，然后从望远镜中观察；转动物镜对光螺旋进行对光，使得目标清晰，再转动微动螺旋，使十字丝的竖丝对准水准尺，如图 2－11 所示。

当眼睛在目镜端上下微微移动时，若发现十字丝与目标像有相对运动，这种现象称为视差。产生视差的原因是目标成像的平面和十字丝平面不重合。视差的存在会影响到读数的正确性，因此必须加以消除。消除的方法是重新仔细地进行物镜对光，直至眼睛上下移动，读数不变为止。

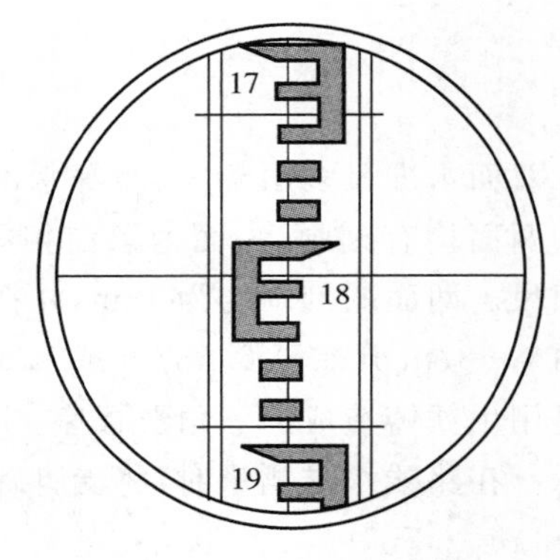

图 2－11 水准尺读数

4. 精平

读数之前使用微倾螺旋调整水准管气泡居中，可以通过望远镜侧面的水准管气泡观察窗，使得气泡两端的影像符合，如图 2－11 所示，就能使望远镜视线精确水平。由于气泡的移动具有惯性，所以转动微倾螺旋的速度不能过快。只有当气泡已经稳定不动而又居中的时候才达到了精确的目的。需要注意的是，由于水准管灵敏度比较高，容易偏离，所以每次读数之前均需要进行精平的操作。

5. 读数

仪器精平后，就可以进行读数了。但为了保证读数的准确性，并提高读数的速度，可以首先将标注在尺上的米数和分米数分别报出，然后读出厘米数并看好厘米的估读数（即毫米数）。一般习惯上是报四个数字，即米、分米、厘米、毫米，并且以毫米为单位。因为水准仪采用的是倒像望远镜，所以读数时按照从小到大数值增加的方法，即从上往下读。如图 2－11 所示的读数为 1.817m，也可以记为 1817mm。读数后还须再检查气泡是否仍居中，若居中，则读数有效，否则应重新精平再读数。

第四节　水准测量方法

一、水准点和水准路线

1. 水准点

埋设稳固并通过水准测量测定的高程控制点称为水准点（benchmark，通常缩写为BM）。国家水准点按精度分为一、二、三、四等；按埋设时间的长短，水准点分为永久性和临时性。永久性水准点一般采用混凝土制成，中间嵌入半球形金属标志，埋设在冰冻线下0.5m左右的坚硬土基中，亦可直接埋设在岩石或永久建筑物上，如图2－12所示。

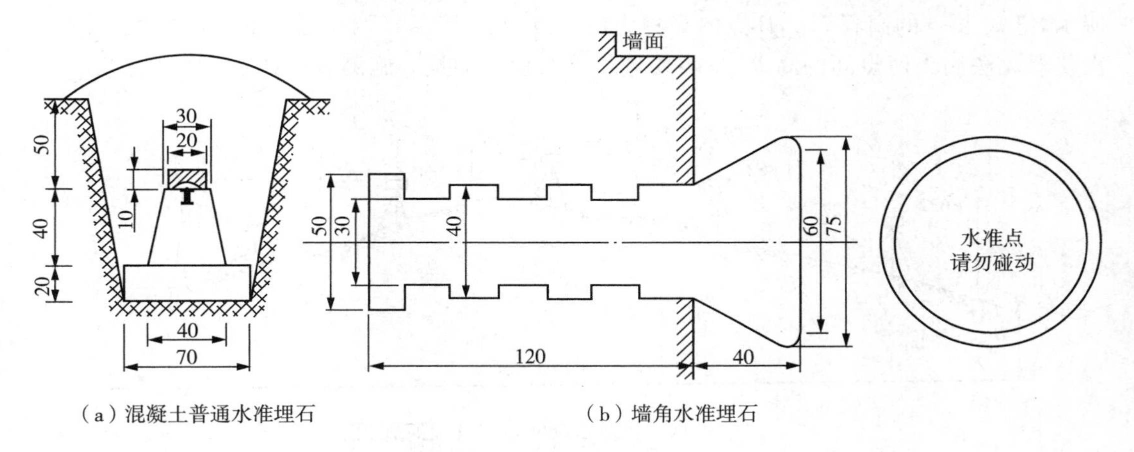

（a）混凝土普通水准埋石　　（b）墙角水准埋石

图2－12　水准点的埋设

临时性水准点一般将木桩打入地下，也可以在建筑物或岩石上用红漆画一临时标志标定点位即可。

2. 水准路线

在水准点之间进行水准测量所经过的路线，称为水准路线。按照已知高程的水准点的分布情况，水准路线一般设为附合水准路线、闭合水准路线和支水准路线。

(1)附合水准路线

如图2－13(a)所示，从已知水准点BM_A出发，沿着各待测高程点1、2、3进行水准测量，最后附合到另一个水准点BM_B。这种在两个已知水准点之间布设的路线，称为附合水准路线。

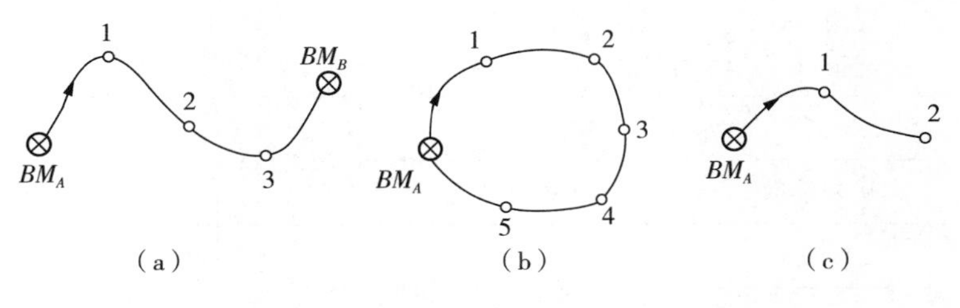

（a）　　（b）　　（c）

图2－13　水准路线

(2)闭合水准路线

如图 2-13(b)所示，从已知水准点 BM_A 出发，沿着各待测高程点 1、2、3、4、5 进行水准测量，最后返回到原水准点 BM_A 上，各站所测高差之和的理论值应等于 0。

(3)支水准路线

如图 2-13(c)所示，它是从已知水准点 BM_A 出发，沿着各个高程待测点 1、2 进行水准测量。这个从一个已知水准点出发到另一个未知点的路线，称为支水准路线。支水准路线应该进行往返观测。

二、普通水准测量的外业实施

下面以水准路线中的一个测段为例来说明普通水准测量的外业实施过程。如图 2-14 所示，已知 A 点的高程 H_A，B 点的高程为待测点。由于 A、B 两点之间的距离较大，安置一次仪器无法测出两点间的高差，故需要进行连续设站测量。施测方法如下：

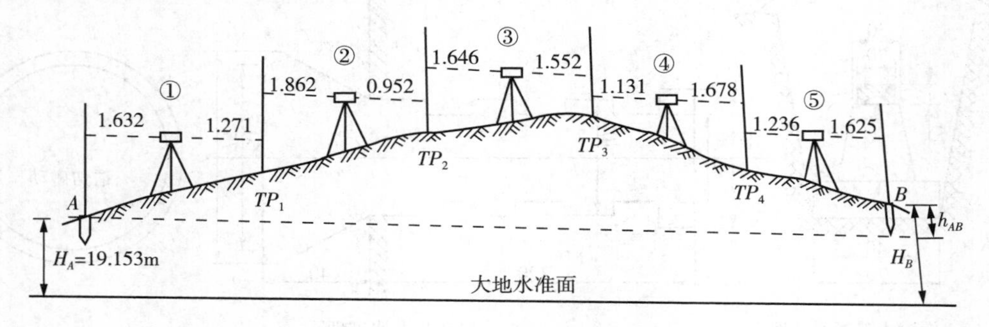

图 2-14　普通水准测量的外业实施

在距离 A 点适当的位置处布设转点 TP_1，在 A 和 TP_1 两点分别竖立水准尺，同时在距离 A 点和 TP_1 点大致相等距离的地方安置水准仪。观测者对水准仪进行调平的操作步骤后，读取后视水准尺上的后视读数为 $a_1=1.632$，照准 TP_1 点水准尺，再次对水准尺进行精平操作。读取 TP_1 点前视尺的读数为 $b_1=1.271$。记录者将观测的数据记录在表 2-1 所列相应水准尺读数的后视与前视栏内，并同时计算求得站点高差为 $+0.361$m，至此完成了第一站的测量工作。而后将 A 点水准尺移到第二个站点 TP_2 上，保持 TP_1 点水准尺不动，将水准仪此时安置在 TP_1 和 TP_2 之间。以此类推，直至测到 B 点为止。此时 $H_B=H_A+h_{AB}$，h_{AB} 就是各段高差的代数和，也等于后视读数总和减去前视读数总和。

表 2-1　水准测量手簿

工程名称： 仪器编号：	观测： 记录：	日期： 天气：			专业： 班组：
测站	测点	水准尺读数		高差/m	高程/m	备注
		后视读数 a/m	前视读数 b/m			
①	BM_A	1.632			19.153	
	TP_1		1.271			

（续表）

测站	测点	水准尺读数		高差/m	高程/m	备注
		后视读数 a/m	前视读数 b/m			
②	TP_1	1.862				
	TP_2		0.952			
③	TP_2	1.646				
	TP_3		1.552			
④	TP_3	1.131				
	TP_4		1.678			
⑤	TP_4	1.236				
	B		1.625		19.582	
$\sum$		7.507	7.078			
计算校核		$\sum a-\sum b=+0.429$		$\sum h=+0.429$		

$$h_1=a_1-b_1$$
$$h_2=a_2-b_2$$
$$\cdots\cdots$$
$$h_n=a_n-b_n$$

将各式相加，得

$$\sum h=\sum a-\sum b$$

则 B 点的高程为：

$$H_B=H_A+\sum h$$

三、水准测量的检核

1. 计算检核

为了保证计算高差的正确性，必须按照下式(2-7)进行检核，即：

$$\sum a-\sum b=\sum h \tag{2-7}$$

计算检核只能检查计算是否有误，不能检测是否存在观测错误。

2. 测站检核

在水准测量中，由于迁站次数过多，会造成数据偏差较大，所以会采用测站检核。常用的测站检核有双仪高法和双面尺法两种。

(1)双仪高法

双仪高法是在同一测站，用不同的仪器高度进行测量。即第一次测得高度差后，改变仪器高度，再得一次高差。若两次高差的差值在±5mm以内，取两次高差的平均值作为该站测得高差值。

(2)双面尺法

在同一测站上，仪器高度不变，分别读取后视尺、前视尺上的黑、红面读数。若黑、红面两次所测高度之差的绝对值小于±5mm，则取其平均值作为最后结果。如果当两根尺子的红、黑面零点差相差100mm时，两个高差也应该是相差100mm，此时应在红面高差中加减100mm后，再与黑面高差比较。

3. 路线检核

测站检核只是检核每一测站的精度，但是水准测量一般路线都较长，容易受到各种因素的影响，如温度、风力、仪器自身的误差等，可能在一个测站上反映不明显，但是随着测站数的增多，就会使误差积累，往往整个水准路线就能明显地反映出来。因此，不但需要进行测站检核，还需要对整个水准路线进行路线检核。常用的水准路线检核方法有以下几种：

(1)附合水准路线

从理论上讲，附合水准路线各段实测高差的代数和值应该等于两端水准点间的已知高差值，即$\sum h_{理}=H_{终}-H_{始}$。

(2) 闭合水准路线

从理论上讲，闭合水准路线各段高差代数和值应该等于零，即$\sum h_{理}=0$。

(3) 支水准路线

支水准路线本身没有检核条件，通常是用往返水准测量方法进行路线成果的检核。从理论上说，往测高差和返测高差应该大小相等，符号相反，即$|\sum h_{往}|=|\sum h_{返}|$。

实际上，由于测量含有不可避免的误差，因此高差理论值并不等于高差代数和实际值。这种不符合的差值称为“高差闭合差”，用 f_h 表示。高差闭合差的大小是用来确定错误和评定水准测量成果精度的标准。

第五节　水准测量成果计算

一、高差闭合差的计算

在水准测量中，由于各种误差的影响，如观测误差、仪器误差以及外界条件等，会使得水准路线的实测高差值与理论值不符合，其差值称为“高差闭合差”。高差闭合差的计算随水准路线的形式不同而异。

1. 闭合水准路线

闭合水准路线的高差和的理论值应为零，即$\sum h_{理}=0$，由于存在测量误差，闭合水准路线的实测高差总和$\sum h_{测}$不等于零，理论值和测量值存在差值，即：

$$f_h=\sum h_{测}-\sum h_{理}=\sum h_{测} \tag{2-8}$$

2. 附合水准路线

在理论上，附合水准路线所测得的各段高差的总和应该等于起终点的高程差，即：

$$\sum h_{理} = H_{终} - H_{起} \tag{2-9}$$

附合水准路线实测高差的总和 $\sum h_{测}$ 和理论高差之差，即是附合水准路线的高差闭合差，其值为：

$$f_h = \sum h_{测} - (H_{终} - H_{起}) \tag{2-10}$$

3. 支水准路线

支水准路线一般均须往返观测。其往返测得的高差代数和在理论上应等于零。实际由于测量误差的存在，往返测量的高差代数和不等于零，因为往返高差其值有正负之分，所以其闭合差为：

$$f_h = \sum h_{往} + \sum h_{返} \tag{2-11}$$

高差闭合差就是水准测量观测误差中上述各误差影响的综合反映。对于计算所得的高差闭合差 f_h 应在规定的容许范围内。计算高差闭合差 f_h 不超过容许值（即 $f_h \leqslant f_{h容}$）时，认为外业观测合格。否则应该重新测过。不同等级的水准测量，对高差闭合差的要求也不同。在国家测量规范中，普通水准测量的高差闭合差容许值 $f_{h容}$ 为：

$$平地：f_{h容} = \pm 40\sqrt{L}\,(\mathrm{mm})$$

$$山地：f_{h容} = \pm 12\sqrt{n}\,(\mathrm{mm})$$

式中：L 为水准路线长度，km（适用于平地）；n 为测站总数（适于山地）。

二、高差闭合差的调整

高差闭合差为测量误差，必须加以消除才能计算各点高程。而高差闭合差是由各观测高差产生的，一般认为，一条水准路线上的观测条件大致相同，所以各观测高差对应的测站数或测段距离越大，则其所含的误差也就越大。因此，高差闭合差的调整应该遵循与测站数或者测段距离成正比且反符号相分配的原则。即：

$$v_i = \frac{-f_h}{n} n_i \tag{2-12}$$

或

$$v_i = \frac{-f_h}{L} L_i \tag{2-13}$$

式中：v_i 为第 i 段的高差改正数；

f_h 为高差闭合差；

n 为路线的测站总数；

L 为水准路线的总长度，km；

n_i 为第 i 段的测站数；

L_i 为第 i 段的长度，km。

而后计算改正后的高差 $h_{i改}$，其等于第 i 测段观测高差 $h_{i测}$ 加上其相应的高差改正数 v_i，即：

$$h_{i改}=h_{i测}+v_i \qquad (2-14)$$

最后根据已知水准点高程和各测段改正后的高差 $h_{i改}$，按照顺序逐点计算各待测点的高程。

第六节　微倾式水准仪的检验与校正

一、水准仪的主要轴线及其应该满足的几何条件

如图 2-15 所示，水准仪的主要轴线有视准轴 CC，水准管轴 LL，圆水准器轴 $L'L'$ 和竖轴 VV。

根据水准测量基本原理要求，水准仪要能够提供一条水平视线，就必须满足视准轴水平，而视线水平与否又是根据水准管气泡是否居中来判断。因此，水准仪的轴线应该满足水准管轴平行于视准轴，这是仪器满足的主要条件。此外，仪器的粗平是根据圆水准器的气泡居中，使得仪器竖轴基本处于铅垂位置，故应满足圆水准器轴平行于仪器竖轴；同时，为了确保十字丝的横丝在水准尺上的读数准确，横丝应水平，即横丝垂直于仪器竖轴。

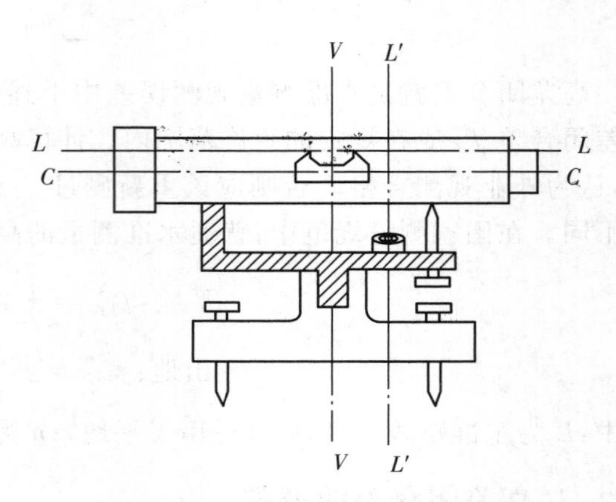

图 2-15　水准仪轴线图

综上，水准仪轴线应该满足以下几何条件：

① 圆水准器轴 $L'L'$ 应平行于竖轴 VV；

② 十字丝的横丝应该垂直于仪器竖轴 VV；

③ 水准管轴 LL 应该平行于视准轴 CC。

二、水准仪的检验和校正

1. 圆水准器轴平行于竖轴的检验与校正

(1)检验方法

调整脚螺旋使圆水准器气泡居中，而后将望远镜绕竖轴旋转 180°，如果气泡仍居中，则说明圆水准器轴与仪器竖轴平行；若气泡偏离中心，则表示不满足几何条件，需要进行校正。

(2)校正方法

保持水准仪不动，旋转脚螺旋，使得气泡向圆水准器中心移动偏离值得 1/2，如图 2-16 所示，然后用校正针拨动圆水准器底下的 3 个校正螺钉，使得气泡居中。此项校正，须反复进行，直至仪器旋转到任意位置，圆水准气泡皆居中为止，最后拧紧固定螺钉。

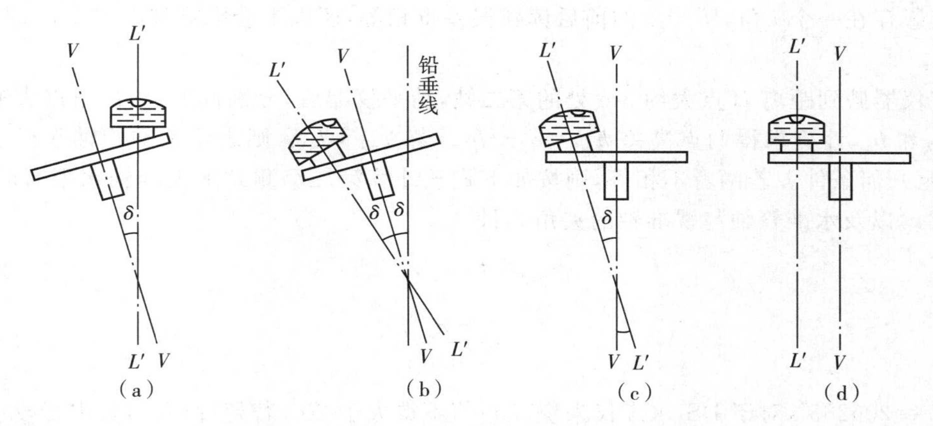

图 2-16　圆水准器轴的校正

2. 十字丝横丝垂直于仪器竖轴的检验和校正

(1)检验方法

整平水准仪后，用十字丝交点瞄准一个清晰目标点 P，如图 2-17 所示，转动水平微动螺旋，如果目标点始终沿着中丝移动，则表示中丝水平，否则需要进行校正。

(2)校正方法

取下目镜端的十字丝环外罩，如图 2-17 所示，松开四个压环螺钉，按照中丝倾斜的反方向小心地转动十字丝环，直到转动水平微螺旋时，目标点始终在横丝上移动。最后旋紧十字丝的固定螺钉，旋上十字丝环外罩。

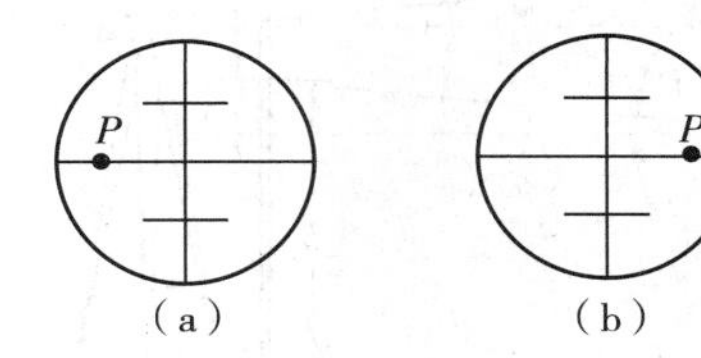

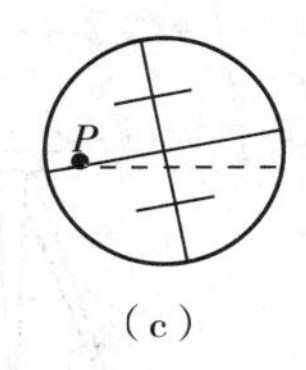

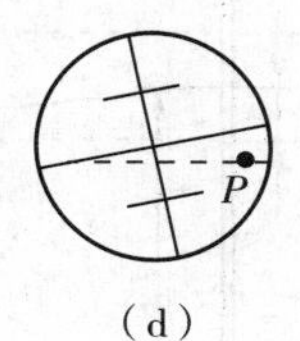

图 2-17　十字丝横丝的校正

3. 水准管轴平行于视准轴的检验和校正

(1)检验方法

若水准管轴不平行于视准轴，设二者的角度为 i，如图 2-18 所示。当水准管气泡居中时，视准轴相对于水平线方向向上倾斜了 i 角，则视线在水准尺上的读数偏差为 x，且随着视距的增大，其读数的误差也会越来越大。但是当仪器位置至前后视距相等时，则在前后水准尺上的读数的误差都为 x，不会影响到两点间高差的计算。当前后视距不等时，会随着视距差距的增大，i 角误差对高差的影响也会随着增大。水准管轴不平行于视准轴的误差称为水准仪的 i 角误差。

检验时，在平坦地面上选定 A、B 两点，打下木桩标定位置并立上水准尺。用钢尺量出 A、B 两点间的距离，定出 A、B 两点的中间点 C。而后在 C 点安装水准仪，用变动仪器高法。连续测出 A、B 两点的高差，若两次测定的高差之差不超过 3mm，则取两次高差的平均值 h_{AB} 作为最后的结果。由于距离相等，若视准轴与水准管轴不平行，两轴在同一竖直平

面内投影存在一个 i 角，所产生的前后读数误差也相等，所以不会影响到高差 h_{AB}，即 $h_{AB}=a_1-b_1$。

将仪器搬到距离 B 点大约 3m 处的第二站，精平仪器后，分别读取 A、B 两点水准尺的读数 a_2 和 b_2，计算求得两点高差 $h'_{AB}=a_2-b_2$。若 $h_{AB}=h'_{AB}$，则表示水准管轴平行于视准轴，满足几何条件。若两者不相等，则按如下式子计算第二个测站上视准轴水平时的 A 尺的读数 a'_2 以及水准管轴与视准轴的夹角 i，即：

$$a'_2=h_{AB}+b_2 \tag{2-15}$$

$$i=\frac{a_2-a'_2}{S_{AB}}\rho'' \tag{2-16}$$

式中，$\rho''=206265''$，对于 DS_3 水准仪来说，i 角值不得大于 $20''$，若超过，则需要进行校正。

(2)校正方法

在第二个测站上，瞄准 A 尺，旋转微倾螺旋，使得十字丝中丝对准 A 尺上的正确读数 a'_2，此时视准轴已经水平，但是水准管气泡没有居中。用校正针拨动水准管位于目镜一端的上下两个校正螺钉，如图 2-18 所示，使得水准管气泡居中。此时水准管轴也处于水平位置，达到了水准管轴平行于视准轴的要求。

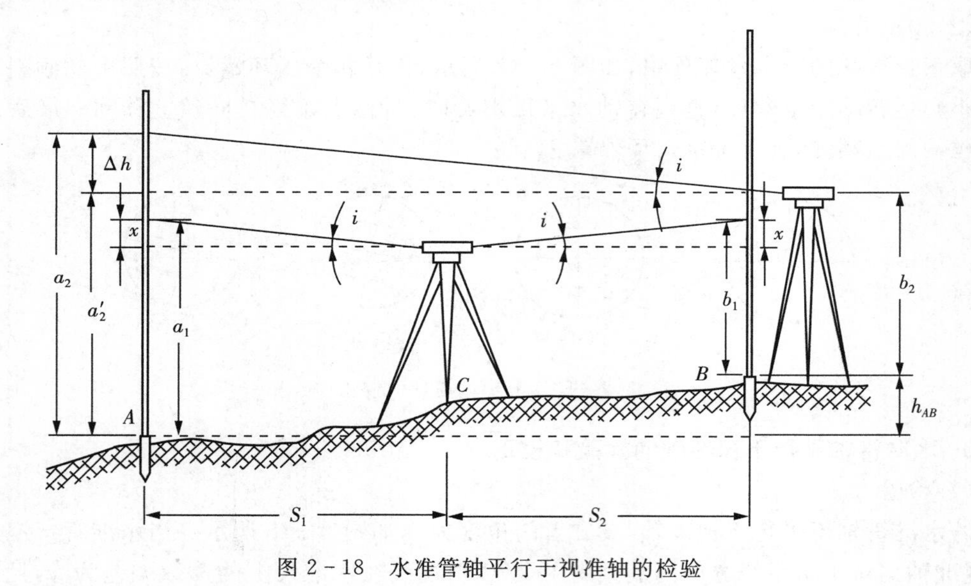

图 2-18　水准管轴平行于视准轴的检验

第七节　水准测量误差分析及注意事项

水准测量的误差包括仪器误差、观测误差以及外界条件带来的误差三个方面。

一、仪器误差

1. 仪器校正后的残余误差

水准仪虽然在使用前按照规定对其进行了检验和校正，但是仍然会存在一些残余误差，使得水准管轴不完全平行于视准轴，即存在 i 角残余误差。对于这项残余误差，一般在观测中采取前、后视距相等的方法来消除或削弱此项误差的影响。国家工程测量规范规定，三等、四等水准测量，水准仪视准轴与水准管轴之间的夹角 i，DS_3 型不应该超过 $20''$。

2. 水准尺的误差

水准尺刻画不准确、尺底磨损、弯曲变形等都将直接带来误差，因此在水准测量精度要求较高的工程中，必须对水准尺进行检定，不合格的尺子不能使用。

二、观测误差

1. 水准管气泡居中的误差

在对水准尺读数时，水准管轴应该在理想的水平位置，如果管水准气泡没有居中的话，将造成管水准器轴偏离水平面而产生误差，这是一项无法避免的误差。对于 DS_3 型水准仪，水准管分划值 τ，通常人判断气泡居中的误差约为 0.15τ，因为 DS_3 型水准仪采用的是符合水准器，气泡精度约能提高一倍，即 $0.15\tau/2$，若视线长为 D，则对尺上的读数影响为：

$$m_\tau = \frac{0.15\tau}{2\rho''}D \tag{2-17}$$

式中：$\rho''=206265''$。

减少误差的方法就是在每次读数前，认真检查气泡的位置，使得气泡严格居中。

2. 读数误差

在水准尺上估读毫米数的误差，与人眼的分辨力、望远镜的放大倍率以及视线长度有关，通常按如下的式子计算：

$$m_V = \frac{60''}{V} \times \frac{D}{\rho''} \tag{2-18}$$

式中：V——望远镜的放大倍率；

ρ''——弧度与角度转换数，$\rho'' \approx 206265''$；

D——水准仪到水准尺的距离。

因此，根据公式可以知道，为了减少误差影响，应该限制视距的长度。

3. 视差影响

视差是指在望远镜中，水准尺的像没有准确地形成在十字丝分划板上，造成眼睛的观察位置不同，读出来的标尺读数也就不同，由此产生的误差。

4. 水准尺的倾斜误差

读数时，水准尺必须竖直。如果水准尺在仪器视线方向倾斜，观测者不可能发觉，会使得水准尺读数偏大。在水准尺上安装圆水准器时，可以通过气泡居中来保证水准尺的竖直；也可以通过将水准尺前后缓慢摇晃，当观测者观测到最小读数时，就是水准尺竖直时的读数。

三、外界条件的影响

1. 仪器下沉和尺垫下沉

仪器和水准尺会由于地面的不坚实而下沉，使得视线降低，引起读数的误差。对于仪器下沉可以通过"后—前—前—后"的观察顺序，取其平均值，这样可以减弱其影响；尺垫的下沉将会使得前后两站高程传递产生误差，对于尺垫下沉产生的误差可以采用往返观测的方法，取成果的中数来减弱其影响。

2. 地球曲率和大气折光的影响

由于空气密度不同，所以光线通过时会产生折射，使得视线并不是水平的。经过研究发现。地球曲率和大气折光对水准尺读数的影响 f，可以通过如下公式来计算：

$$f=(1-K)\frac{D^2}{2R}\approx 0.43\frac{D^2}{R} \tag{2-19}$$

式中：D——水准仪至水准尺的距离；

R——地球半径；

K——大气折光系数，一般取 $K=0.14$。

由式子可知，只有当前后视距相等时，地球曲率和大气折光对前、后视读数误差是相等的，从而可以消除此项误差对水准测量高差的影响。

3. 温度和风力的影响

由于大气温度变化受到日光直接影响，水准仪受热不均匀，从而会影响仪器轴线间的正常几何关系，比如会使得仪器各构件不规则膨胀而带来误差，所以需要避免在高温和大风条件下进行测量工作。

第八节　精密水准仪和自动安平水准仪

一、精密水准仪

1. 精密水准仪的构造

精密水准仪主要用于国家一、二等水准测量，大型工程建筑物施工测量，以及构造物的沉降观测等。我国目前常用的水准仪主要有 DS_{05} 型和 DS_1 型。

精密水准仪的原理和构造如图 2－19 所示。其与一般的水准仪类似，也由望远镜、水

图 2－19　精密水准仪

准部和基座三个部分组成。其不同点在于能够精密地整平视线和精确读数。因此，其在结构上应满足以下要求：

(1)水准器具有较高的灵敏度，比一般的水准仪要高；

(2)望远镜具有良好的光学性能；

(3)具有光学测微器装置；

(4)视准轴与水准轴之间的联系更加稳定，精密水准仪均采用钢构件，并且密封起来，受外界条件影响较小；

(5)需要配套的专用水准尺，尺身由合金钢制成。

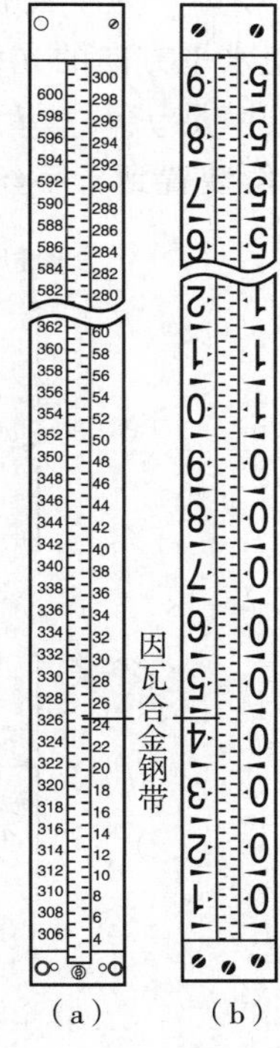

图 2-20 精密水准尺

2. 精密水准尺

精密水准仪必须配有专用的精密水准尺。精密水准尺的分划条是印制在铟瓦合金钢带上的，这种合金钢受温度影响较小。精密水准尺的分划为线条式，与普通水准尺不同，其分划值有 10mm 和 5mm 两种。10mm 分划的精密水准尺如图 2-20(a)所示，尺身上刻有左右两排分划，右边为基本分划，左边为辅助分划。基本分划的数字注记从 0 到 300(cm)；辅助分划为 300 到 600(cm)。基本分划与辅助分划的零点相差一个常数 301.55cm，这一常数称为基辅差或尺常数，用以检查读数时是否存在误差。

5mm 分划的精密水准尺如图 2-20(b)所示，尺身上两排均是基本分划，其最小值为 10mm，但是彼此错开 5mm。尺身一侧注记米数，另一侧注记分米数。

3. 精密水准仪的操作

精密水准仪的操作与普通水准仪的操作基本相同，不同之处是用光学测微器可测出不足一个分格的数值。在仪器精确整平后，十字丝中丝往往不恰好对准水准尺某一个整分划数，这时需要旋转测微轮使得视线上下平行移动，使得十字丝的楔形丝正好对称地夹住一个整分划数，如图 2-21 所示。被对称夹住的整分划线读数为 148cm，然后从测微器读数显微镜中读出尾数值为 655(0.655cm)。其末位 5 为估读数 0.05mm，全部读数 148.655cm。精密水准读数是由尺上读数(三位)和测微窗上读数(三位)组成的。

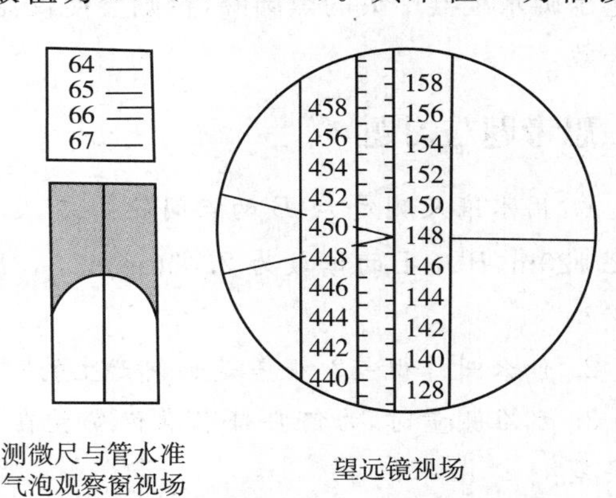

图 2-21 测微尺

二、自动安平水准仪

自动安平水准仪的结构特点是没有管水准器和微倾螺旋，只有圆水准器，粗平之后，借助自动补偿装置的作用，使得视准轴水平便可得出正确读数。自动安平水准仪的优点在于：由于无须精平操作，从而简化了操作，缩短了观测时间，减少了人为误差的影响。

1. **自动安平原理**

如图 2-22 所示，视准轴水平时在水准尺上读数为 a，当视准轴倾斜 α 角后，此时视线读数为 a'。为了使得读数仍为水平视线时的读数 a，在望远镜的光路上增设一个补偿装置，使水平方向的光线通过补偿器后偏转 β 角，光线仍然通过十字丝交点。由于 α 和 β 都很小，若满足 $f \cdot \alpha = d \cdot \beta$，就能达到补偿的目的。式中，$f$ 为物镜到十字丝分划板的距离；d 为补偿装置到十字丝分划板的距离。

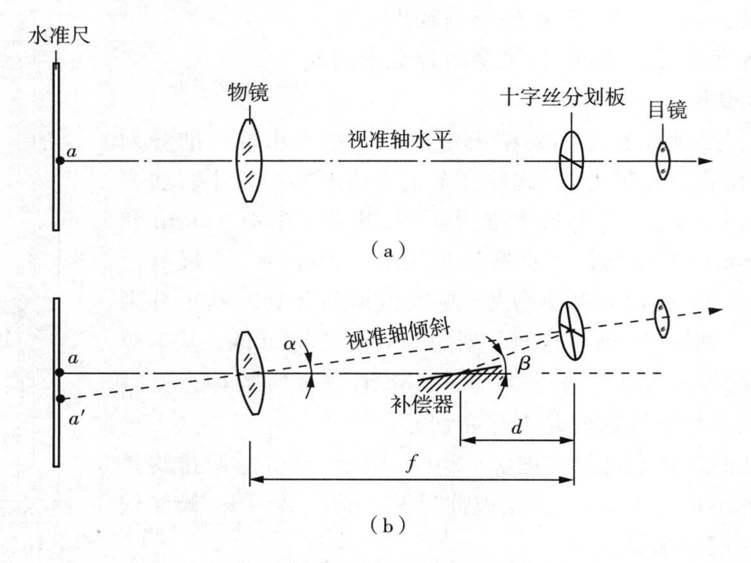

图 2-22　自动安平水准仪安平的原理

2. **自动安平水准仪的使用**

自动安平水准仪的使用与普通水准仪类似，安置好仪器后，首先将圆水准气泡居中，而后瞄准水准尺，等待 2s 到 4s 后就可以读数记录了，无须进行精平操作。其操作步骤一般为安置与粗平、瞄准与调焦点、读数。为使补偿器正常工作，必须使得圆水准器气泡居中并不越出圆水准器中央的黑圆圈，否则会使仪器的倾斜超过补偿器的工作范围或补偿器本身而失效。

思考题与习题

1. 用水准尺测定 A、B 两点间的高差，已知 A 点的高程 $H_A = 9.105\text{m}$，A 尺上的读数为 2.120m，B 尺上的读数为 2.436m，求 A、B 两点间的高差 h_{AB} 为多少？B 点高程 H_B 为多少？

2. 什么叫作视差？视差是如何产生的？如何消除视差？

3. 水准测量时，为何要将水准仪安置在前后视距大致相等处？它可以减小或消除哪些误差？

4. 水准仪有哪些主要轴线？它们之间需要满足哪些几何条件？

5. 水准仪的使用包括哪些基本操作？简述其操作要点。

6. 水准测量观测数据已填入表 2-2 中，试计算各测站的高差和 B 点的高程。

表 2-2　水准测量观测手簿

测站	测点	水准尺读数/m		高差/m	高程/m	备注
		后视读数	前视读数			
1	BM_A	1.465			12.985	
	TP_1		1.162			
2	TP_1	1.850				
	TP_2		1.467			
3	TP_2	1.357				
	TP_3		1.918			
4	TP_3	1.950				
	B		1.473			
$\sum$						
计算校核						

7. 与普通水准仪相比，精密水准仪有何特点？主要区别在哪里？

8. 如何进行精密水准仪的水准管轴平行于视准轴的检验和校正？

第三章 角度测量

本章将对角度测量进行阐述，应掌握角度测量基本原理，DJ_6 经纬仪的构造与使用，水平角观测方法，竖直角观测计算与观测方法，经纬仪的检验与校正，角度观测的误差分析。本章着重介绍角度测量方法与经纬仪的使用。

第一节 角度测量原理

一、水平角测量原理

水平角是一点到两目标的两方向线垂直投影在水平面上所成的夹角，用 β 表示。如图 3-1 所示，A、B、C 是地面上不同高程的三个任意点，BA 和 BC 两个方向线所夹的水平角就是分别通过 BA、BC 的两个竖直面在水平面 P 上的投影线 B_1A_1、B_1C_1 所夹的角 β，即：

$$\beta=\angle A_1B_1C_1$$

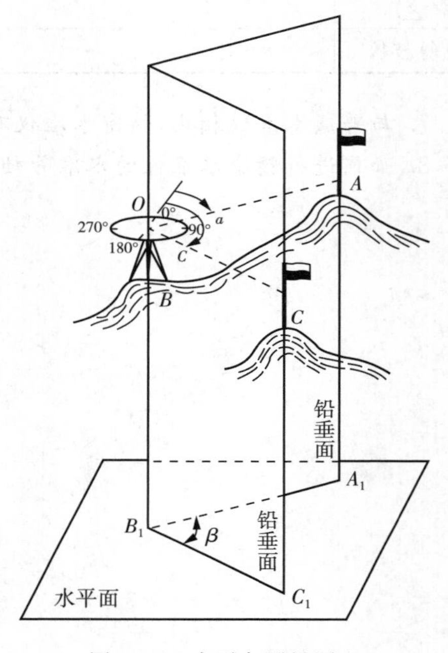

图 3-1 水平角测量原理

由此可见，水平角就是通过两方向线所做竖直面间的两面角，在这两面角的交线上任一点均可测量出水平角。现设想在两竖直面的交线上任一点 O 水平地放置一个顺时针方向刻画的圆形度盘，过左侧方的竖直面与水平度盘的交线得一读数 a_1，过右侧方向线的竖直面与水平度盘的交线得另一读数 b_1，可得水平角测量原理：

$$\beta=b_1-a_1$$

二、竖直角测量原理

竖直角是指在同一个竖直面内，一点到目标的方向线与水平线之间的夹角，用 α 表示。如图 3-2(a)所示，目标 A 的方向线在水平线上方，为仰角，符号为“+”，图示为 $+6°12'33''$；目标 B 的方向线在水平线下方，为俯角，符号为“-”，图示为 $-5°19'21''$。竖直角的角值为 $0°\sim90°$。

如图 3-2(b)和(c)所示，有一竖直的圆形度盘，水平视线 OH 及点到目标的方向线

OA 分别沿侧垂面投影在竖直度盘上得读数 90°和 L，则竖直角 α 为

$$\alpha = L - 90^\circ \tag{3-1}$$

这就是竖直角测量的原理。

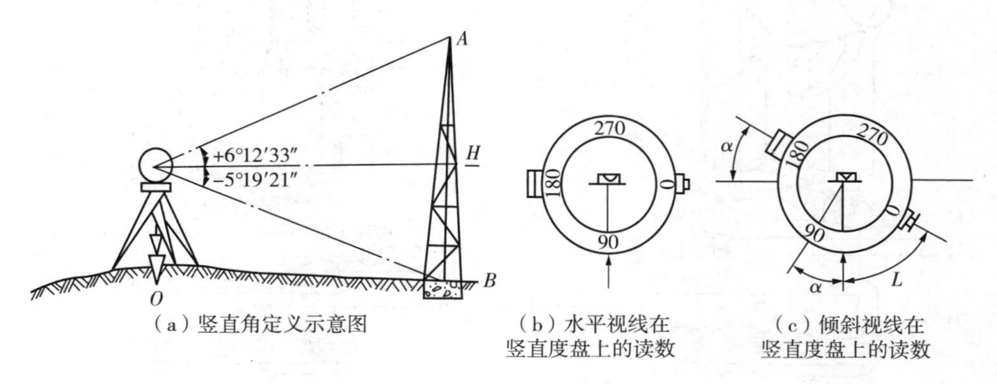

（a）竖直角定义示意图　（b）水平视线在竖直度盘上的读数　（c）倾斜视线在竖直度盘上的读数

图 3-2　竖直角测量原理

综上所述，为完成水平角和竖直角测量，仪器必须具备水平度盘、竖直度盘和瞄准目标所用的望远镜，同时要求望远镜不仅能在水平方向左右转动，而且能在竖直方向上下转动。测量水平角时，不仅要求水平度盘能放置水平，且度盘中心要位于水平角顶点的铅垂线上。

经纬仪就是根据上述基本要求设计制造的。

第二节　经纬仪的构造与使用

根据度盘的刻画方式与读数方法的不同，经纬仪分为光学经纬仪和电子经纬仪。我国经纬仪的型号按照精度等级可以分为 DJ_{07}、DJ_1、DJ_2、DJ_6 等，其中字母“D”和“J”分别是“大地测量”和“经纬仪”的第一个汉字的汉语拼音的第一个子母，数字 07、1、2、6 是指该仪器一测回方向值观测中误差的秒值。

一、DJ_6 型光学经纬仪的构造

由于 DJ_2 型与 DJ_6 型光学经纬仪大同小异，本书在讲述中以 DJ_6 型经纬仪为主，其差异在具体内容中加以体现。光学经纬仪由照准部、水平度盘和基座三个部分组成，如图 3-3 所示。DJ_6 型光学经纬仪的基本构造如图 3-4 所示。

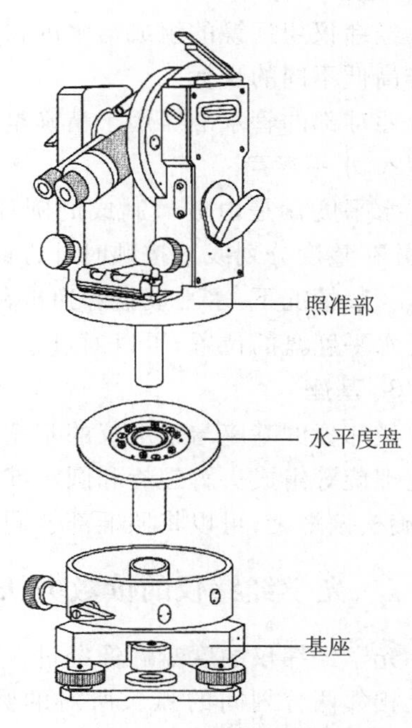

图 3-3　经纬仪的结构

1. 照准部

照准部是指能够绕仪器竖轴转动的部分。照准部包括望远镜、竖轴、横轴、U 形支架、管水准器、竖直度盘和读数装置等。

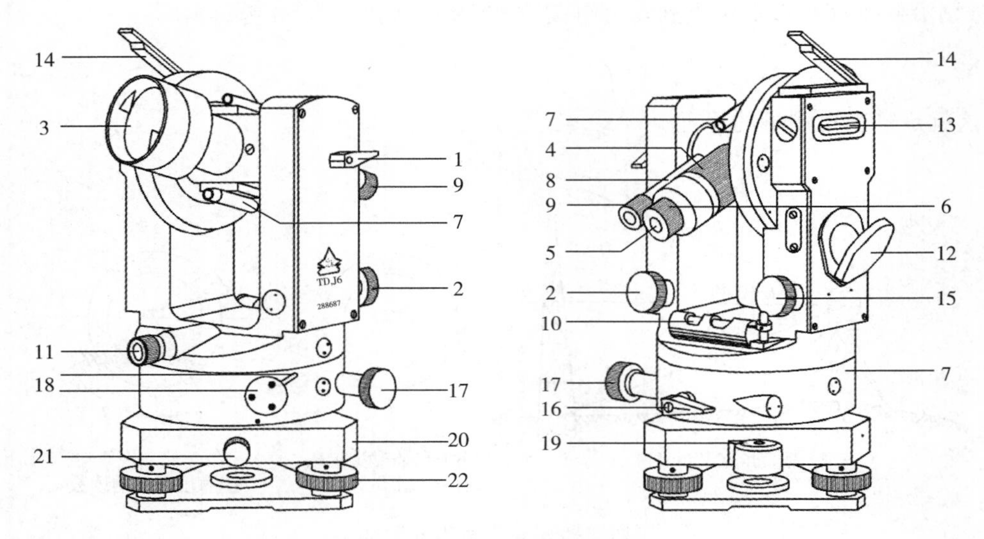

图 3-4　DJ_6型光学经纬仪构造

1—竖直制动螺旋；2—竖直微动螺旋；3—物镜；4—物镜调焦螺旋；5—目镜；6—目镜调焦螺旋；7—光学粗瞄器；8—度盘读数显微镜；9—度盘读数显微镜调焦螺旋；10—水准管；11—光学对中器；12—读数窗采光镜；13—竖盘指标水准管；14—竖盘指标水准管观察镜；15—竖盘指标水准管微动螺旋；16—水平制动螺旋；17—水平微动螺旋；18—拨盘手轮；19—圆水准器；20—基座；21—轴座固定螺旋；22—脚螺旋

望远镜和竖直度盘安装在U形支架上，可以绕横轴在竖直面内旋转，其转动由竖直制动螺旋和微动螺旋（又称望远镜制、微动螺旋）控制。

竖轴插入仪器基座的轴套内，照准部可以绕竖轴水平转动，其转动由水平制动螺旋和微动螺旋（又称照准部制、微动螺旋）控制。

经纬仪望远镜的组成与水准仪望远镜基本相同，不同的是它能绕横轴纵向转动，可以照准高低不同的目标。

照准部的管水准器用于精确整平仪器，当气泡居中时，水平度盘水平，竖直度盘竖直。

2. 水平度盘

水平度盘是由玻璃制成的圆环形盘片，缘上顺时针刻画有0°～360°的等间隔的分划线，并在整度分划线上按顺时针方向标有注记用于测量水平角度。

一般情况下，水平度盘和照准部是分离的，转动照准部，水平度盘不会随之转动，若要改变水平度盘的位置，可以通过经纬仪上的复测器扳手或拨盘手轮来实现。

3. 基座

经纬仪的基座与水准仪的基座大致相同，主要由轴套、脚螺旋、连接板、圆水准器、轴套固定螺旋等组成。脚螺旋和圆水准器用于整平仪器；轴套固定螺旋用于将仪器固定在基座上，旋松该螺旋，可以将照准部连同水平度盘一起从基座中拔出，平时应将该螺旋旋紧。

二、光学经纬仪的读数方法

光学经纬仪的度盘影像经过一系列棱镜和透镜的折射聚光而呈现在读数目镜中。度盘上相邻两分划间的弧长所对的圆心角称为度盘分划值，一般为60′、30′或20′，即每隔60′、30′或20′，有一条分划，每度注记数字。

度盘上小于度盘分划值的读数利用测微器读出，测微器的全长等于度盘分划值。常见的测微器有分微尺测微器、单平板玻璃测微器和对径重合读数三种。下面分别介绍三种读数方法。

1. 分微尺测微器的读数方法

装有分微尺的经纬仪，在读数显微镜内，能分别看到水平度盘(注有“Hz”)和竖直度盘(注有“V”)两个读数窗，如图 3-5 所示，每个读数窗上的分微尺等分成 6 大格，每大格又分为 10 小格。由于度盘分划值为 1°，因此，分微尺每一大格代表 10′，并以 0～6 标注数字，每小格代表 1′，可以估读到 0.1′，即 6″。读数前，先调节读数显微镜目镜，使度盘分划线和分微尺的影像清晰，并消除视差。读数时，先读取与分微尺重合的度盘分划线读数，此读数即为整度读数，然后在分微尺上由零线到度盘分划线之间读取小于整度数的分，估读零点几分，两数之和即得度盘读数。如图 3-5 所示，水平度盘读数为 214°54.0′，竖直度盘读数为 79°06.0′，即分读数分别为 214°54′0″和 79°06′0″。

2. 单平板玻璃测微器的读数方法

装有单平板玻璃测微器的经纬仪，在读数显微镜中能同时看到如图 3-6 所示的 3 个读数窗，上窗为测微尺分划影像，中间的单丝为读数指标线；中窗为竖盘分划影像，下窗为水平度盘分划影像，中、下窗中都夹有度盘分划线的双丝，为读数指标线。度盘分划值为 30′，测微尺上分成 30 大格，测微轮旋转一周，测微尺由 0 移到 30，度盘分划刚好移动一个格(30′)，每 5′注记数值字，每大格又分成 3 小格，每小格 20″，可以估读到 2″。读数时，转动测微轮，使度盘某一分划精确夹在双指标线中间，先读取该分划线的读数，再在测微尺上根据单指标线读取小于 30′的分、秒数，两读数相加即得度盘读数。如图 3-6(a)和(b)所示，水平度盘读数为 4°30′+11′50″=4°41′50″，竖直度盘读数为 91°+27′26″=91°27′26″。

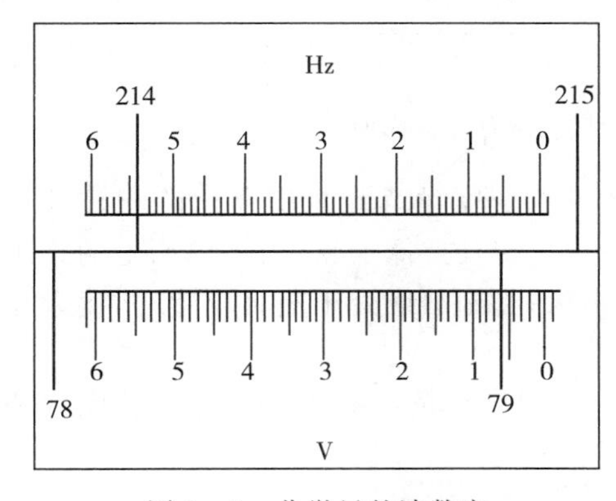

图 3-5　分微尺的读数窗

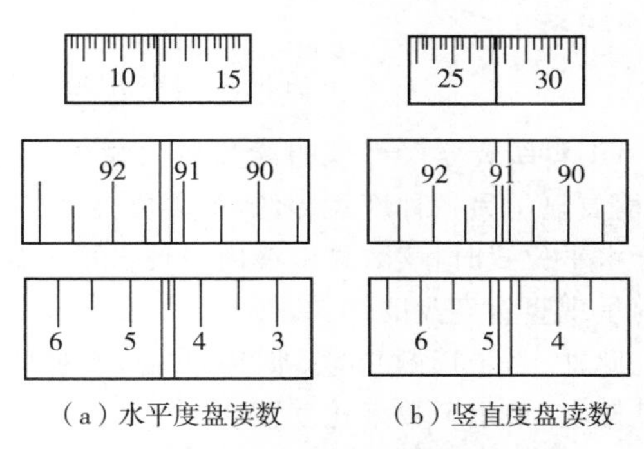

图 3-6　单平板玻璃测微器的读数窗

3. 对径重合的读数方法

DJ_2型经纬仪一般采用对径重合读数方法，如图 3-7 所示。大窗为度盘的影像，它实际上是将度盘 180°对径两端分划线的影像同时反映在读数显微镜中，形成被一横线隔开的正字像、倒字像，每 1°注记数字，度盘分划值为 20′。正字注记的为正像，倒字注记的为倒像，正、倒像相差 180°，度盘读数以正像为准。小窗为测微尺的影像，中间的横线为测微尺读数指标线，左边注记数字从 0 到 10 以分为单位，右边注记数字从 0 到 5 以 10″为单位，最小分划为 1″，估读到 0.1″。转动测微轮时，读数窗中的正、倒像作相对移动，使测微尺由 0′移动到 10′时，度盘正、倒像的分划线向相反方向各移动半格即 10′。

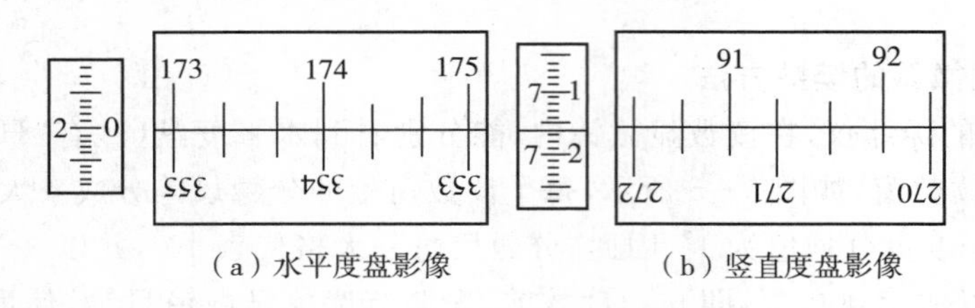

（a）水平度盘影像　　（b）竖直度盘影像

图 3－7　DJ_2 型经纬仪读数窗

读数时，先转动测微轮，使正、倒像的度盘分划线精确重合，然后找出邻近的正、倒像相差 180°的两条分划线，并注意正像在左侧，倒像在右侧，正像分划的数字就是度盘的度数；再数出正、倒像两分划线间的分格数，将其乘以度盘分划值的一半，即得度盘上相应的整 10′数；不足整 10′的分、秒数，从左边小窗的测微尺上读取，三者之和即为度盘的全部读数。如图 3－8(a)和(b)所示，水平度盘读数为 174°，整 10′数为 0，测微尺上的分、秒数为 02′00″.0，以上三者的和即为度盘的整个读数，为 174°02′00″.0。同理，竖直度盘读数为 91°＋1×10′＋7′16″.0＝91°17′16″.0。

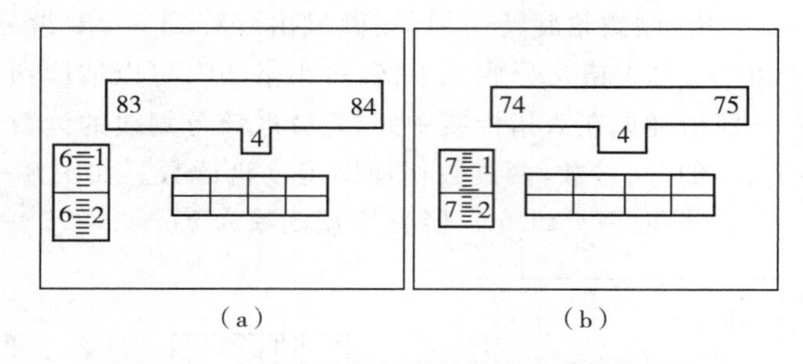

（a）　　（b）

图 3－8　DJ_2 型光学经纬仪的数字化读数影像

DJ_2型级光学经纬仪的读数显微镜中只能显示水平度盘或竖直度盘中的一种度盘影像，而要显示另一种度盘影像，就需要转动换像手轮。转动换像手轮，当手轮面上的刻画线处于水平位置时，读数显微镜内呈现水平度盘的影像；当刻画线处于竖直位置时，读数显微镜内呈现竖直度盘的影像。

此外，为了读数快速、准确、方便，新型的 DJ_2 光学经纬仪在操作步骤与读数原理不变的基础上，采用了数字化读数装置。

三、经纬仪的使用

经纬仪的使用步骤包括安置仪器、瞄准和读数。

1. 安置仪器

经纬仪在使用之前首先要安置仪器，安置仪器包括对中和整平。

(1)对中

对中的目的是使仪器中心与测站点标志的中心位于同一铅垂线上。可用垂球对中，步骤是在测站点处张开三脚架，调节架腿固紧螺旋，使其高度适中并目估架头水平，同时架头中心大致对准测站点标志，再挂上垂球初步对中。取出仪器，用连接螺旋固定在三脚架上，此时若垂球尖端偏离测站点标志中心，可稍旋松连接螺旋，两手扶住仪器基座，在架头上平移仪器，使垂球尖端准确对准标志中心，再拧紧连接螺旋。

(2)整平

整平的目的是使仪器竖轴竖直，水平度盘处于水平位置。操作方法如图 3－9 所示。

旋转照准部，使水准管平行于任意一对脚螺旋的连线，如图 3－9(a)所示，相对地，转动这两个脚螺旋，使水准管气泡居中，注意气泡移动方向与左手大拇指旋转脚螺旋的方向一致；然后将照准部旋转 90°，如图 3－9(b)所示，转动第三个脚螺旋使水准泡居中。如此重复进行，直到在这两个位置上气泡都居中为止。

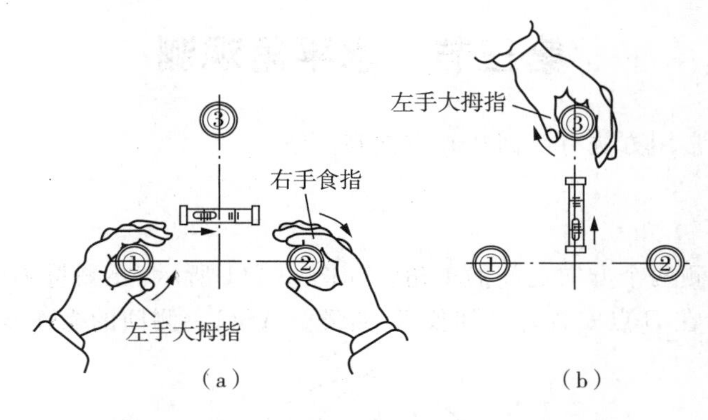

图 3－9　整平操作示意图

(3)利用光学对中器进行对中整平

利用光学对中器进行对中和整平的操作步骤为：转动光学对中器的目镜调焦螺旋，使分划板的圆圈清晰，再适当推进或拉出目镜进行对光，使地面标志清晰。如果地面标志偏离圆圈中心距离较小，可稍旋松连接螺旋，平移仪器直至圆圈中心与地面标志重合为止。相反，如果偏离较大，这时将三脚架的一条腿固定不动，两只手分别握住另外两条架腿，在移动这两条架腿的同时，从目镜中观察，使圆圈中心对准地面标志。此时，三脚架头不水平，应调节架腿长度，使圆水准器气泡居中，三脚架头大致水平。而后再用脚螺旋将管水准器气泡调至居中，仪器整平。由于转动脚螺旋，对中状态必然有所破坏，这时可稍松开连接螺旋，平行移动仪器，使仪器精确对中。此时应注意，只能平移，不能旋转(由于三脚架头不严格水平，旋转必然破坏仪器的整平状态)。在实际工作中，即使平移仪器，仍或多或少地会破坏水平状态，因此，上述两项操作必须反复进行，逐渐接近，直至对中和整平都满足要求为止。

2. 瞄准

瞄准观测目标步骤如下：

(1)目镜对光。将望远镜朝向明亮背景，转动目镜对光螺旋，使十字丝清晰。

(2)粗略瞄准。松开照准部制动螺旋与望远镜制动螺旋，用望远镜上的准星和照门(或瞄准器)粗略照准目标，使在望远镜内能够看到物像，然后拧紧照准部及望远镜制动螺旋。

(3)物镜对光。转动物镜对光螺旋，使目标清晰。注意消除视差(视差现象与水准仪的相同)。

(4)精确瞄准。转动照准部和望远镜微动螺旋,使十字丝纵丝准确对准目标,如图 3－10 所示。

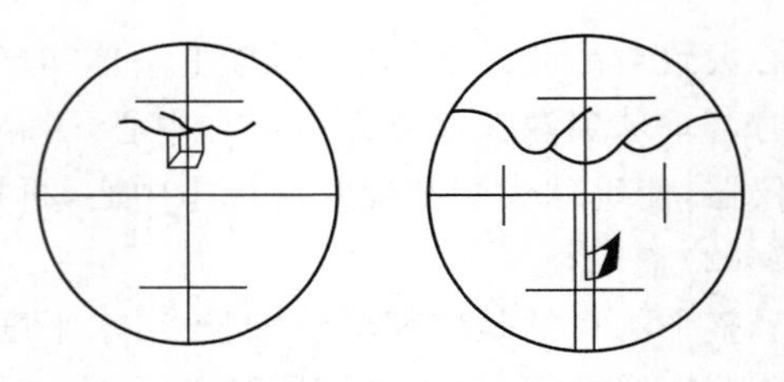

图 3－10　十字丝对准目标示意图

3. 读数

瞄准目标后,应先打开并调整反光镜找位置,使读数窗的光明亮均匀。然后转动显微镜的目镜,使读数窗内的分微尺分划和度盘分划影像同时清晰,再按上一节介绍的读数方法进行读数。

第三节　水平角观测

水平角观测的常用方法有测回法和方向观测法。

一、测回法

测回法用于观测两个方向之间的单角。如图 3－11 所示,要测量 BA 与 BC 两个方向之间的水平夹角 β,在 B 点安置好经纬仪后,观测 $\angle ABC$ 一测回的操作步骤如下:

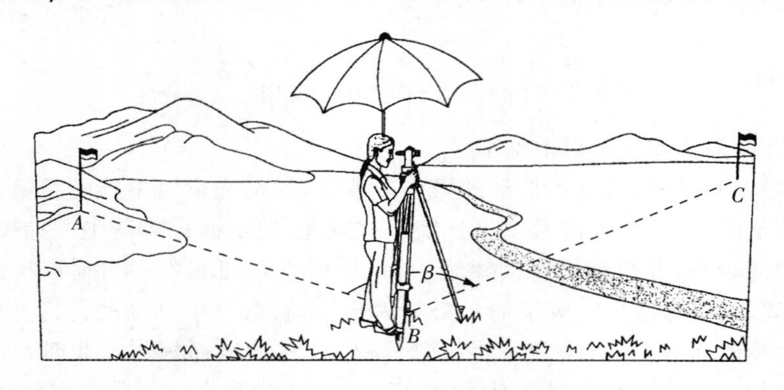

图 3－11　测回法观测水平角

1. 盘左观测

盘左(竖盘在望远镜的左边,也称正镜)瞄准目标点 A,旋开水平度盘变换手轮,将水平度盘读数配置在 0°左右。检查瞄准情况后读取水平度盘读数,如 0°06′24″,记入表 3－1 所列的相应栏内。

A 点方向称为零方向。由于水平度盘是顺时针注记,因此选取零方向时,一般应使另一个观测方向的水平度盘读数大于零方向的读数,也即 C 点位于 A 点的右边。

顺时针旋转照准部,瞄准目标点 C,读取水平度盘读数,如 111°46′18″,记入表 3－1 所列的相应栏内。计算正镜观测的角度值为 111°46′18″－0°06′24″＝111°39′54″,称为上半测回角值。

2. 盘右观测

纵转望远镜为盘右位置(竖盘在望远镜的右边,也称倒镜),逆时针旋转照准部,瞄准目标点 C,读取水平度盘读数,如 291°46′36″,记入表 3－1 所列的相应栏内。

逆时针旋转照准部，瞄准目标点 A，读取水平度盘读数，如 180°06′48″，记入表 3－1 所列的相应栏内。计算倒镜观测的角度值为 291°46′36″－180°06′8″＝111°39′48″，称为下半测回角值。

3. 计算检核

计算出上、下半测回角度值之差为 111°39′54″－111°39′48″＝6″，小于限差值±40″时，取上、下半测回角度值的平均值作为一测回角度值。

《工程测量规范》没有给出测回法半测回角差的容许值，根据图根控制测量的测角中误差为±20″，一般取中误差的两倍作为限差，即为±40″。

表 3－1　水平角测回法观测手簿

测站	测回	目标	竖盘位置	水平度盘读数/° ′ ″	半测回角值/° ′ ″	一测回平均角值/° ′ ″	各测回平均值/° ′ ″
B	1	A	左	0 06 24	111 39 54	111 39 51	11 139 52
		C		11 146 18			
		A	右	180 06 48	111 39 48		
		C		291 46 36			
	2	A	左	90 06 18	111 39 48	111 39 54	
		C		201 46 06			
		A	右	270 06 30	111 40 00		
		C		21 46 30			

当测角精度要求较高时，一般需要观测几个测回。为了减小水平度盘分划误差的影响，各测回间应根据测回数 n，以 $180°/n$ 为增量配置各测回的零方向水平度盘读数。

表 3－1 所列为观测两测回，第二测回观测时，A 方向的水平度盘读数应配置为 90°左右。如果第二测回的半测回角差符合要求，则取两测回角值的平均值作为最后结果。

二、方向观测法

当测站上的方向观测数≥3 时，一般采用方向观测法(也叫全圆测回法)。如图 3－12 所示，测站点为 O，观测方向有 A,B,C,D 四个。在 O 点安置仪器，在 A,B,C,D 四个目标中选择一个标志十分清晰的点作为零方向。以 A 点为零方向时的一测回观测操作步骤如下：

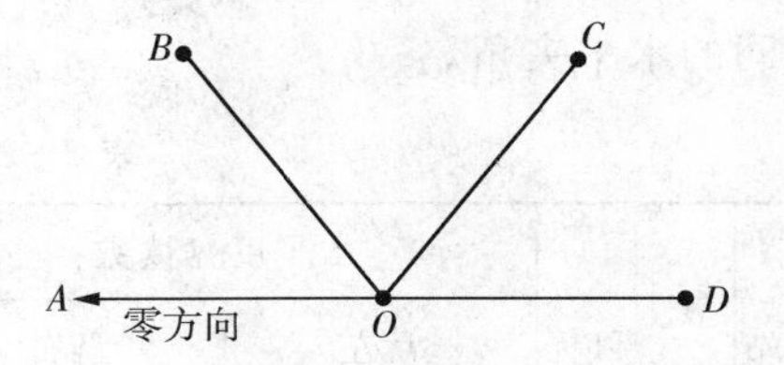

图 3－12　方向观测法观测水平角

1. 上半测回操作

盘左瞄准 A 点的照准标志，将水平度盘读数配置在 0°左右(称 A 点方向为零方向)，检查瞄准情况后读取水平度盘读数并记录。松开制动螺旋，顺时针(向观测者的右边)转动照准部，依次瞄准 B,C,D 点的照准标志进行观测，其观测顺序是 $A \to B \to C \to D \to A$，最后返回到零方向 A 的操作称为上半测回归零，两次观测零方向 A 的读数之差称为上半测回归零差 Δ_L。《工程测量规范》规定，对于 DJ$_6$ 型经纬仪，半测回归零差不应大于 18″。

2. 下半测回操作

纵转望远镜，盘右瞄准 A 点的照准标志，读数并记录，松开制动螺旋，逆时针（向观测者的左边）转动照准部，依次瞄准 D,C,B,A 点的照准标志进行观测，其观测顺序是 $A \to D \to C \to B \to A$，最后返回到零方向 A 的操作称为下半测回归零，归零差为 Δ_R，至此，一测回观测操作完成。如要观测几个测回，各测回零方向应以 $180°/n$ 为增量配置水平度盘读数。

3. 计算步骤

(1)计算 $2C$ 值（又称两倍照准差）

理论上，相同方向的盘左、盘右观测值应相差 180°，如果不是，其偏差值称为 $2C$，计算公式为

$$2C = \text{盘左读数} - (\text{盘右读数} \pm 180°) \tag{3-2}$$

式(3-2)中的“±”，当盘右读数大于 180°时，取“−”号，当盘右读数小于 180°时，取“+”号，计算结果填入表 3-2 所列的第 6 栏。

(2)计算方向观测的平均值

$$\text{平均读数} = \frac{1}{2}[\text{盘左读数} + (\text{盘右读数} \pm 180°)] \tag{3-3}$$

使用式(3-3)计算时，最后的平均读数为换算到盘左读数的平均值，也即同一方向的盘右读数通过加或减 180°后，应基本等于其盘左读数，计算结果填入表 3-2 所列的第 7 栏。

(3)计算归零后的方向观测值

先计算零方向两个方向值的平均值（表 3-2 所列括弧内的数值），再将各方向值的平均值均减去括弧内的零方向值的平均值，计算结果填入表 3-2 所列的第 8 栏。

(4)计算各测回归零后方向值的平均值

取各测回同一方向归零后方向值的平均值，计算结果填入表 3-2 所列的第 9 栏。

(5)计算各目标间的水平夹角

根据表 3-2 所列的第 9 栏的各测回归零后方向值的平均值，可以计算出任意两个方向间的水平夹角。

表 3-2　水平角方向观测法手簿

测站	测回数	目标	水平度盘读数		2C =左−(右±180°)	平均读数=[左+(右±180°)]/2	归零后方向值	各测回归零方向值的平均值
			盘左	盘右				
			° ′ ″	° ′ ″	″	° ′ ″	° ′ ″	° ′ ″
1	2	3	4	5	6	7	8	9
			$\Delta_L=6$	$\Delta_R=-6$		(0 02 06)		
O	1	A	0 02 06	180 02 00	+6	0 02 03	0 00 00	
		B	51 15 42	231 15 30	+12	51 15 36	51 13 30	
		C	131 54 12	311 54 00	+12	131 54 06	131 52 00	
		D	182 02 24	2 02 24	0	182 02 24	182 00 18	
		A	0 02 12	180 02 06	+6	0 02 09		

（续表）

测站	测回数	目标	水平度盘读数		2C =左－(右±180°)	平均读数＝[左＋(右±180°)]/2	归零后方向值	各测回归零方向值的平均值
			盘左	盘右				
			° ′ ″	° ′ ″	″	° ′ ″	° ′ ″	° ′ ″
1	2	3	4	5	6	7	8	9
O	2		$\Delta_L=6$	$\Delta_R=-12$		(90 03 32)		
		A	90 03 30	270 03 24	＋6	90 03 27	0 00 00	0 00 00
		B	141 17 00	321 16 54	＋6	141 16 57	51 13 25	51 13 28
		C	221 55 42	41 55 30	＋12	221 55 36	131 52 04	131 52 02
		D	272 04 00	92 03 54	＋6	272 03 57	182 00 25	182 00 22
		A	90 03 36	270 03 36	0	90 03 36		

4. 方向观测法的限差

《工程测量规范》规定，一级及以下导线，方向观测法的限差应符合表 3－3 所列的规定。

表 3－3　方向观测法的各项限差

经纬仪型号	半测回归零差	一测回内 2C 互差	同一方向值各测回较差
DJ_2	12″	18″	12″
DJ_6	18″	—	24″

当照准点的竖直角超过±3°时，该方向的 2C 较差可按同一观测时间段内的相邻测回进行比较，其差值仍按表 3－3 所列的规定。按此方法比较应在手簿中注明。

在表 3－2 所列的计算中，两个测回的四个半测回归零差 Δ 分别为 6″，－6″，6″，－12″，其绝对值均小于限差要求的 18″；B，C，D 三个方向值两测回较差分别为－5″，4″，7″，其绝对值均小于限差要求的 24″。观测结果符合规范的要求。

5. 水平角观测注意事项

水平角观测注意事项如下：

(1)仪器高度应与观测者的身高相适应；三脚架应踩实，仪器与脚架连接应牢固，操作仪器时不应用手扶三脚架；转动照准部和望远镜之前，应先松开制动螺旋，操作各螺旋时用力应轻。

(2)精确对中，特别是对短边测角，对中要求应更严格。

(3)当观测目标间高低相差较大时，更应注意整平仪器。

(4)照准标志应竖直，尽可能用十字丝交点瞄准标杆或测钎底部。

(5)记录应清楚，应当场计算，发现错误，立即重测。

(6)一测回水平角观测过程中，不得再调整照准部管水准气泡，如气泡偏离中央超过 2 格时，应重新整平与对中仪器，重新观测。

第四节　竖直角观测

一、竖直角的用途

竖直角观测主要用于将观测的倾斜距离换算为水平距离或计算三角高程。

1. 倾斜距离换算为水平距离

如图 3－13(a)所示，测得 A,B 两点间的斜距 S 及竖直角 α，其水平距离 D 的计算公式为

$$D=S\cos\alpha \tag{3-4}$$

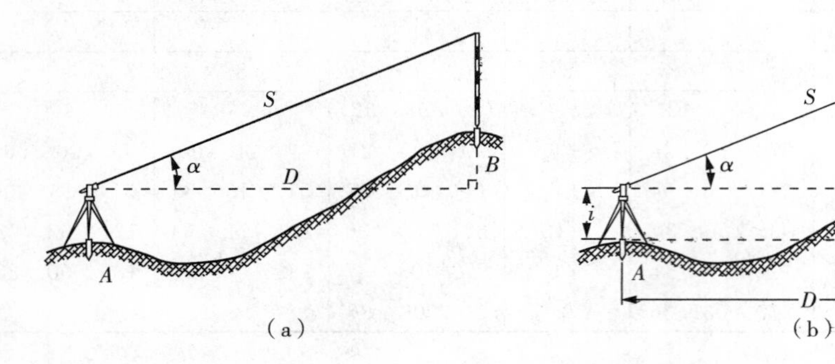

图 3－13　竖直角观测

2. 三角高程计算

如图 3－13(b)所示，当用水准测量方法测定 A,B 两点间的高差 h_{AB} 有困难时，可以利用图中测得的斜距 S、竖直角 α、仪器高 i、标杆高 ν，依下式计算 h_{AB}：

$$h_{AB}=S\sin\alpha+i-\nu \tag{3-5}$$

已知 A 点的高程 H_A 时，B 点高程 H_B 的计算公式为

$$H_B=H_A+h_{AB}=H_A+S\sin\alpha+i-\nu \tag{3-6}$$

上述测量高程的方法称为三角高程测量。2005 年 5 月，我国测绘工作者测得世界最高峰——珠穆朗玛峰峰顶岩石面的海拔高程为 8844.43m，使用的就是三角高程测量方法。

二、竖直角的计算公式

1. 经纬仪竖盘结构构造

如图 3－14 所示，是 DJ_6 型光学经纬仪的竖盘构造示意图。竖直度盘固定在望远镜横轴一端，与横轴垂直，其圆心在横轴上，随望远镜在竖直面内一起旋转。竖盘指标水准管与一系列棱镜、透镜组成的光具组为一整体，它固定在竖盘指标水准管微动架上，即竖盘水准管微动螺旋可使竖盘指标水准管做微小的仰俯转动，当水准管气泡居中时，水准管轴水平，光具组的光轴处于铅垂位置，作为固定的指标线，用以指示竖盘读

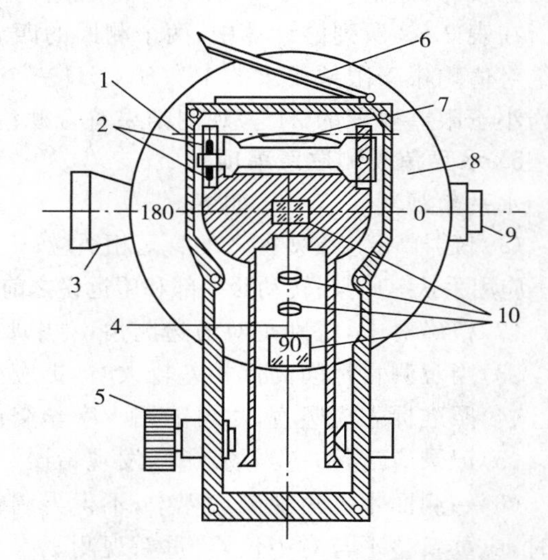

图 3－14　DJ_6 型光学经纬仪竖盘构造示意图

1—竖盘指标水准管轴；2—竖盘指标水准管校正螺丝；3—望远镜；4—光具组光轴；5—竖盘指标水准管微动螺旋；6—竖盘指标水准管反光镜；7—竖盘指标水准管；8—竖直度盘；9—目镜；10—光具组的透镜、棱镜

数和计算不同高度目标的竖直角。

光学经纬仪竖盘是由光学玻璃制成的网盘，其刻画有多种形式，对于 DJ_6 型光学经纬仪而言，其刻画有顺时针方向和逆时针方向两种，如图 3－15 所示，不同刻画的经纬仪其竖直角计算公式不同。

当望远镜视线水平且指标水准器气泡居中时，盘左位置竖盘读数为 90°，盘右位置竖盘读数为 270°。

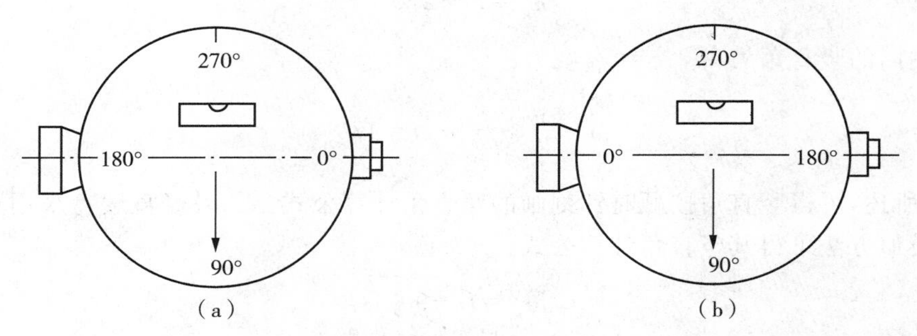

图 3－15　竖盘注记方式

2. 竖直角计算公式

由竖直角的定义和竖直度盘构造可知：竖直角的大小是由瞄准目标时的竖直度盘读数和望远镜视线水平时竖盘读数之差求得（望远镜视线水平时，其读数是一定值）。如图 3－16 所示，竖直度盘采用顺时针注记（我国目前生产的经纬仪大多采用这种注记形式）。

(1)盘左

如图 3－16(a)所示为盘左位置水平时的情况，当望远镜视线水平，指标水准管气泡居中时，此时竖直度盘读数为 90°。当视准轴仰起测得竖盘读数为 L，比始读数小，当视准轴俯下测得竖盘读数比始读数大，因此盘左时竖直角的计算公式为

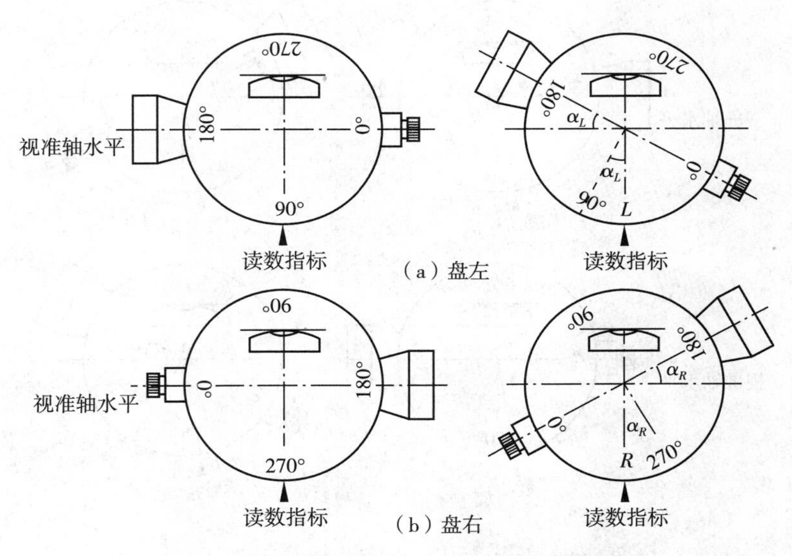

图 3－16　经纬仪的竖盘注记形式与计算公式

$$\alpha_L = 90° - L \tag{3-7}$$

上式结果若得正则为仰角,得负则为俯角。

(2)盘右

如图 3-16(b)所示,始读数 $R=270°$,与盘左时相反,仰角时读数比始读数大,俯角时读数比始读数小,因此竖直角的计算公式为

$$\alpha_R = R - 270° \tag{3-8}$$

则,一个测回的竖直角为

$$\alpha = \frac{1}{2}(\alpha_L + \alpha_R) - 180° \tag{3-9}$$

综上所述,可得竖直角按顺时针刻画的竖直角计算公式。如果竖直度盘采用逆时针刻画,则用类似方法可得其竖直角计算公式:

$$\alpha_L = L - 90° \tag{3-10}$$

$$\alpha_R = 270° - R \tag{3-11}$$

由此可见,当望远镜仰起时,如竖盘读数逐渐增加,则 α= 读数 - 始读数;望远镜仰起时,竖盘读数逐渐减小,则 α= 始读数 - 读数。计算结果为正时,α 为仰角;为负时,α 为俯角。

3. 竖盘指标差

由于长期使用或运输,会使经纬仪在望远镜视线水平、竖盘水准管气泡居中时,其读数指标不在 90°或 270°的位置,而是偏离了正确位置,与正确位置偏移了一个小角(使读数增大或减少),这个小角称为竖盘指标差,常用 x 表示。

如图 3-17 所示,当指标偏移方向与竖盘注记方向一致,且望远镜视线水平时,盘左读

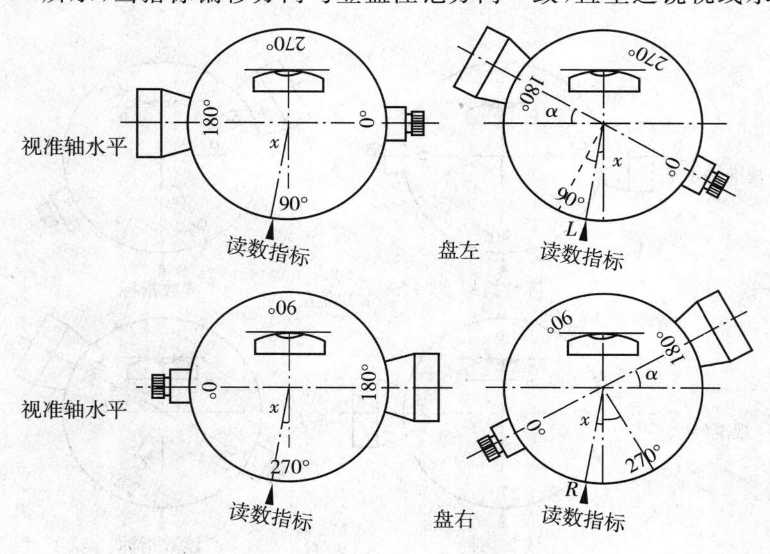

图 3-17 竖盘指标差

数为 $90°+x$，使读数增大了一个 x，此时正确的竖直角为：

$$\alpha=(90°+x)-L=\alpha_L+x \tag{3-12}$$

盘右视线水平时，读数为 $270°+x$，此时正确的竖直角计算公式为：

$$\alpha=R-(270°+x)=\alpha_R-x \tag{3-13}$$

由(3－12)和(3－13)两式可得：

$$\alpha=\frac{1}{2}(R-L-180°)=\frac{1}{2}(\alpha_L+\alpha_R) \tag{3-14}$$

上式说明取盘左、盘右测得竖直角的平均值，可以消除指标差的影响。若将两式相减，则得竖盘指标差的计算公式：

$$x=\frac{1}{2}[(L+R)-360°] \tag{3-15}$$

同一台仪器在同一时间段内，指标差应该是一个固定值。因此，指标差互差可以反映观测成果的质量。对 DJ_6 型光学经纬仪而言，同一测站上各方向的指标差或同一方向各测回间的指标差互差不得超过±25″。

为了简化作业程序、提高作业效率，目前各厂家生产的光学经纬仪大都采用了竖盘指标自动归零装置，使用这种仪器观测竖直角时，瞄准目标后即可读取竖盘读数。

三、竖直角的观测

1. 在测站点上安置经纬仪，进行对中，整平。

2. 盘左位置，用十字丝的中丝瞄准目标的某一位置，旋转竖盘指标水准管微动螺旋，使指标水准管气泡居中，读取竖盘读数，记入手簿(表 3－4)，计算盘左时的竖直角。

3. 盘右位置，用十字丝的中丝瞄准目标的原位置，调整指标水准管气泡居中，读取竖盘读数，将其记入手簿，并按公式计算出盘右时的竖直角。

4. 取盘左、盘右竖直角的平均值，即为该点的竖直角。

若经纬仪的竖盘结构为竖盘指标自动归零补偿结构，则在仪器安置后，就要打开补偿器开关，然后进行盘左、盘右观测。注意，一个测站的测量工作完成后，应关闭补偿器开关。

表 3－4　竖直角观测手簿

测站	目标	竖盘位置	竖盘读数	半测回竖直角	一测回竖直角	指标差 x	备注
			° ′ ″	° ′ ″	° ′ ″	″	
O	M	左	86 47 36	+3 12 24	+3 11 54	−30	竖盘为全圆顺时针注记
		右	237 11 24	+3 11 24			
	N	左	97 25 42	−7 25 42	−7 25 54	−12	
		右	262 33 54	−7 26 06			

第五节　经纬仪的检验与校正

一、经纬仪的主要轴线及其应满足的关系

经纬仪的主要轴线有视准轴（CC）、横轴（HH）、水准管轴（LL）和竖轴（VV）等，其相对位置关系如图 3－18 所示。

为使经纬仪能够精确地测量角度，其各轴线之间必须满足一定的关系。这些关系主要包括：

① 照准部水准管轴应垂直于仪器竖轴（$LL \perp VV$）；

② 望远镜视准轴应垂直于仪器横轴（$CC \perp HH$）；

③ 横轴应垂直于竖轴（$HH \perp VV$）；

④ 十字丝竖丝应垂直于横轴（竖丝$\perp HH$）；

⑤ 光学对点器的视准轴应与竖轴重合。

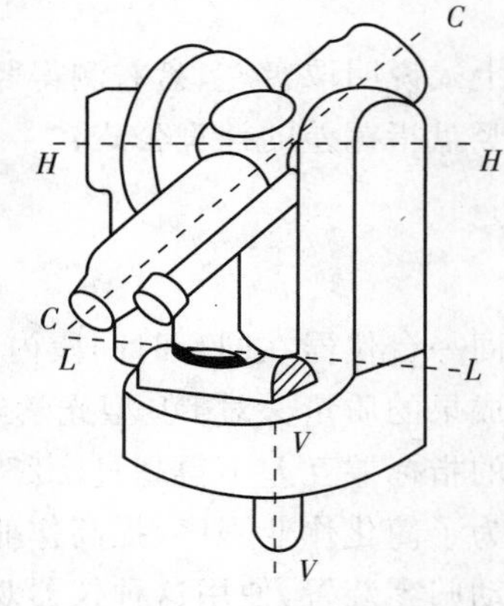

图 3－18　经纬仪轴线

二、经纬仪轴线关系的检验与校正

1. 照准部水准管轴的检验与校正

(1)检校目的

使照准部水准管轴 $LL \perp$ 竖轴 VV，以保证竖轴铅直，水平度盘水平。

(2)检验方法

首先将仪器大致调平，旋转照准部使水准管平行于两个脚螺旋，调节这两个脚螺旋使气泡居中；然后旋转照准部 180°，右水准管气泡仍然居中，说明轴线关系正确，否则，应进行校正。

(3)校正方法

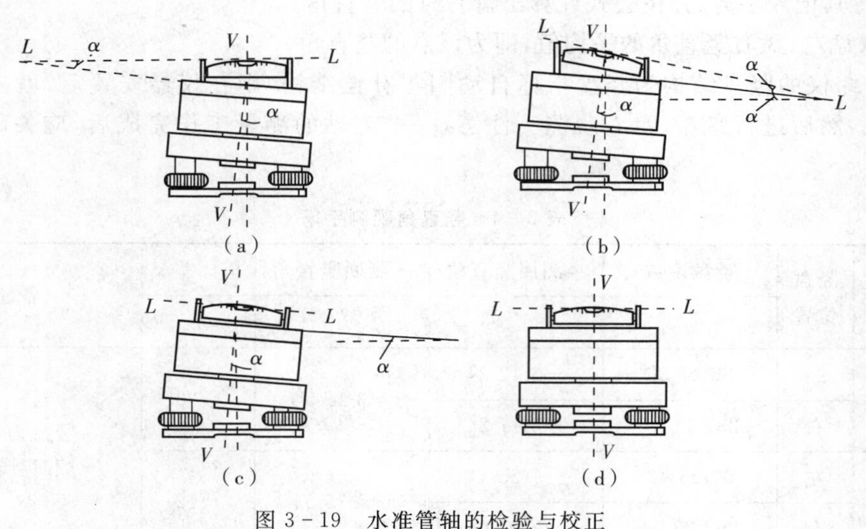

图 3－19　水准管轴的检验与校正

如图 3-19(a)所示，若水准管轴与竖轴不垂直，其交角与 90°之差为 α，则在某一位置整平水准管后，竖轴相对于铅垂线倾斜了 α。使照准部绕倾斜的竖轴旋转 180°后，仪器竖轴方向不变，但水准管轴和水平线的夹角变成了 2α，水准管气泡不再居中，如图 3-19(b)所示。

校正：用校正针拨动水准管一侧的校正螺钉，使水准管气泡向中心方向移动偏移量的一半(相当于改正了 α)。在校正过程中，旋紧水准管一侧的校正螺钉之前须先旋松另一侧的校正螺钉；如果校正动作使气泡偏离更多，则应反向操作，如图 3-19(c)所示。此时水准管轴已与竖轴垂直，旋转脚螺旋使气泡完全居中，则水准管轴水平、竖轴铅直，如图 3-19(d)所示。

此项检校工作须反复进行，直至将照准部转到任意位置，水准管气泡的偏离量均小于 1 格为止。

2. 望远镜十字丝分划板的检验与校正

(1)检校目的

仪器整平后，使十字丝在铅垂面内，横丝水平。

(2)检验方法

整平仪器后，选择远处一个清晰的点状目标 P，用十字丝交点准确地照准它。缓慢转动水平微动螺旋，观察 P 点的运动轨迹，若 P 点始终在横丝上移动，则条件满足，否则需要校正，如图 3-20(a)所示。

(3)校正方法

校正：打开目镜端的十字丝分划板护罩，松开 4 个压环螺钉，如图 3-20(b)所示，先根据检验情况判断十字丝的偏转方向，沿相反方向适量转动分划板座，然后再照准 P 点进行检验，直到符合要求，再旋紧压环螺钉，盖好护罩。

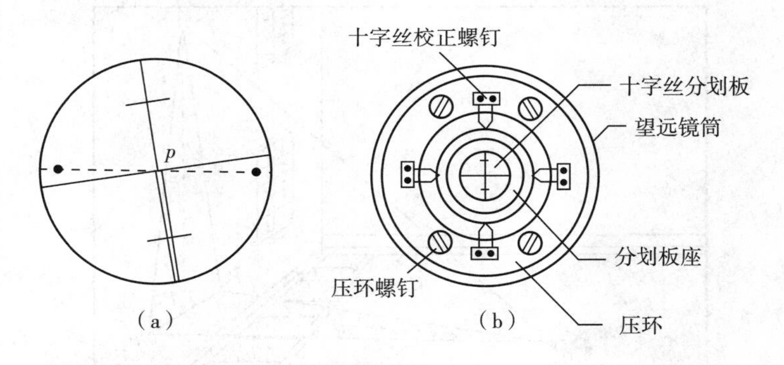

图 3-20　十字丝的检校

3. 视准轴的校验与校正

(1)检校目的

使仪器望远镜视准轴 $CC \perp$ 横轴 HH。

(2)检验方法

选择远处一个大致与仪器同高的目标 A，盘左、盘右照准 A 并读取水平度盘度数，分别记为 L' 和 R'，然后计算 $2C$。当 $C>60''$ 时，应进行校正。

(3)校正方法

首先计算盘右位置时水平度盘的正确读数：

$$R=R'+C=\frac{1}{2}(L'+R'\pm 180°) \qquad (3-16)$$

转动照准部微动螺旋，使水平度盘的读数为正确读数尺，则视准轴必然偏离目标点 A。打开十字丝分划板护罩，略微旋松上下校正螺钉，使十字丝分划板能够移动，用校正针拨动十字丝环的一对左右校正螺钉（在校正时，应使左右两螺钉一松一紧，始终卡住十字丝分划板），使视准轴重新对准 A 点。校正完成后将上下两个校正螺钉旋紧。

4. 横轴的检验与校正

(1)检校目的

使仪器横轴 HH 上竖轴 VV，以保证当竖轴铅垂时，横轴水平。

(2)检验方法

如图 3-21 所示，在离墙壁不远的位置架设经纬仪，选择墙面高处的一点 P 作为观测标志（仰角最好在 30°左右）。用盘左照准 P，然后将望远镜放平（竖直度盘读数为 90°），在墙面上定出一点 P_1，再盘右照准 P 点，将望远镜放平（竖盘读数为 270°），在墙面上定出另一点 P_2。若 P_1、P_2 两点重合，则横轴与竖轴垂直，即横轴误差为 0；否则，取这两点的中点 P_0。按下式计算横轴误差 i

$$i=\frac{D_{P_1P_2}}{2D_0}\rho'' \qquad (3-17)$$

式中：$D_{P_1P_2}$——墙面上 P_1、P_2之间的距离；

D_0——仪器到 P_0点的距离。

当 $i>20''$时，需要对横轴进行校正。

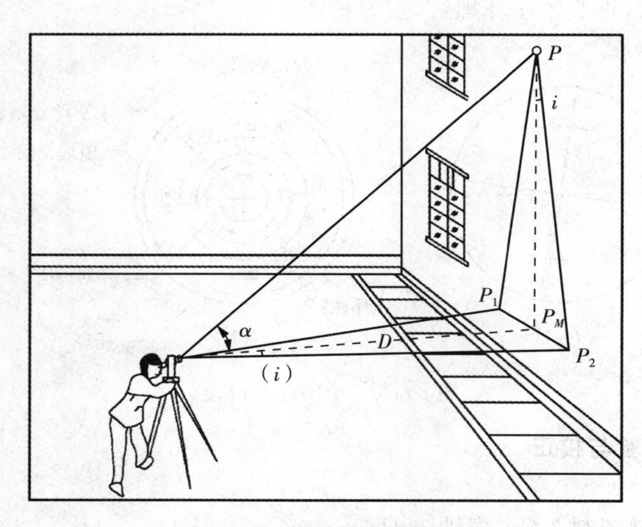

图 3-21　横轴的检验与校正

(3)校正方法

照准 P_0，旋紧照准部制动螺旋，松开望远镜制动螺旋，向上转动望远镜，此时视准轴偏离目标点 P。抬高或降低横轴的一端，使视准轴对准 P 点。此项工作需要反复进行，直至满足要求为止。

通常经纬仪的横轴是密封的，一般测量人员很难自行校正，若必须校正，需要送专业检修部门进行校正。

5. 竖盘指标差的检验与校正

(1)检校目的

消除竖盘指标差。

(2)检验方法

安置仪器之后，盘左、盘右分别照准同一目标，读取竖盘读数(读数前需要调节竖盘指标水准管微动螺旋使气泡居中，或将竖盘自动补偿器打开)，分别记为 L、R，计算竖盘指标差 x。当 $x>\pm 1'$时，应进行校正。

(3)校正方法

盘右位置时竖盘读数的正确值为 $R-x$。仪器不动，仍照准原目标点，旋转竖盘指标水准管微动螺旋，使竖盘读数为 $R-x$，此时，竖盘指标水准管气泡不再居中。打开竖盘指标水准管校正螺旋的护盖，用校正针拨动校正螺钉，使气泡居中。此项工作亦应反复进行直至满足要求为止。

对于有竖盘自动补偿器的仪器，竖盘指标差的检验方法同上，但是校正应由专业的检修人员进行。

6. 光学对点器的检验与校正

(1)检校目的

使仪器光学对中器的视准轴与仪器竖轴线重合。如果二者不重合，则会产生对中误差，影响测量精度。

(2)检验方法

如图 3-22 所示，在一张白纸上画一个十字形标志，交叉点为 P。将画有十字标志的白纸固定在地面上，以 P 点为标志安置经纬仪(对中、整平)。然后将照准部旋转 180°，查看是否仍然对中。如果仍然对中，则条件满足，否则须进行校正。

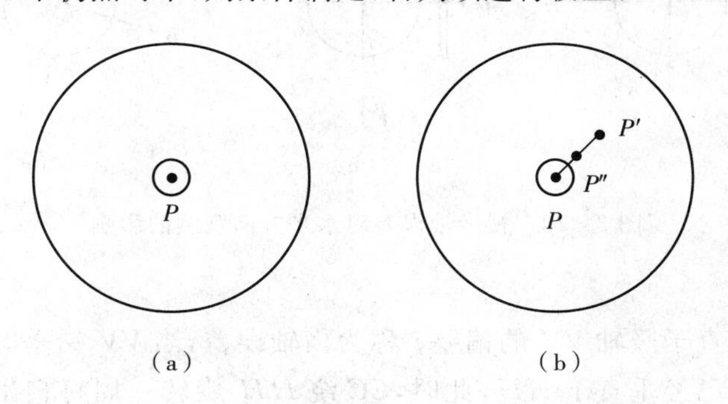

图 3-22　光学对点器的检验与校正

(3)校正方法

在白纸上，找出照准部旋转 180°后对点器所对准的点 P'，并取 P、P'两点的中点 P''，旋转对点器的校正螺钉，使对点器对准 P''点。

光学对点器的校正部件随仪器类型的不同而有所不同，有些是校正转向棱镜，有些则是校正分划板，校正时需要注意加以区分。

第六节　水平角测量的误差分析

水平角测量误差可以分为仪器误差、对中与目标偏心误差、观测误差和外界环境影响误差四类。

一、仪器误差

仪器误差主要是指仪器校正不完善而产生的误差，主要有视准轴误差、横轴误差和竖轴误差，讨论其中任一项误差时，均假设其他误差为零。

1. 视准轴误差

视准轴 CC 不垂直于横轴 HH 的偏差 C 称为视准轴误差，此时 CC 绕 HH 旋转一周将扫出两个圆锥面。如图 3－23 所示，盘左瞄准目标点 P，水平度盘读数为 L[图 3－23(a)]，因水平度盘为顺时针注记，所以正确读数应为 $L'=L+C$；纵转望远镜[图 3－23(b)]，旋转照准部，盘右瞄准目标点 P，水平度盘读数为 R[图 3－23(c)]，正确读数应为 $R'=R-C$。盘左、盘右方向观测值取平均数为

$$\overline{L}=L'+(R'\pm180°)=L+C+R-C\pm180°=L+R\pm180° \tag{3-18}$$

式(3－18)说明，取双盘位方向观测的平均值可以消除视准轴误差的影响。

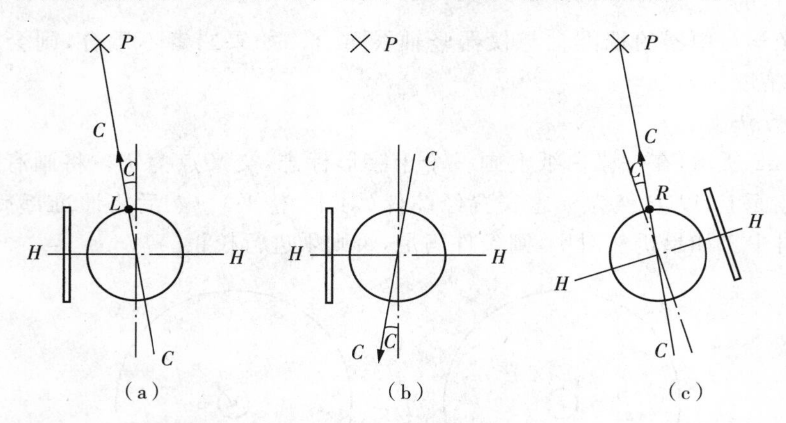

图 3－23　视准轴误差对水平方向观测的影响

2. 横轴误差

横轴 HH 不垂直于竖轴 VV 的偏差 i 称为横轴误差，当 VV 铅垂时，HH 与水平面的夹角为 i。假设 CC 已经垂直于 HH，此时，CC 绕 HH 旋转一周将扫出一个与铅垂面成 i 角的倾斜平面。

如图 3－24 所示，当 CC 水平时，盘左瞄准 P'_1 点，然后将望远镜抬高一个竖直角 α，此时，当 $i=0$ 时，瞄准的是 P' 点，视线扫过的平面为一铅垂面；当 $i\neq0$ 时，瞄准的是 P 点，视线扫过的平面为与铅垂面成 i 角的倾斜平面。设 i 角对水平方向观测的影响为 (i)，考虑到 i 和 (i) 均比较小，由图 3－24 所示可以列出下列等式：

$$h=D\tan\alpha \tag{3-19}$$

$$d=h\frac{i''}{\rho''}=D\tan\alpha\frac{i''}{\rho''} \tag{3-20}$$

$$(i)''=\frac{d}{D}\rho''=\frac{D\tan\alpha\frac{i''}{\rho''}}{D}\rho''=i''\tan\alpha \tag{3-21}$$

由式(3－21)可知，当视线水平时，$\alpha=0$，$(i)''=0$，此时，水平方向观测不受 i 角的影响。盘右观测瞄准 P_1' 点，将望远镜抬高一个竖直角 α，视线扫过的平面是一个与铅垂面成反向 i 角的倾斜平面，它对水平方向的影响与盘左时的情形大小相等，符号相反，因此，盘左、盘右观测取平均可以消除横轴误差的影响。

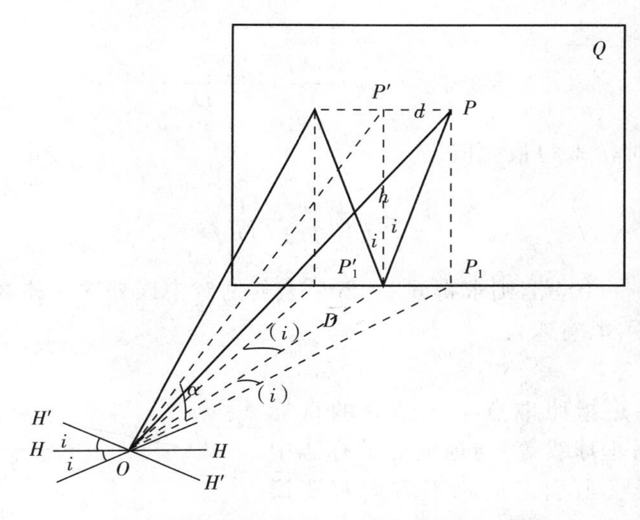

图 3－24　横轴误差对水平方向观测的影响

3. 竖轴误差

竖轴 VV 不垂直于管水准器轴 LL 的偏差 δ 称为竖轴误差，当 LL 水平时，VV 偏离铅垂线 δ 角度，造成 HH 也偏离水平面 δ 角度。因为照准部是绕倾斜了的竖轴 VV 旋转，无论盘左或盘右观测，VV 的倾斜方向都一样，致使 HH 倾斜方向也相同，所以竖轴误差不能用双盘位观测取平均的方法消除。为此，观测前应严格校正仪器，观测时保持照准部管水准气泡居中，如果观测过程中气泡偏离，其偏离量不得超过一格，否则应重新进行对中整平操作。

4. 照准部偏心误差和度盘分划不均匀误差

照准部偏心误差是指照准部旋转中心与水平度盘分划中心不重合而产生的测角误差，盘左、盘右观测取平均可以消除此项误差的影响。水平度盘分划不均匀误差是指度盘最小分划间隔不相等而产生的测角误差，各测回零方向根据测回数 n，以 $180°/n$ 为增量配置水平度盘读数可以削弱此项误差的影响。

二、对中误差与目标偏心误差

1. 对中误差

如图 3－25 所示，设 B 为测站点，由于存在对中误差，实际对中时对到了 B' 点，偏距为

e,设 e 与后视方向 A 的水平夹角为 θ,B 点的正确水平角为 β,实际观测的水平角为 β',则对中误差对水平角观测的影响为

$$\delta=\delta_1+\delta_2=\beta-\beta' \qquad (3-22)$$

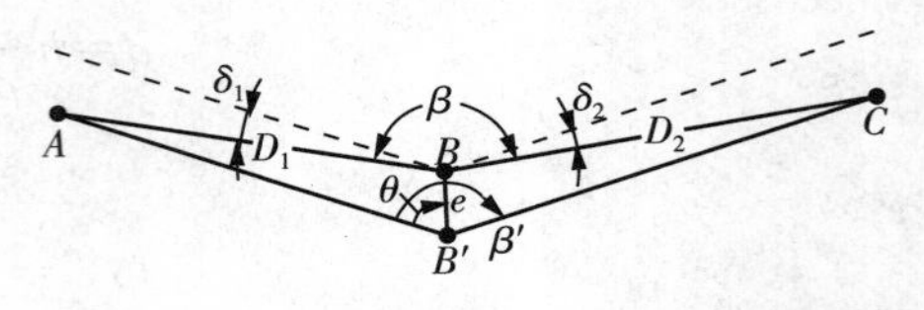

图 3-25　对中误差对水平角观测的影响

考虑到 δ_1、δ_2 很小,则有

$$\delta_1''=\frac{\rho''}{D_1}e\sin\theta \qquad (3-23)$$

$$\delta_2''=\frac{\rho''}{D_2}e\sin(\beta'-\theta) \qquad (3-24)$$

$$\delta''=\delta_1''+\delta_2''=\rho''e\left(\frac{\sin\theta}{D_1}+\frac{\sin(\beta'-\theta)}{D_2}\right) \qquad (3-25)$$

当 $\beta=180°$,$\theta=90°$时,δ 取得最大值

$$\delta''_{max}=\rho''e\left(\frac{1}{D_1}+\frac{1}{D_2}\right) \qquad (3-26)$$

设 $e=3\text{mm}$,$D_1=D_2=100\text{m}$,则求得 $\delta''=12.4''$。可见对中误差对水平角观测的影响是比较大的,且边长越短,影响越大。

2. 目标偏心误差

目标偏心误差是指照准点上所竖立的目标(如标杆、测钎、悬吊垂球线等)与地面点的标志中心不在同一铅垂线上所引起的水平方向观测误差,其对水平方向的影响如图 3-26 所示。设 B 为观测点,A 为照准点标志中心,A' 为实际瞄准的目标中心,S 为两点的距离,e_1 为目标的偏心距,θ_1 为 e_1 与观测方向的水平夹角,则目标偏心距误差对水平方向观测的影响为

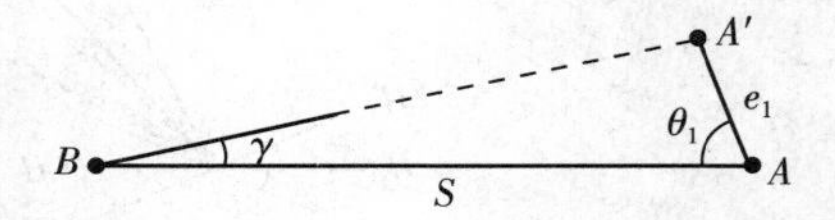

图 3-26　目标偏心误差

$$\gamma''=\frac{e_1\sin\theta_1}{S}\rho'' \qquad (3-27)$$

由式(3-27)可知,当 $\theta_1=90°$时,γ''取得最大值,也即与瞄准方向垂直的目标偏心对水平方向观测的影响最大。

为了减小目标偏心对水平方向观测的影响,作为照准标志的标杆应竖直,水平角观测时,应尽量瞄准标杆的底部。

三、观测误差

观测误差主要有瞄准误差与读数误差。

1. 瞄准误差

人眼可以分辨的两个点的最小视角约为 60″,当使用放大倍数为 V 的望远镜观测时,最小分辨视角可以减小 V 倍,即为 $m_V=\pm 60''/V$。DJ_6 型经纬仪的 $V=26\times$,则有 $m_V=\pm 2.3''$。

2. 读数误差

对于使用测微尺的 DJ_6 型光学经纬仪,读数误差为测微尺上最小分划 1′的 1/10,即为±6″。

四、外界环境的影响误差

外界环境的影响主要是指松软的土壤和风力影响仪器的稳定，日晒和环境温度的变化引起管水准气泡运动和视准轴的变化，太阳照射地面产生热辐射引起大气层密度变化带来目标影像的跳动，大气透明度低时目标成像不清晰，视线太靠近建(构)筑物时引起的旁折光等，这些因素都会给水平角观测带来误差。选择有利的观测时间，布设测量点位时，通过避开松软的土壤和建筑物等措施来削弱它们对水平角观测的影响。

第七节　电子经纬仪

电子经纬仪是近代发展起来的一种新型的测角仪器，其外形与光学经纬仪相似，但测角和读数系统差异很大。电子经纬仪采用电子测角系统。电子测角是从度盘上取得电信号，根据电信号再转换成角度。电子测角系统取得电信号的方式不同，可分为编码度盘测角系统、光栅度盘测角系统和动态测角系统。目前电子经纬仪主要采用后两种测角系统。

一、电子经纬仪的主要构造和动能

如图 3-27 所示为南方测绘仪器公司生产的 ET-02 电子经纬仪。仪器测角精度为±2″，角度最小显示分辨率为 1″，竖盘指标自动归零补偿采用液体电子传感补偿器。仪器两侧都有操作面板，每个操作面板都有完全相同的一个显示窗和 7 个功能键，便于正倒镜观测；望远镜的十字丝分划板和显示窗均有照明光源，以便于在黑暗环境中观测。采用单次测量和跟踪测量两种测角模式，前者精度更高。仪器采用高能可充电电池，充满电的电池可供仪器连续使用 8～10 小时。该仪器可以与南方测绘公司生产的光电测距仪和电子手

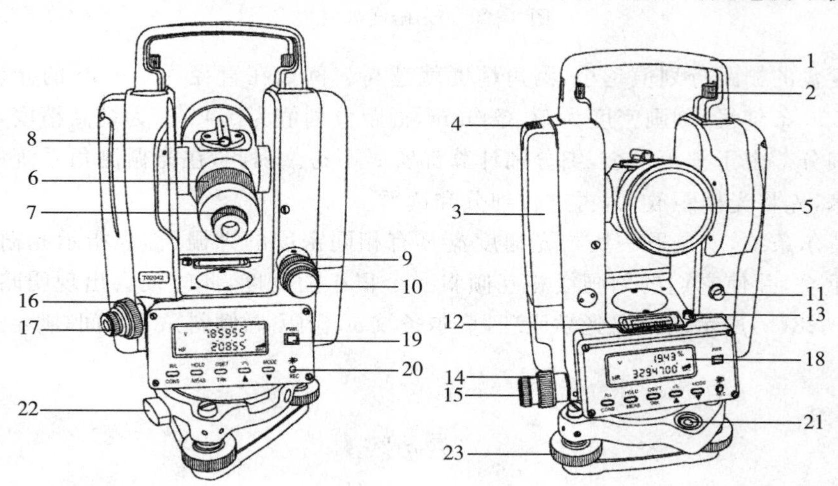

图 3-27　ET-02 电子经纬仪

1—手提把；2—手提把固定螺丝；3—电池盒；4—电池盒按钮；5—物镜；6—物镜调焦螺旋；7—目镜调焦螺旋；8—粗瞄准器；9—竖直微动螺旋；10—竖直制动螺旋；11—电子手簿接口；12—管水准器；13—管水准器校正螺钉；14—水平微动螺旋；15—水平制动螺旋；16—光学对中器调焦螺旋；17—光学对中镜目镜；18—显示器；19—电源开关；20—照明开关；21—圆水准器；22—基座固定螺旋；23—脚螺旋

簿连接，组成速测全站仪，完成野外数据的自动采集。

二、电子经纬仪的测角原理

这里主要介绍光栅度盘测角系统的测角原理。

如图 3－28(a)所示，在玻璃圆盘的径向，均匀地按一定的密度刻画有交替的透明与不透明的辐射状条纹，条纹与间隙的宽度均为 a，这就构成了光栅度盘。相邻两条刻画线之间的间距称为栅距，栅距对应的圆心角称为栅距分划值。

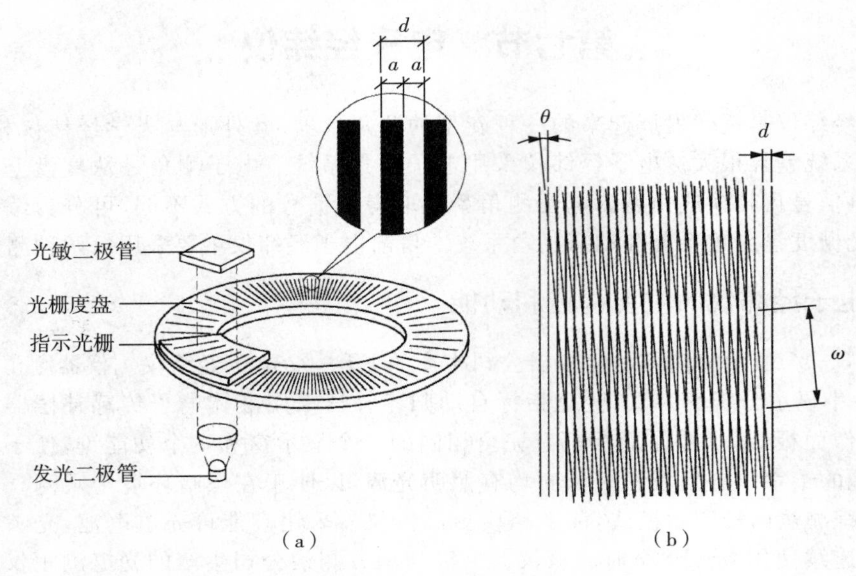

图 3－28　光栅度盘测角

光栅度盘的栅距分划值越小，测角精度就越高。例如在直径为 80mm 的光栅度盘上，刻画有 12500 条细线，刻画密度为 50 条/mm，栅距分划值为 1′44″。为提高精度，必须再对栅距进行细分。由于栅距很小，细分和计算都实属不易。因此，在光栅测角系统中，采用莫尔条纹技术，先将光栅距放大，再进行细分和读数。

所谓莫尔条纹，就是取一块与光栅度盘具有相同密度的光栅(称为指示光栅)，将其与光栅度盘重叠，并使它们的刻画线相互倾斜一个很小的角度，此时便会出现明暗相间的条纹，如图 3－28(b)所示。根据光学原理，莫尔条纹 ω、栅距 d、倾斜角 θ 之间，满足式(3－28)关系：

$$\omega=\frac{d}{\theta}\rho' \tag{3-28}$$

例如，当 $\theta=20'$ 时，$\omega=172d$，即纹距 ω 比栅距 d 放大了 172 倍。这样就可以进一步对纹距进行细分，从而提高测角精度。

光栅度盘读数的基本原理为：发光二极管和接收光敏二极管位于度盘分划线上下对称位置。指示光栅、发光二极管以及接收光敏二极管位置固定，光栅度盘与经纬仪照准部一起转动。如图 3－29 所示，发光二极管发出的光信号经过莫尔条纹落到接收光敏二极管上，度盘每转动一栅距 d，莫尔条纹就移动一个周期 ω。所以当望远镜从一个方向转到另一个方向时，流过的光电管光信号的周期数，就是两方向间的光栅数。仪器中两光栅之间的夹角是已知的，因此通过自动数据处理，即可算出并显示两方向间的水平夹角。

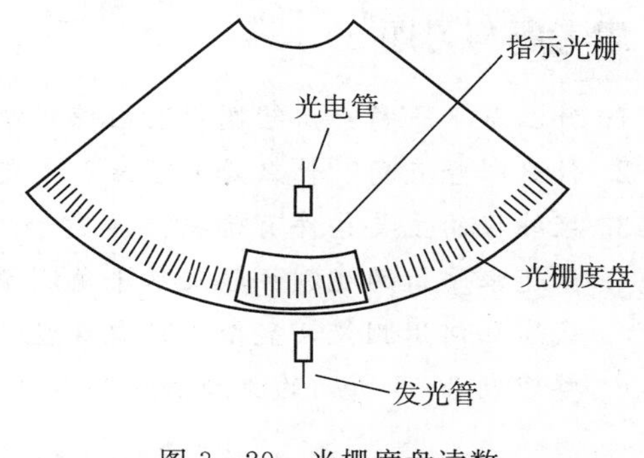

图 3－29 光栅度盘读数

为了提高测角精度和角度分辨率，仪器工作时，在每个周期内再均匀地填充 n 个脉冲信号，计数器对脉冲计数，即相当于角度分辨率提高了 n 倍。

三、电子经纬仪的使用

电子经纬仪的使用方法与光学经纬仪基本相同。

1. 安置仪器

在测站点上安置仪器，包括对中和整平。

2. 开机

仪器面板右上角的“PWR”键为电源开关键，如图 3－30 所示。当仪器处于关机状态时，按下该键 2 秒可打开仪器电源；当仪器处于开机状态时，按下该键 2 秒可关闭仪器电源。

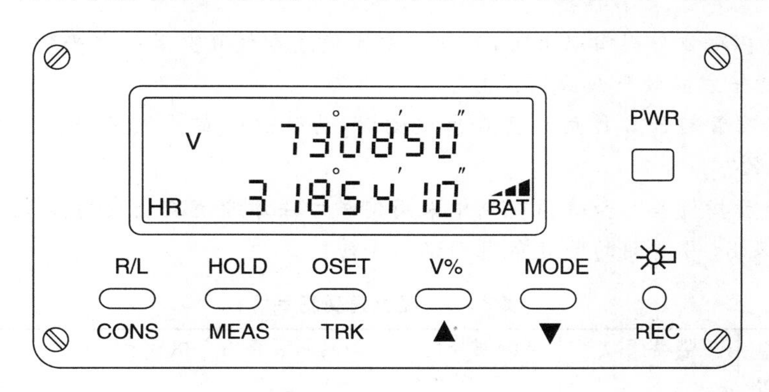

图 3－30 显示窗口

在显示窗中字符“HR”的右边显示的是当前视线方向的水平度盘读数，在显示窗中字符“V”的右边显示的是当前视线方向的竖直度盘读数。

若在显示窗中字符“V”的右边显示“OSET”字符，它提示用户应指示竖盘指标归零。将望远镜置于盘左位置，向上或向下转动望远镜，当其视准轴通过水平视线位置时，显示窗中字符“V”右边的字符“OSET”将变成当前视准轴方向的竖直度盘读数值，即可进行角度测量。

3. 测量

根据前述 DJ_6 型光学经纬仪同样的测角方法测水平角或竖直角，区别是电子经纬仪瞄准目标后即测出角度并显示在窗口。

思考题与习题

1. 什么是水平角？试绘图说明经纬仪测量水平角的原理。

2. 什么叫竖直角？什么是天顶距？如何判定竖直角计算公式？

3. 经纬仪的主要构件有哪些？各起什么作用？

4. 简述水平角的观测步骤及水平角测量方法。

5. 试述如何用测微尺显微镜读取度盘读数？

6. 整理表 3－5 所列的测回法观测水平角的记录。

表 3－5　水平角测回法观测手簿

测站	测回	目标	竖盘位置	水平度盘读数/ ° ′ ″	半测回角值/ ° ′ ″	一测回平均角值/ ° ′ ″	各测回平均值/ ° ′ ″
O	1	A	左	0 03 12			
		B		92 21 18			
		A	右	180 03 18			
		B		272 21 30			
	2	A	左	90 03 18			
		B		182 21 30			
		A	右	270 03 24			
		B		02 21 36			

7. 水平角在测 2 个测回以上时，为什么要变换度盘位置？若某水平角要求观测 6 个测回，各测回的起始方向读数应如何设置？

8. 竖盘水准管起什么作用？竖直角观测时，为什么一定要调节竖盘指标水准管气泡居中后才能读数？

9. 何为竖盘指标差？竖直角观测中采用何种方法才能消除竖盘指标差？

10. 整理表 3－6 所列的竖直角观测记录手簿。

表 3－6　竖直角观测手簿

测站	目标	竖盘位置	竖盘读数 ° ′ ″	半测回竖直角 ° ′ ″	一测回竖直角 ° ′ ″	指标差 x ″	备注
O	A	左	98 43 18				竖盘为全圆顺时针注记
		右	261 15 30				
	B	左	75 36 06				
		右	284 22 36				

11. 经纬仪有哪些轴线？它们这间应满足什么几何关系？

12. 采用盘左、盘右观测方法测量水平角和竖直角，能消除哪些仪器误差？能否消除竖轴倾斜误差？为什么？

13. 水平角观测影响因素有哪些？

14. 电子经纬仪有哪些主要特点？它与光学经纬仪的区别在哪？

第四章　距离测量与直线定向

本章将对距离测量进行阐述，距离测量的主要工作是确定地面上各点之间的水平距离。根据测量距离所使用的仪器、工具以及量距原理不同，距离测量的方法有钢尺直接量距、光学视距法量距以及光电测距仪测距等。

第一节　钢尺量距

一、量距工具

1. 钢尺

钢尺是用薄钢片制成的带状尺，可卷入金属圆盒内，故又称钢卷尺。尺宽 10～15mm，长度有 20m、30m 和 50m 等几种。钢尺的基本分划为厘米，在每米与每分米处都有数字注记，适用于一般的距离测量。有的钢尺在起点处至第一个 10cm 间，甚至整个尺长内都刻有毫米分划，这种钢尺适用于精密距离测量。由于尺的零点位置的不同，钢尺可分为端点尺和刻线尺。端点尺是以尺的最外端作为尺的零点，刻线尺是以尺前端的一条分划线作为尺的零点，如图 4－1 所示。

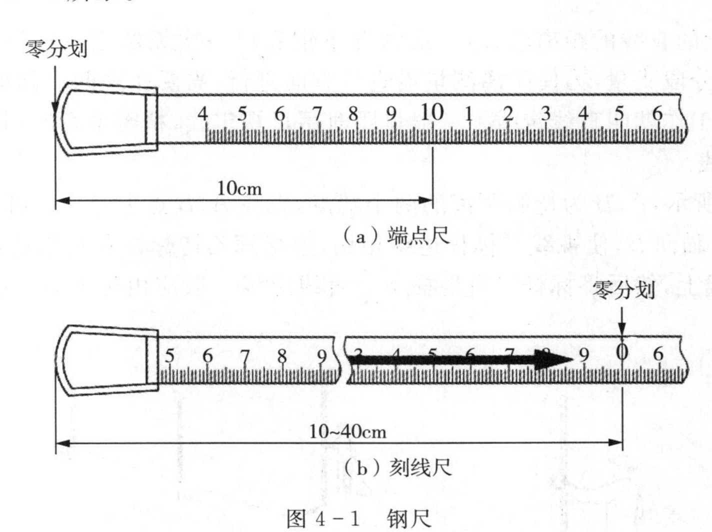

图 4－1　钢尺

2. 辅助工具

普通钢尺量距需要一些辅助工具，包括测钎、标杆、垂球等，如图 4－2(a)和(b)所示。测钎用粗铁丝制成，主要用来标定测量尺端的起、终位置，并计算丈量的尺端数；标杆亦为花杆，杆上涂以 20cm 间隔的红、白油漆，标杆下有铁脚，用来标定测线的方向和地面点的位置；垂球是用金属制成的，主要用来对点、标点和投点。

精密钢尺量距还需要温度计和弹簧秤等，如图 4－2(c)所示。温度计用来量取量距过程中的温度，弹簧秤用来控制施加在钢尺上的拉力。

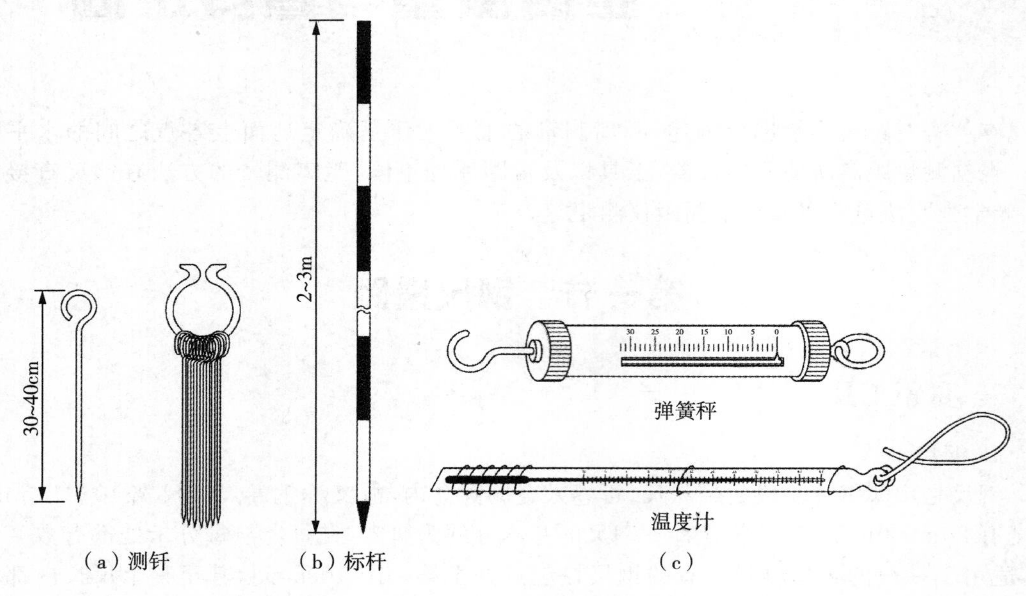

图 4－2　辅助工具

二、直线定线

当需要测量的直线的距离较长，一般情况下钢卷尺一次无法完成测量工作，或地面起伏较大时，必须分段丈量，为使距离测量沿直线方向进行，需要在这两点间的直线上再标定一些点位，这项工作就叫直线定线。一般量距时用目视定线，精密量距时用经纬仪定线。

1. 目视定线

如图 4－3 所示，A、B 为待测距离的两个端点，先在 A、B 点上竖立标杆，甲立在 A 点后 1～2m 处，由 A 瞄向 B，使视线与标杆边缘相切，甲指挥乙持标杆左右移动，直到 A、2、B 三标杆在一条直线上，然后将标杆竖直地插下。直线定线一般应由远而近，先定点 1，再定点 2，依此类推。

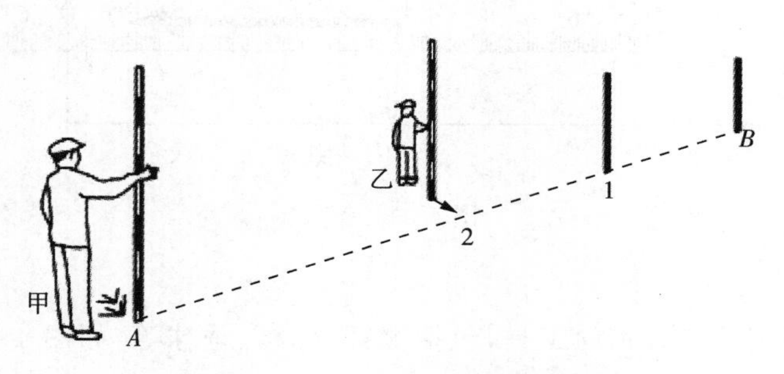

图 4－3　目视定线操作示意图

2. 经纬仪定线

将经纬仪架设在 A 点上，瞄准 B 点，然后固定照准部，指挥 A、B 之间的持杆人移动。当经纬仪望远镜的十字丝上出现标杆的影像时，标杆的位置就是我们要标定的点位。当定线比较精密时，标杆可以用测钎或垂球线代替。

三、钢尺一般量距

1. 平地量距

在平坦地面上可以直接丈量任意两点之间的水平距离。在标定出直线后，可以将直线分为若干段，然后分段丈量，如图 4－4 所示，最终两点的水平距离为

$$D=n\times l+q \tag{4-1}$$

式中：n——整尺段数；

l——钢尺长度(m)；

q——不足一整尺的余长(m)。

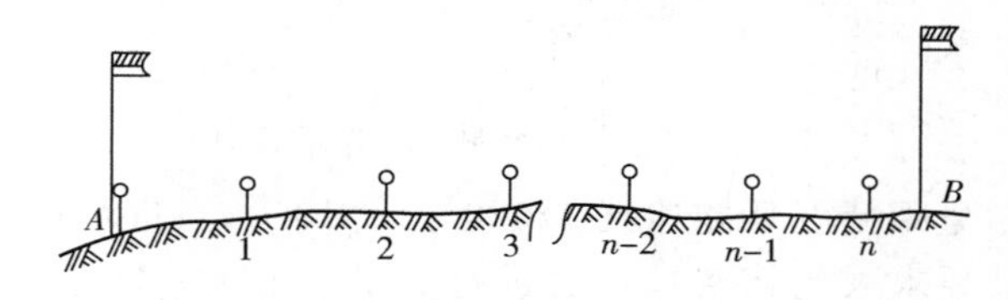

图 4－4　平地量距

为了检验和提高量距精度，除由 A 量至 B(称往测)外，还应由 B 同前法返量至 A(称返测)。以往、返两次丈量结果之差 ΔD 的绝对值与平均值 $D_{平}$ 的比值化为分子为 1 的分式形式，作为衡量丈量结果的精度，以 K 表示，称为相对误差。即：

$$K=\frac{|D_{AB}-D_{BA}|}{\frac{D_{往}+D_{返}}{2}}=\frac{1}{\frac{D_{平}}{\Delta D}} \tag{4-2}$$

【例】 直线 AB，用 50m 钢尺往返丈量各一次，往测 5 尺段余 36.145m，返测 5 尺段余 36.226m，求 AB 的水平距离及相对误差。

解：$D_{AB}=50\times5+36.145=286.145\text{m}$

$D_{BA}=50\times5+36.226=286.226\text{m}$

$$\because K=\frac{|286.145-286.226|}{\frac{286.145+286.226}{2}}\approx\frac{1}{3530}$$

$$\therefore D_{AB}=\frac{286.145+286.226}{2}=286.186\text{m}$$

2. 倾斜地面量距

若地面倾斜，沿斜坡由高向低分段丈量，按以上方法把钢尺拉平由 A 量至 B，每一测段

用垂球绳紧靠钢尺上某一分划，用测钎插在垂球尖所指的地面点处，如图 4－5(a)所示。以同样的方法量取其他各段至终点 B，AB 的距离为各段丈量之和。为方便起见，返测仍可由高至低进行丈量。AB 的最后测量结果与平地量距的计算要求相同。

当地面坡度均匀或坡度特别大时，如图 4－5(b)所示，可在其形成的斜面上量取倾斜距离 L，用仪器测定 A、B 两点的高差 h 或倾斜角 α，根据公式可计算 A、B 两点的水平距离：

$$D=\sqrt{L^2-h^2} \tag{4-3}$$

$$D=L\cos\alpha \tag{4-4}$$

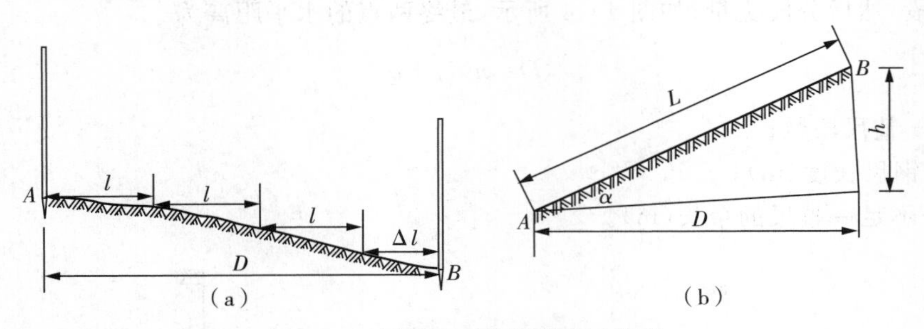

图 4－5　倾斜地面量距操作示意图

用一般方法量距，量距精度只能达到 1/5000～1/1000，当量距精度要求更高时，例如 1/40000～1/10000，就要求采用精密量距法进行丈量。由于精密量距法野外工作相当烦琐，同时，鉴于目前测距仪和全站仪已经普及，要达到更高的测距精度已是很容易的事，故精密量距法不再介绍。

四、钢尺量距的误差及注意事项

1. 丈量误差分析

(1)尺长误差

钢尺的名义长度和实际长度不符，产生尺长误差。尺长误差具有系统累积性，与所量距离成正比。新购的或使用一段时间后的钢尺应检定。

(2)温度改正

钢尺的长度随温度变化，丈量时温度与检定钢尺时温度不一致，或测定的空气温度与钢尺温度相差较大(将温度计缚于与钢尺同材质的钢片上)，都会产生温度误差。精度要求较高的丈量，应进行温度改正。

(3)拉力误差

钢尺具有弹性，拉力的大小会影响钢尺的长度。精密量距时，必须使用弹簧秤，以控制钢尺在丈量时所受拉力与检定时拉力(不同尺长的检定拉力不同)相同。

(4)钢尺不水平的误差

用平量法丈量时，钢尺不水平会使所量距离增大。精密量距时，进行倾斜改正，消除钢尺不水平的影响。

(5)定线误差

丈量时钢尺偏离定线方向，使测线成为折线，导致丈量结果偏大。当距离较长或精度要求较高时，可利用仪器定线。

(6)丈量误差

钢尺端点对不准、测钎插不准及尺子读数误差等。这种误差对丈量结果的影响有正有负，大小不定。在量距时应尽量认真操作，以减小丈量误差。

2. 维护

(1)使用后应用软布擦去泥水，涂机油防锈。

(2)如出现卷曲不可硬拉。

(3)防止尺被人踩车压。

(4)不得将尺沿地面拖拉。

(5)收卷钢尺(顺时针)不得逆转，以免折断。

第二节 视距测量

视距测量是用望远镜内的视距丝装置(图 4-6)，根据几何光学原理同时测定两点间的水平距离和高差的一种方法。这种测距方法具有操作方便、速度快、不受地面高低起伏限制等优点。虽然其精度相对较低，但能满足地形图测绘中对测定碎部点位置的精度要求，因此被广泛应用于碎部测量中。视距测量所用的主要仪器工具是经纬仪和视距尺。

一、视距测量的基本原理

1. 视线水平时的距离与高差公式

如图 4-7 所示，欲测定 A、B 两点间的水平距离 D 及高差 h，可在 A 点安置经纬仪，在 B 点立视距尺，设望远镜视线水平，瞄准 B 点视距尺时视线与视距尺垂直。若尺上 M、N 点成像在十字丝分划板上的两视距丝 m、n 处，那么尺上 MN 的长度可由上、下视距丝读数之差求得。上、下丝读数之差称为视距间隔或尺间隔。

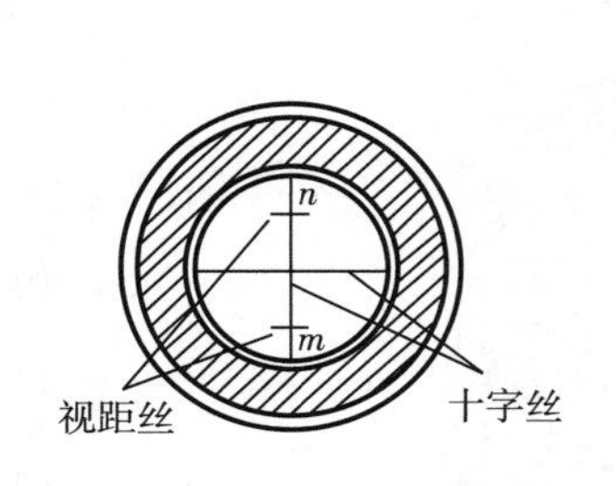

图 4-6 仪器的十字丝平面

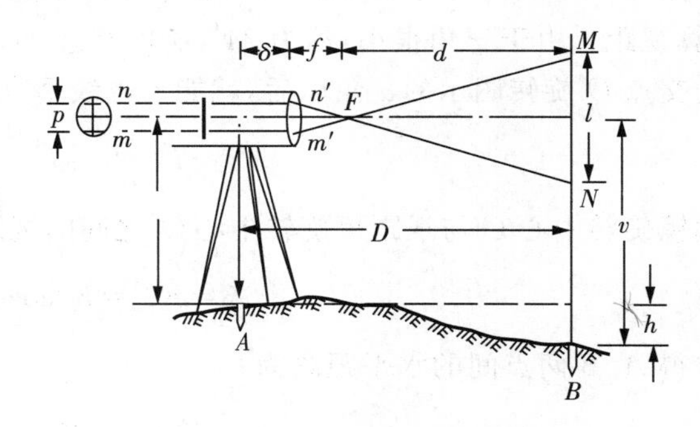

图 4-7 视距水平时的视距计算

如图 4-7 所示，视距间隔为 l，上、下视距丝的间距为 p，物镜焦距为 f，物镜中心至仪器中心的距离为 δ。

由于望远镜上、下视距丝的间距 p 固定，因此从这两根丝引出去的视线在竖直面内的夹角 φ 也是固定的。设由上、下视距丝 n、m 引出去的视线在标尺上的交点分别为 N、M，则在望远镜视场内可以通过读取交点的读数 N、M 求出视距间隔 l。

由于 $\Delta n'm'F$ 相似于 ΔNMF，所以有

$$\frac{d}{f}=\frac{l}{p} \tag{4-5}$$

则

$$d=\frac{f}{p}l \tag{4-6}$$

由图 4-7 所示得

$$D=d+f+\delta=\frac{f}{p}l+f+\delta \tag{4-7}$$

令
$$K=\frac{f}{p},C=f+\delta \tag{4-8}$$

则有
$$D=Kl+C \tag{4-9}$$

式中，K、C 分别为视距乘常数和视距加常数。

设计制造仪器时，通常使 $K=100$，对于内对光望远镜 C 接近于 0，因此，视准轴水平时的视距计算公式为

$$D=Kl=100l \tag{4-10}$$

如果再在望远镜中读出中丝读数 v，用小钢尺量出仪器高 i，则 A、B 两点间的高差为

$$h=i-v \tag{4-11}$$

2. 视准轴倾斜时的视距计算公式

如图 4-8 所示，当视准轴倾斜时，由于视线不垂直于视距尺，所以不能直接应用式(4-10)计算视距。由于 φ 角很小，约为 34′，所以有 $\angle MO'M'=\alpha$，即只要将视距尺绕于望远镜视线的交点 O' 旋转图示的 α 角以后，就能与视线垂直，并有

$$l'=l\cos\alpha$$

则望远镜旋转中心 O 与视距尺旋转中心 O' 之间的视距为

$$S=Kl'=Kl\cos\alpha \tag{4-12}$$

由此求得 A、B 两点间的水平距离为

$$D=S\cos\alpha=Kl\cos^2\alpha \tag{4-13}$$

设 A、B 的高差为 h，由图 4-8 所示容易列出方程：

$$h+v=h'+i \tag{4-14}$$

$$h'=S\sin\alpha=Kl\cos\alpha\sin\alpha=\frac{1}{2}Kl\sin2\alpha \tag{4-15}$$

或
$$h'=D\tan\alpha \tag{4-16}$$

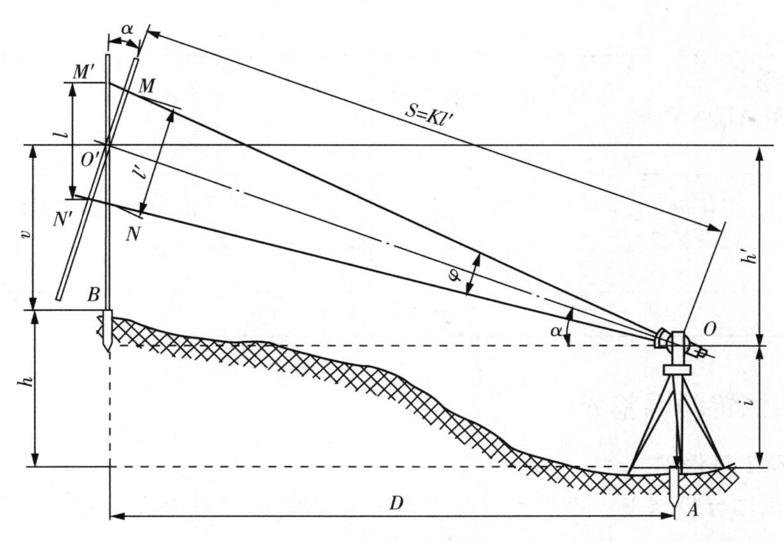

图 4-8 倾斜地面的视距计算

式中，h'称为初算高差，将其代入式(4-14)，得高差计算公式为

$$h=h'+i-v=\frac{1}{2}Kl\sin 2\alpha+i-v \quad (4-17)$$

或

$$h=D\tan\alpha+i-v \quad (4-18)$$

在实际工作中，如视线无阻挡时，可使 $i=v$，式(4-17/18)简化为

$$h=\frac{1}{2}Kl\sin 2\alpha=D\tan\alpha \quad (4-19)$$

二、视距测量的观测与计算

视距测量的观测步骤如下：

第一步，在测点 A 安置经纬仪，进行对中、整平，并量取仪器高 i。

第二步，将视距尺立于要测定的点位上，用望远镜瞄准视距尺，读取上丝、中丝和下丝读数，然后用微动螺旋使竖盘指标水准管气泡居中或打开竖盘补偿器，读取竖盘读数 L。

第三步，计算视距间隔及竖直角，按照公式计算水平距离和高差。记录和计算列于表 4-1 中。

表 4-1 视距测量记录手簿

测站点名称：A　　测站高程：128.86m　　仪器高：1.39m　　仪器：DJ_6

点号	下丝读数 上丝读数/m	视间距/m	中丝读数/m	竖盘读数/° ′ ″	竖直角/° ′ ″	水平距离 D/m	高差 h/m	测点高程 H/m
1	2.361 1.365	0.996	1.863	86 35 00	+3 25 00	99.25	+5.45	134.31

（续表）

点号	下丝读数 上丝读数/m	视间距/m	中丝读数/m	竖盘读数 /° ′ ″	竖直角 /° ′ ″	水平距离 D /m	高差 h /m	测点高程 H /m
2	2.445 1.555	0.890	2.000	95 17 36	−5 17 36	88.24	−8.79	120.07
…	…	…						
备注	竖盘为全圆顺时针注记							

三、视距测置的误差分析

1. 仪器及工具误差

（1）视距尺的分划误差。该误差若系统地增大或减小，将使视距测量产生系统性误差。这个误差在仪器常数检测时将会反映在乘常数 K 上。

（2）乘常数 K 值的误差。一般视距乘常数 $K=100$，由于视距丝间隔有误差，视距尺有系统性误差，仪器检定有误差，都会使 K 值不为 100，这将使视距测量产生系统误差。K 值应在 100 ± 0.1 之间，否则应该改正。

2. 观测误差

（1）视距丝读数误差

视距丝并非绝对的细丝，其本身有一定的宽度，它掩盖着视距尺格子的一部分，以致产生读数误差。一般情况下视距丝读数误差是影响视距测量精度的重要因素，因为视距间隔乘以常数 K，其误差也随之扩大 100 倍，对水平距离和高差影响都较大。它与视距远近成正比，距离越远误差越大，所以在进行视距测量时要认真读取视距间隔，同时根据具体的要求限制最远视距。

（2）竖直角测量误差

从视距测量原理可知，竖直角误差对水平距离影响不显著，而对高差影响较大，故用视距测量方法测定高差时应注意准确测定竖直角。

（3）视距尺倾斜的误差

进行视距测量时，视距尺不垂直，也会使所测得的距离和高差存在误差，其误差随视距尺的倾斜而增加，故测量时应注意将尺竖直。视距标尺上一般装有水准器，立尺者在观测读数时，应参照尺上的水准器来使标尺竖直及稳定。

3. 外界条件的影响

由于风沙和雾气等原因造成视线不清晰，往往会影响读数的准确性，最好避免在这种天气中进行视距测量。另外，从上、下两视距丝出来的视线通过不同密度的空气层将产生垂直折光差，特别是接近地面的光线折射更大，所以视距丝的最小读数应大于 0.3m。

综上所述，影响视距测量精度的因素很多，表现最大的是用视距丝读取视距间隔误差、视距尺竖立不直的误差和外界条件的影响三种误差。根据理论和实验资料分析，在良好的外界条件下，普通视距的相对误差约为 1/300～1/200。当条件较差或尺子竖立不直时，甚至只有 1/100 或更低的精度。

第三节　光电测距

钢尺量距(特别是长距测量),劳动强度大,工作效率较低,视距测量速度虽然快,但精度低。随着激光技术的发展,20 世纪 60 年代初,各种类型的激光测距仪相继问世。20 世纪 90 年代,出现了测距仪与电子经纬仪组合成一体的电子全站仪,在一个测站上,既能测角、测距、测高差,又能进行各种运算,如配合电子记录手簿,可以自动记录、存储、传输,使劳动强度在测量工作中得以减轻,而且测量精度得到了极大的提高。

光电测距仪具有测程远、精度高、不受地形限制以及作业效率高等优点。光电测距仪是以光波作为载波,而微波测距仪则用微波作为载波,微波测距仪与光电测距仪统称为电磁波测距仪。电磁波测距仪按其测程可分为短程(<3km)、中程(3～15km)和远程(>15km)3 种类型。按测距精度来分,有Ⅰ级($|m_0|\leqslant 5$mm)、Ⅱ级(5mm$<|m_0|<$10mm)和Ⅲ级($|m_0|>$10mm),m_0为 1km 的测距精度。短程测距仪一般以红外线作为载波,故称红外测距仪。目前,随着电子计算机和集成电路的飞速发展,已使得测距仪逐步向轻便化、自动化和多用途化方向发展。

一、光电测距的基本原理

光电测距是通过测定光波在待测距离上往返传播的时间,再根据时间和光波的传播速度计算待测距离。如图 4－9 所示,由安置在 A 点的仪器发出光波,经待测距离 D 至 B 点的反光镜,再由反光镜返回至仪器,设光波往、返传播的时间为 t,则 A、B 两点间的距离:

$$D=\frac{1}{2}ct \tag{4-20}$$

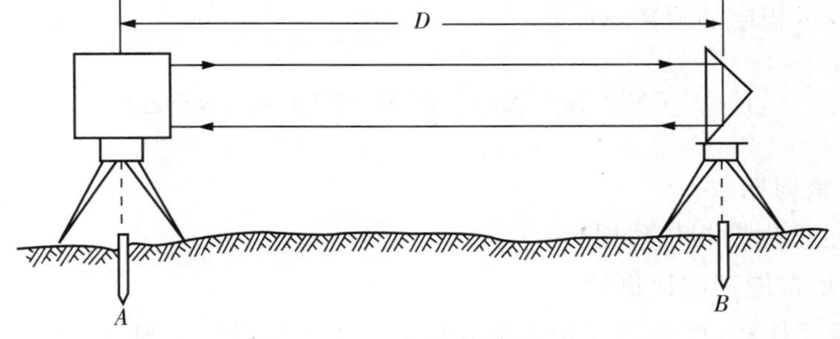

图 4－9　光电测距

式中,c 为光波在大气中的传播速度,其值约为 3×10^8 米/秒,由式(4－20)可知距离的精度主要取决于测定时间 t 的精度,若要求测定距离精度为 1cm,则要求测定时间要准确到 6.7×10^{-11}s,要达到这样高的精度是难以做到的,即使是用电子脉冲计数直接测定时间,也只能达到 10^{-8}s 的精度。因此,在测距精度要求较高时,常用相位法测距,它是将测量时间变成在测线中往返传播的载波相位移动来测定距离。与钢尺量距相比,相位式测距仪就好像是用调制光波作为尺子来量距离。光电测距仪所使用的光源有激光光源和红外光源，采用红外线波段作为载波的称为红外测距仪。由于红外测距仪是以砷化镓(GaAs)发光二极管作为载波源，发出的红外线强度能随注入电信号的强度而变化。发光管发射的光强随注入电流的大小发生变化，这种光称为调制光。同时，由于 GaAs 发光二极管体积小、效率高、能直接调制、结构简单、寿命长，所以，红外测距仪在工程中得到了广泛应用。下面讨论红外光电测距仪采用相位式测距的原理。

如图 4-10 所示，仪器安置在 A 点上，仪器发出的调制光波在待测距离上传播，经反射镜 B 反射后被接收器接收，然后用相位计将发射信号与接收信号进行相位比较，由显示器显示出调制光波在待测距离上往、返传播引起的相位移 φ。为便于说明，将反射镜 B 反射回的光波沿测线方向展开，则光波往、返经过的距离为 $2D$。设调制光的频率为 f，角频率为 ω，波长为 λ，光波一周期相位移为 2π。由物理学可知，$f=c/\lambda$，则 A、B 两点间的距离为

$$D=\frac{1}{2}(N\lambda+\Delta\lambda)=\frac{\lambda}{2}\left(N+\frac{\Delta\lambda}{\lambda}\right)=\frac{\lambda}{2}(N+\Delta N) \tag{4-21}$$

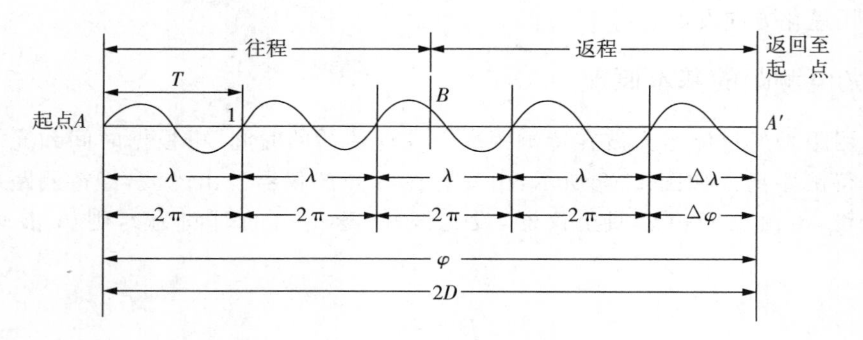

图 4-10　光电测距方法

若用相位表示相应的距离，则

$$\varphi=\frac{1}{2}(N\times 2\pi+\Delta\varphi)=\pi(N+\frac{\Delta\varphi}{2\pi})=\pi(N+\Delta N) \tag{4-22}$$

式中：N——2π 整周期数；

$\Delta\varphi$——不足整周期相位移尾数；

ΔN——不足整周期的比例数。

与钢尺量距相比较，可把调制光的半波长 $\lambda/2$ 作为“测尺”。则由式(4-22)可知，只要知道“测尺”的长度($\lambda/2$)、整尺段数(N)和零尺段数(ΔN)，即可算出距离。然而，相位计只能测定相位移的尾数 $\Delta\varphi$，却无法测定周期数 N，按照式(4-22)仍然无法算出距离，因此，须作进一步的研究。

令
$$\mu=\frac{\lambda}{2}$$

则式(4-21)变成

$$D=\mu(N+\Delta N) \tag{4-23}$$

若 $D<\mu$，则 $N=0$，上式变为 $D=\mu\times\Delta N$。由此可见，只有当测尺长度大于待测距离时，才能根据测距仪测定的相位移尾数计算出相应的距离。为了扩大测程范围，就必须采用较长的测尺 μ，即采用较低的测尺频率 f（或称调制频率），顾及 $\lambda=c/f$，得：

$$\mu=c/2f \tag{4-24}$$

由于仪器存在测相误差，其大小与测尺长度成正比，一般约为测尺长度的 1/1000。若取 $c=3\times10^8$ 米/秒，这样根据不同的测尺频率，按式（4－24）及 1/1000 的比例，可计算出表 4－2 所列的相应的测尺长度与测距精度。从表中所列可以清楚地看出，扩大了测程，就降低了测距精度，为兼顾两者可选用两把或多把不同长度的测尺，即所谓的“精测尺”和“粗测尺”。若选定粗测尺长 1000 米，精测尺长 10 米，1000 米以内的距离由粗测尺测出，10 米以内的距离由精测尺测出。这样一组尺子配合使用，既保证了测程，又保证了精度。例如，用测距仪测量 AB 线段时，

精测显示　　5.78 米

粗测显示　　385.　米

则仪器显示距离为　　385.78 米。

表 4－2　测尺频率与测尺长度对照表

测尺频率 f	15 兆赫	1.5 兆赫	150 千赫	15 千赫	1.5 千赫
测尺长度 μ	10m	100m	1km	10km	100m
精度 $\mu\times10^3$	1cm	10cm	1m	10m	100m

若实测距离超过 1km，则可根据显示距离加 1000 米求出，这要按照实际情况加以判定。

二、红外测距仪

红外测距仪类型虽多，但它们的主要部件基本相同，主要由测距头、电池盒、反射镜及经纬仪组成。

现以 WildDI1000 型红外测距仪为例简要说明红外测距仪的操作方法。

WildDI1000 型红外测距仪的主要特点是小而轻，能安置在 Wild 厂生产的所有光学经纬仪或电子经纬仪上配合使用。当配以数据终端 GRE4（电子手簿）连接到 WildT1000 等电子经纬仪上，就组成了全站型速测仪，可自动完成测量和计算工作，所以它最适合于工程测量。

1. DI1000 的主要技术参数

测程：　单棱镜　800 米

　　　　三棱镜　1200 米

精度：　±5mm　±5ppm

跟踪测量时精度：±10mm　±5ppm

测量时间：常规测量5秒；跟踪测量时，首次3秒，以后每0.3秒显示一次。

显示：8位液晶数码显示，单位有米或英尺，最小显示单位为1mm或0.01ff。

比例系数改正(ppm)：比例系数可存储在固定存储器中，范围为－150ppm～＋150ppm，级差为1ppm。

棱镜常数(mm)可存储在固定存储器中，范围为－99ppm～＋99ppm，级差为1mm。

光强自动控制，若测量过程中光束暂时中断，不影响测量结果。

2. DI1000的附件

(1)GTSS键盘计算器

如图4－11所示，输入竖盘读数时，最小输入单位为1″。输入放样的距离时，采用公制单位，最小输入值为1mm。

(2)电池

它有3种可充电的Nicd电池，微型电池充满一次电可测500次；中型电池充满一次电可测2000次；大型电池充满一次电可测7000次。

(3)DI1000的面板(图4－12)

DI1000面板上只设三个控制镜、一个指令式液晶编码显示器。

DI1000的显示窗可显示斜距、水平距离和高差，显示高差时还标以适当的符号。在测试模式时，显示电池电压、信号强度等。显示窗中有一组线条展示观测过程的顺序，便于操作者使用。此外，还设有照明灯，以便在黑暗中工作。

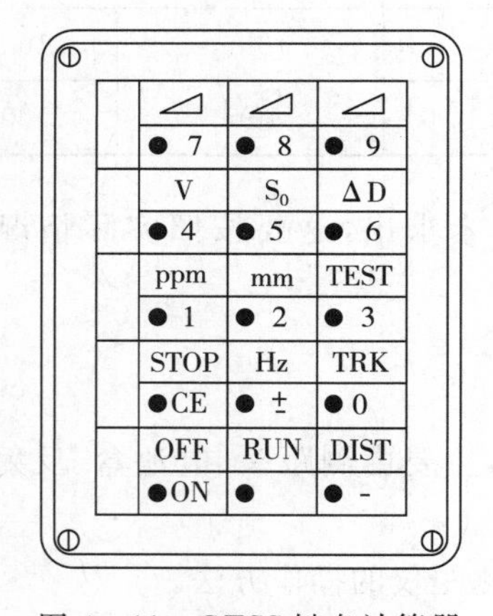

图4－11　GTSS键盘计算器

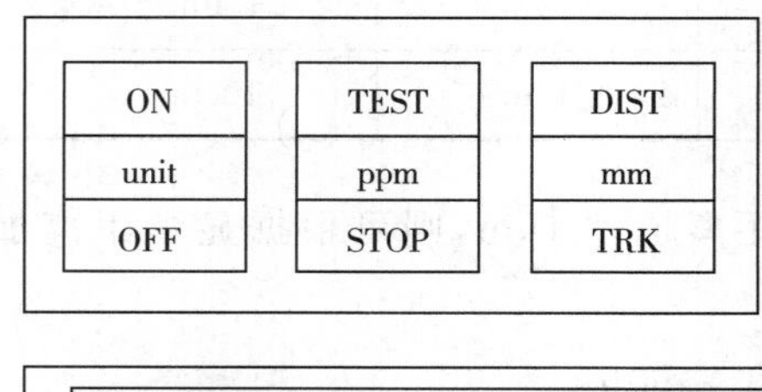

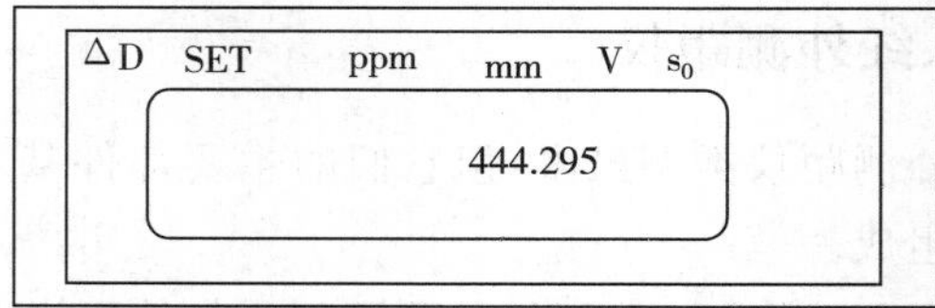

图4－12　DI1000的面板

3. DI1000的操作

ON　开机，等一会儿显示已存储的mm和ppm值，按2秒不放，显亦照明。

OFF　关机，关闭照明，存储参数。

DIST　正常测量，显示斜距。

TRK　在2秒内连按两次，实现跟踪测量。

STOP　停止正常测量或跟踪测量，关闭检查状态下的音响。

TEST　按键4秒后进入检查状态，释放后可显示信号返回强度和电池电压。

mm　按住棱镜常数键不放约 5 秒，直至显示窗无显示。释放后可显示存储的 mm 值。按住该键不放可引起 10mm 的步长变化，每按一次引起 1mm 的步长变化，安置到需要的值后用 OFF 键储存。

ppm　该比例改正键的使用与 mm 键相同。

unit　单位键，按下 5 秒显示器显示，释放后按 DIST 改变单位，其中显示 nn360s 为米和 360°的六十进制，按 OFF 键存储。

第四节　直线定向

确定地面点之间的相对位置，不仅要测量两点之间的水平距离，而且还须确定该直线与标准方向之间的水平夹角，以表示直线的方位。确定直线与标准方向之间的角度关系称为直线定向。

一、标准方向

测量工作中通常采用真子午线、磁子午线、坐标纵轴作为标准方向。

1. 真子午线方向

由地面上任意一点通向地球南北两极的方向称为该点的真子午线方向，如图 4－13 所示。我国处于北半球，真子午线方向是指地面点指向地球北极的方向。真子午线方向可以通过天文测量的方法确定，也可以用陀螺经纬仪通过陀螺定向的方法来确定。

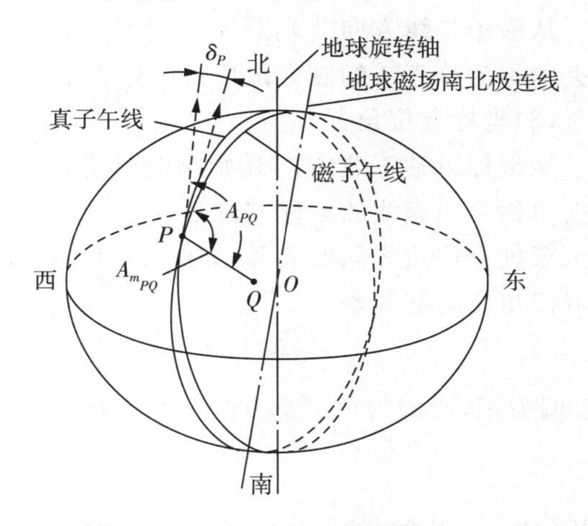

图 4－13　真子午线方向与磁子午线方向

2. 磁子午线方向

地面上任一点通向地球南北磁极的方向称为该点的磁子午线方向。由于地球的磁极与南北两极不重合（磁北极位于西经约 101°、北纬约 74°，磁南极位于东经约 114°、南纬约 68°），因此，地面上同一点的真子午线方向与磁子午线方向也不重合，其夹角称为磁偏角，以 δ 表示，如图 4－13 所示。磁子午线方向在真子午线方向东侧，称为东偏，δ 为正；磁子午线方向在真子午线方向西侧，称为西偏，δ 为负。磁针指向地球磁北极的方向就是磁子午线北方向，磁子午线北方向可以在没有外来磁场干扰的条件下，用罗盘仪测定。我国磁偏角的变化范围为＋6°～－10°。

3. 坐标纵轴方向

直角坐标系统纵轴常用来作为标准方向。坐标纵轴（x 轴）正向所指的方向，称为坐标北方向。在高斯直投影带中，高斯平面直角坐标系的坐标纵轴处处与中央子午线平行。在中央子午线上真子午线方向与坐标纵轴方向是一致的，在其他地区两者则不平行，过地面上一点的真子午线方向与坐标纵轴之间的夹角，称为子午线收敛角，以 γ 表示。地面点离中央子午线愈远，γ 愈大。如图 4－14 所示，在中央子午线以东的地区，γ 取正号；在中央子午线以西地区，γ 取负号。

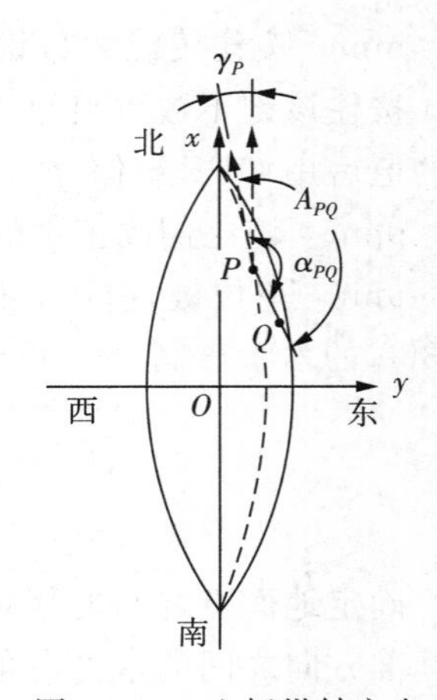

图 4－14　坐标纵轴方向

二、直线方向的表示方法

在测量工作中，直线的方向常用方位角和象限角来表示。

1. 方位角

从标准方向线的北端起顺时针旋转至某直线的水平夹角，称为该直线的方位角。方位角的大小为 0°～360°。由于标准方向线有三种，即真子午线方向、磁子午线方向和坐标纵轴，所以所对应的方位角也有三种，分别为真方位角、磁方位角和坐标方位角。

(1)真方位角

从真子午线方向北端开始顺时针方向量至某直线的水平夹角称为该直线的真方位角，以 A 表示。

(2)磁方位角

从磁子午线方向北端开始顺时针方向量至某直线的水平夹角称为该直线的磁方位角，以 A_m 表示。

(3)坐标方位角

从坐标纵轴正北方向开始顺时针方向量至某直线的水平夹角称为该直线的坐标方位角，以 α 表示。

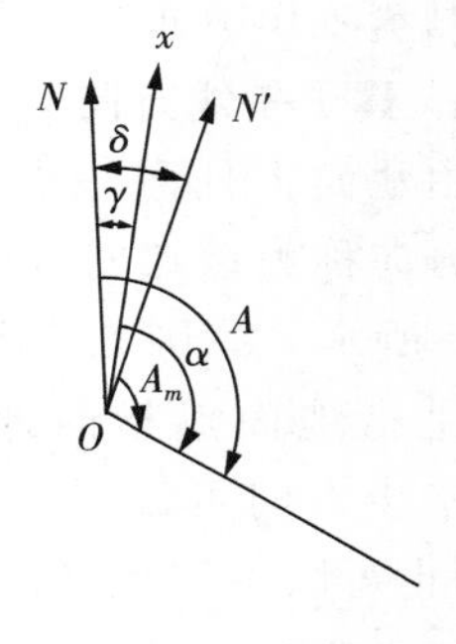

图 4－15　方位角

三种方位角之间的关系，如图 4－15 所示。真方位角与磁方位角之间的关系

$$A=Am+\delta \tag{4-25}$$

δ 东偏为正，西偏为负。真方位角与坐标方位角之间的关系

$$A=\alpha+\gamma \tag{4-26}$$

γ 以东为正，以西为负。由式(4－25)和式(4－26)可推出

$$\alpha=A-\gamma=A_m+\delta-\gamma \tag{4-27}$$

2. 象限角

从标准方向线的北端或南端开始，顺时针或逆时针量至某直线的水平夹角称为该直线的象限角，以 R 表示。象限角为锐角，大小在 0°～90°之间。象限角不但要表示角度的大小，而且要注记该直线所在的象限。象限划分为Ⅰ、Ⅱ、Ⅲ、Ⅳ象限，分别用北东(NE)、南东(SE)、北西(NW)、南西(SW)来表示。如图 4－16 所示，直线 $O1$、$O2$、$O3$、$O4$ 的象限角分别为 R_1、R_2、R_3、R_4，直线 $O1$ 在第一象限角值为 40°，则该直线的象限角表示为北东 40°；直线 $O4$ 在第四象限角值为 30°，则直线 04 的象限角表示为北西 30°。

象限角一般是在计算坐标时使用，这时我们所说的象限角是指坐标象限角。坐标象限角与坐标方位角之间的关系见表 4－3 所列。

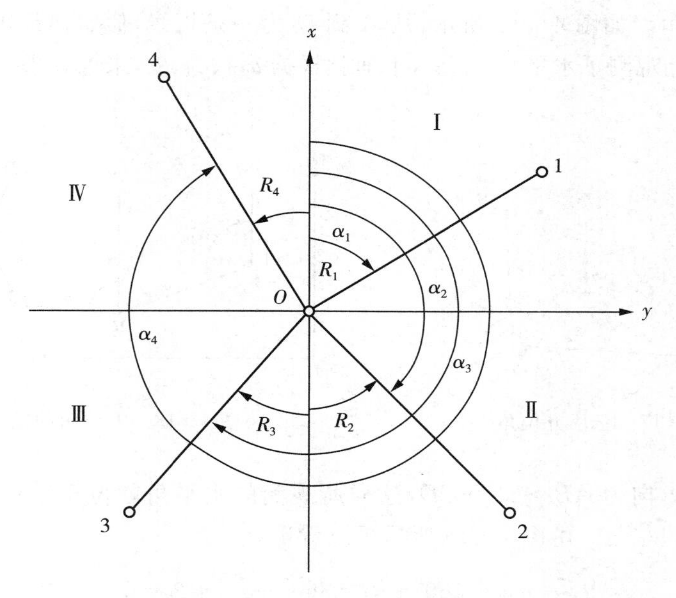

图 4-16　象限角

表 4-3　坐标象限角与坐标方位角之间的关系

象限	$\alpha \rightarrow R$	$R \rightarrow \alpha$
Ⅰ	$\alpha = R$	$R = \alpha$
Ⅱ	$\alpha = 180° - R$	$R = 180° - \alpha$
Ⅲ	$\alpha = 180° + R$	$R = \alpha - 180°$
Ⅳ	$\alpha = 360° - R$	$R = 360° - \alpha$

三、正反方位角

如图 4-17 所示，设直线 AB 的方位角 α_{AB} 为由 $A \rightarrow B$ 的正方位角，则相反方向由 $B \rightarrow A$ 的方位角为 α_{AB} 的反方位角。由图 4-17 所示可以看出，由于坐标纵轴处处平行，则同一条直线的正、反坐标方位角相差 180°，即

$$\alpha_{AB} = \alpha_{BA} \pm 180° \tag{4-28}$$

式中：α_{AB}——直线正坐标方位角；α_{BA}——直线反坐标方位角。

在式中，当 $\alpha_{AB} < 180°$ 时，用 $+180°$；反之，用 $-180°$。如图 4-17 所示，若直线 AB 的正方位角 α_{AB} 的值为 66°，则直线 AB 的反方位角 $\alpha_{BA} = 66° + 180° = 246°$。

四、方位角的推算

在实际测量工作中，不直接测定待定边的方位角，而是通过测量各相邻边之间的水平夹角以及与已知边的连接角，进而根据已知边的坐标方位角和观测所得的水平角，推算出各边的坐标方位角。如图 4－18 所示，从 A 到 D 为一条折线，假定 AB 边的方位角 α_{AB} 已知，在 B、C 两点上观测了水平角 β_B、β_C，下面就根据 α_{AB}、β_B、β_C，来推算 BC、CD 两边的方位角 α_{BC}、α_{CD}。

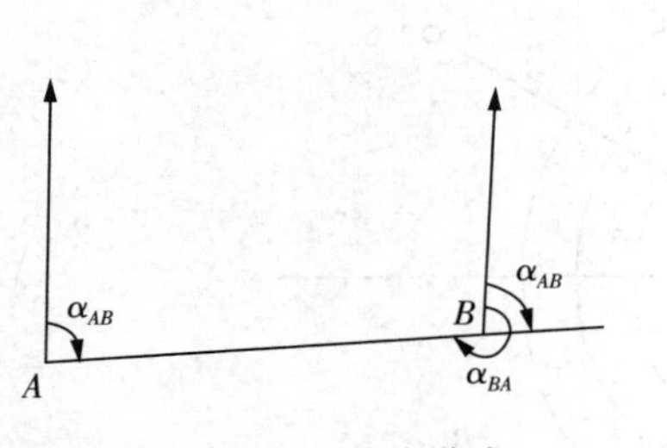

图 4－17　正反方位角

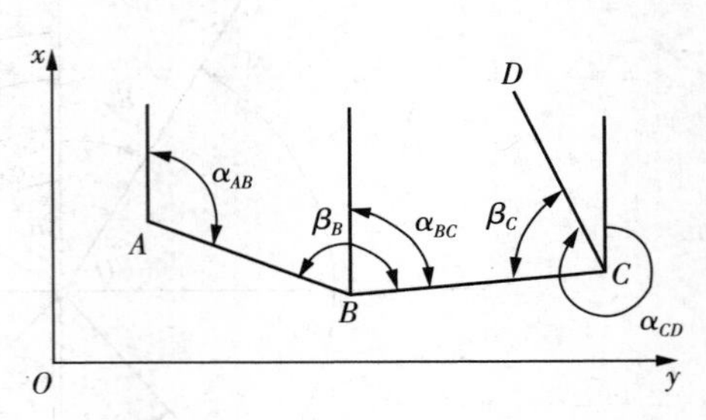

图 4－18　方位角的推算

推算路线的方向为 $AB \to BC \to CD$，这样所观测的水平角就位于推算路线的左侧，β_B、β_C 称为推算路线的左角。由图 4－18 所示可以看出：

$$\alpha_{BC}=\alpha_{AB}+180^\circ+\beta_B-360^\circ=\alpha_{AB}+\beta_B-180^\circ$$

$$\alpha_{CD}=\alpha_{BC}+180^\circ+\beta_C=\alpha_{BC}+\beta_C+180^\circ$$

同理，可以得出推算路线左角的一般公式为：

$$\alpha=\alpha'+\beta_L\pm180^\circ \qquad (4-29)$$

即前一条边的方位角 α 等于后一条边的方位角 α' 加上观测路线的左角 $\pm180^\circ$，后一条边的方位角 α' 与左角之和大于 180°，则 180° 前取“＋”号，反之，取“－”号。

若观测了推算路线的右角，同理，不难推算出路线右角的一般公式。

因

$$\beta_L+\beta_R=360^\circ$$

则

$$\beta_L=360^\circ-\beta_R$$

将上式代入式(4－29)，有

$$\alpha=\alpha'+360^\circ-\beta_R\pm180^\circ$$

故

$$\alpha=\alpha'-\beta_R\pm180^\circ \qquad (4-30)$$

即前一条边的方位角 α 等于后一条边的方位角 α' 减去观测路线的右角 $\pm180^\circ$，若后一条边的方位角 α 与右角之差小于 180°，则 180° 前取“＋”号，反之，取“－”号。

在式(4－29)和式(4－30)中，如果算得的方位角大于 360°，则应减去 360°。如果测得的方位角小于零，则应加上 360°。

五、用罗盘仪测定磁方位角

罗盘仪是用来测定直线磁方位角的一种测量仪器，主要由磁针、刻度盘和望远镜三个部分组成，如图 4－19 所示。

磁针由人工磁铁制成，支在刻度盘中心的顶针上，可以自由转动，当磁针静止时，即指出南北方向。

刻度盘为铝或铜制的圆环，一般刻成 1°或 30′的分划，每 10°有一注记。其注记方式是按逆时针方向从 0°到 360°。

测量时，将罗盘仪安置在直线的起点，进行对中整平，在直线的另一端竖立标杆作为瞄准标志；转动望远镜瞄准直线另一端的目标；松开磁针，待磁针自由静止时，读取磁针北端所指示的刻度盘读数，即为该直线方向的磁方位角。如图 4－20 所示，磁针北端所指的刻度盘读数为 306°，于是该直线的磁方位角为 306°。

使用罗盘仪前应检查磁针的灵敏度，测量时应避开高压线和铁器；测量工作结束后，应将磁针顶紧，避免顶针磨损，以保护磁针的灵敏性。

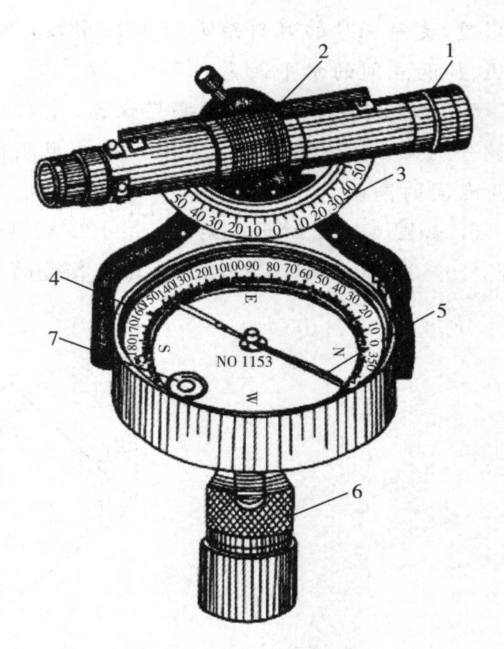

图 4－19　罗盘仪

1—望远镜；2—对光螺旋；3—竖直度盘；4—水平刻度；5—磁针；6—球形支柱；7—圆水准器

思考题与习题

1. 钢尺一般量距的方法有哪些？
2. 试述钢尺精密量距的方法步骤。
3. 什么是方位角？方位角有哪几种？与象限角关系如何？
4. 某钢尺其名义长度为 50m，在标准温度下其实际长度为 50.005m，今用该钢尺在

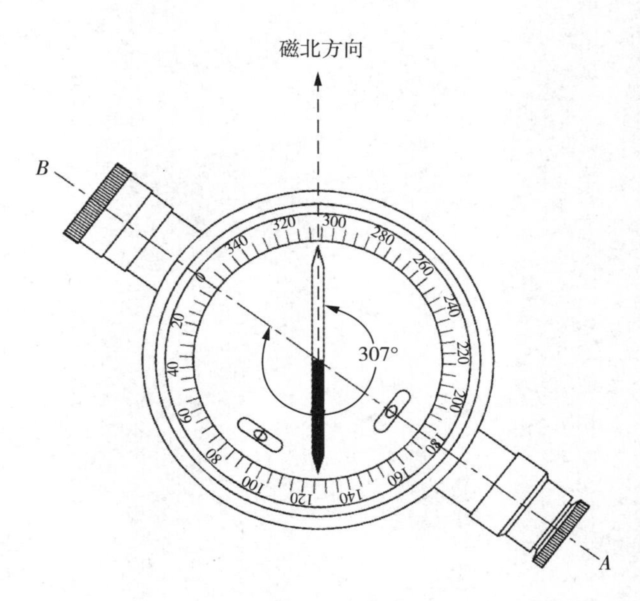

图 4－20　仪器指示面

25℃时，丈量 AB 的倾斜距离为 128.627m，用水准仪测得 A、B 两点间的高差为 1.125m，求 A、B 两点间的水平距离。

5. 视距测量中，在 A 点安置仪器，量取仪器高 $i=1.453\text{m}$，观测 B 点视距尺上、中、下读数分别为 1.126m、1.389m、1.578m，观测得竖直度盘盘左读数 $\alpha=89°46'28''$，试计算 A、B 两点间的高差。

6. 如图 4-21 所示，已知 $\alpha_{12}=120°36'48''$，观测内角 $\beta_1=90°09'20''$，$\beta_2=120°20'30''$，$\beta_3=75°19'50''$，$\beta_4=74°10'20''$，计算其他各边的坐标方位角。

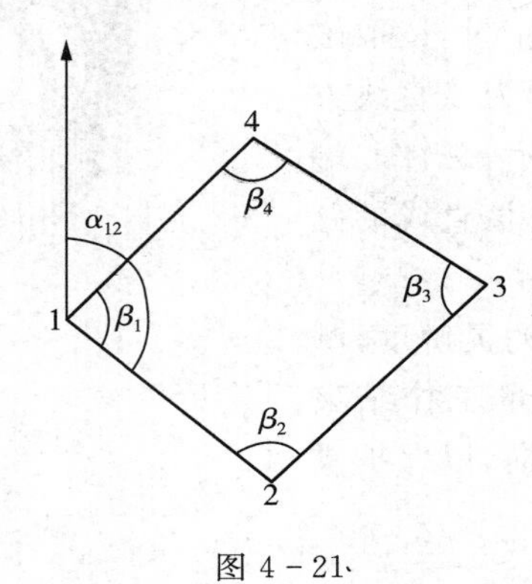

图 4-21

第五章　测量误差的基本知识

第一节　测量误差概述

在测量工作中一定要认清测量误差的来源、分类及其传播规律，牢牢掌握平差方法，以提高测量精度。

一、测量误差的概念及其来源

在实际的测量工作中，大量实践表明，当对某一未知量进行多次观测时，不论测量仪器有多精密，观测进行得多么仔细，所得的观测值总是不尽相同。这种差异的产生是由于测量中存在误差。测量所获得的数值称为观测值。由于观测中误差的存在，往往导致各观测值与其真实值(简称为真值)之间存在差异，这种差异称为测量误差(或观测误差)。用 L 代表观测值，X 代表真值，用 Δ 表示真误差，则

$$\Delta = L - X \tag{5-1}$$

测量误差的产生有很多方面的因素，测量时，必须去了解这些因素，并有效地解决，方可使整个测量过程中误差减至最小。实践证明，产生测量误差的原因主要有以下三个：

1. 测量者因素

由于观测者的感觉器官的鉴别能力的局限性，在仪器的安置、照准和读数等方面会产生误差。同时，观测者的技术水平和工作态度也将对观测结果产生影响。

2. 测量仪器因素

由于测量仪器的制造工艺有局限性，各轴线间的几何关系不可能没有偏差，长期使用产生的磨耗引起的误差，都将使测量结果中不可避免地包含了这些误差。另外，不同精度的仪器引起的误差大小也是不同的。

3. 外界条件因素

观测所处的外界条件，如温度、湿度、风力、阳光照射等因素会给观测结果造成影响，而且这些因素会随时发生变化，必然会给观测值带来影响。

观测者、测量仪器和外界条件三个方面的因素综合起来称为观测条件。观测条件将影响观测成果的精度：若观测条件好，则测量误差小，测量的精度就高；反之，则测量误差大，精度就低；若观测条件相同，则可认为精度相同。在相同的观测条件下进行的一系列观测称为等精度观测；在不同的观测条件下进行的一系列观测称为不等精度观测。

二、测量误差的分类

按测量误差对观测结果的影响的性质不同，可将其分为系统误差和偶然误差。

1. 系统误差

在相同的观测条件下，对某量进行一系列观测，若误差的大小和符号保持不变，或按照一定的规律变化，这种误差称为系统误差。例如水准仪的视准轴与水准管轴不平行而引起的读数误差，与视线的长度成正比且符号不变；距离测量尺长不准产生的误差随尺段数成比例增加且符号不变。这些误差都属于系统误差。

系统误差的特点具有累积性，对测量结果影响较大，因此应尽量设法消除或减弱它对测量成果的影响。方法有两种：一是在观测方法和观测程序上采取一定的措施来消除或减弱系统误差的影响。例如在水准测量中，采用前后视距离相等，来消除视准轴误差、地球曲率差和大气折光差；在水平角观测时，采取盘左和盘右观测取其平均值，来消除视准轴误差、横轴误差和照准部偏心差。另一种是找出系统误差产生的原因和规律，对测量结果加以改正。例如在钢尺量距中，可对测量结果加尺长改正和温度改正以消除其影响。

2. 偶然误差

在相同的观测条件下，对某量进行一系列观测，如果观测误差的大小和符号都具有不确定性，但又服从于一定的统计规律性，这种误差称为偶然误差，也叫随机误差。例如在水平角观测中的照准误差，或在水准测量和钢尺量距中的估读误差，这些都属于偶然误差。偶然误差在测量过程中是不可避免的。

在测量工作中，除了上述两种误差外，还可能出现错误（有时也称之为粗差）。错误不是误差。错误的发生是由于观测者操作不正确或疏忽大意造成的，如读错、记错、算错等。在测量成果中绝对不允许有错误存在，因此观测者应加强责任心，并采取适当的校核方法，以确保观测结果不存在错误。

三、偶然误差的特性

观测结果中偶然误差占据了主要地位，因此为了评定观测结果的质量，必须对偶然误差的性质作进一步分析。从单个误差来看，其大小和符号没有规律性，但观察大量的偶然误差就能发现其存在着一定的统计规律性，这给偶然误差的处理提供了可能性。

在测量实践中，根据偶然误差的分布，我们可以明显地看出它的统计规律。例如在相同的观测条件下，观测了 217 个三角形的全部内角。已知三角形内角之和等于 180°，这是三内角之和的理论值即真值 X，实际观测所得的三内角之和即观测值 L。由于各观测值中都含有偶然误差，因此各观测值不一定等于真值，其差即真误差 Δ。以下分两种方法来分析。

1. 表格法

由式(5－1)计算可得 217 个内角和的真误差，按其大小和一定的区间（本例为 $d_\Delta=3''$），分别统计在各区间正负误差出现的个数 k 及其出现的频率 $k/n(n=217)$，其结果列于表 5－1 中。

表 5-1　三角形内角和真误差统计表

误差区间 d_Δ	正误差		负误差		合计	
	个数 k	频率 k/n	个数 k	频率 k/n	个数 k	频率 k/n
0″～3″	30	0.138	29	0.134	59	0.272
3″～6″	21	0.097	20	0.092	41	0.189
6″～9″	15	0.069	18	0.083	33	0.152
9″～12″	14	0.065	16	0.073	30	0.138
12″～15″	12	0.055	10	0.046	22	0.101
15″～18″	8	0.037	8	0.037	16	0.074
18″～21″	5	0.023	6	0.028	11	0.051
21″～24″	2	0.009	2	0.009	4	0.018
24″～27″	1	0.005	0	0	1	0.005
27″以上	0	0	0	0	0	0
合计	108	0.498	109	0.502	217	1.000

从表 5-1 所列可以看出，该组误差的分布表现出如下规律：小误差出现的个数比大误差多；绝对值相等的正、负误差出现的个数和频率大致相等；最大误差不超过一定的限值（本例为 27″）。其他测量结果也表现出同样的规律。

2. 直方图法

为了更直观地表达偶然误差的分布情况，可将表 5-1 所列的数据用直方图来表示。以真误差的大小为横坐标，以各区间内误差出现的频率 k/n 与区间 d_Δ 的比值为纵坐标，在每一区间上根据相应的纵坐标值画出一矩形，则各矩形的面积等于误差出现在该区间内的频率 k/n。如图 5-1 所示的有斜线的矩形面积表示误差出现在 +6″～+9″ 的频率，等于 0.069。

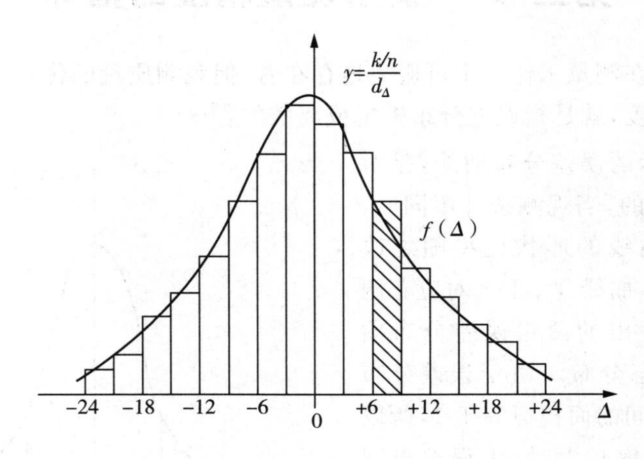

图 5-1　误差分析直方图

当误差个数足够多时，误差出现在各区间的频率就趋向于一个稳定值。当 $n \to \infty$ 时，并无限缩小误差区间，即 $d_\Delta \to 0$，则图 5-1 所示的各矩形的上部折线，就趋向于一条以纵轴

为对称的光滑曲线(图 5-2),称为误差概率分布曲线,简称误差分布曲线。其是正态分布曲线,该曲线的方程式为

$$f(\Delta)=\frac{1}{\sigma\sqrt{2\pi}}e^{-\frac{\Delta^2}{2\sigma^2}} \tag{5-2}$$

式中:Δ 为偶然误差;$\sigma(>0)$ 为误差分布的标准差。其定义为:

$$\sigma=\lim_{n\to\infty}\sqrt{\frac{[\Delta\Delta]}{n}} \tag{5-3}$$

如图 5-1 所示,各矩形的面积是频率 k/n。由概率统计原理可知,频率即真误差出现在区间 d_Δ 上的概率 $P(\Delta)$,记为

$$P(\Delta)=\frac{k/n}{d_\Delta}d_\Delta=f(\Delta)d_\Delta \tag{5-4}$$

根据以上分析,可以总结出偶然误差具有以下四个特性:

(1) 有限性:在一定的观测条件下,偶然误差的绝对值不会超过一定的限值。

(2) 集中性:绝对值较小的误差比绝对值较大的误差出现的概率大。

(3) 对称性:绝对值相等的正误差和负误差出现的概率相同。

(4) 抵偿性:当观测次数无限增多时,偶然误差的算术平均值趋近于零,即

$$\lim_{n\to\infty}\frac{[\Delta]}{n}=0 \tag{5-5}$$

式中 $$[\Delta]=\Delta_1+\Delta_2+\cdots+\Delta_n=\sum_{i=1}^{n}\Delta_i$$

第二节　衡量测量精度的指标

尽管偶然误差在测量工作中不可避免地存在着,但观测质量的优劣可以通过精度的高低来衡量。所谓精度,就是指误差分布密集或离散的程度。

如图 5-2 所示的误差分布曲线,是对应着某一观测条件的,当观测条件不同时,其相应误差分布曲线的形状也将随之改变。如图 5-3 所示,曲线 Ⅰ、Ⅱ 为对应着两组不同观测条件得出的两组误差分布曲线,它们均属于正态分布。由于误差分布曲线到横坐标轴之间的面积恒等于 1,所以当小误差出现的概率较大时,大误差出现的概率必然要小。因此,曲线 Ⅰ 表现为较陡峭,即误差分布比较集中,或称离散度较小,故观测精度较高。而曲线 Ⅱ 相对来说

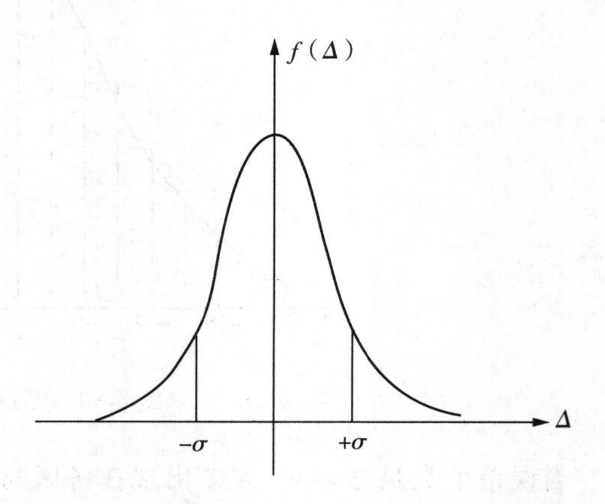

图 5-2　误差概率分布曲线

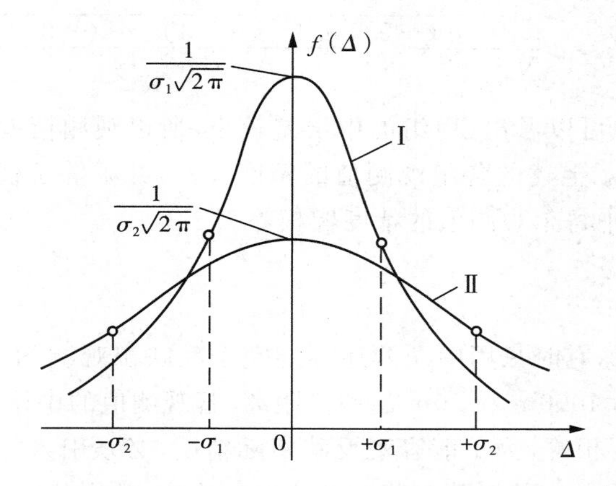

图 5-3 不同精度的误差分布曲线

较为平缓,即离散度较大,因而观测精度较低。

用分布曲线或直方图虽然可以比较出观测结果的质量的高低,但既不方便也不实用,而且缺乏一个简单的关于精度的数值概念。因此需要引入精度的数值概念,这种能反映误差分布密集或离散程度的数值称之为精度指标。

测量中常用的评定精度的指标有中误差、相对误差、极限误差等。

1. 中误差

如图 5-3 所示,当 $\Delta=0$ 时,$f_1(\Delta)=\frac{1}{\sigma_1\sqrt{2\pi}}$,$f_2(\Delta)=\frac{1}{\sigma_2\sqrt{2\pi}}$。$\frac{1}{\sigma_1\sqrt{2\pi}}$ 和 $\frac{1}{\sigma_2\sqrt{2\pi}}$ 是这两条误差分布曲线的峰值,且 Δ 越小,$f(\Delta)$ 越大。当 $\Delta=0$ 时,$f(\Delta)$ 越大,所以横轴是曲线的渐近线。同时,还可看出误差分布曲线在纵轴两边各有一个拐点。如果函数求二阶导数等于零,可得曲线拐点的横坐标为:$\Delta_{拐}=\pm\sigma$。由此可见,误差分布曲线形态充分反映了观测质量的好坏,而误差分布曲线又可以用具体的数值 σ 来表达。也就是说,标准差 σ 反映了观测精度的高低,是衡量精度的一种指标,但它是 $n\to\infty$ 时的理论精度指标。在实际测量中,观测次数不可能无限多,为了评定精度,只能以有限次观测个数 n 计算出标准差的估值,定义为中误差 m,计算公式为

$$m=\pm\sigma=\pm\sqrt{\frac{[\Delta\Delta]}{n}} \tag{5-6}$$

【例 5-1】 有甲、乙两组各自用相同的条件观测了 6 个三角形的内角,得三角形的闭合差(即三角形内角和的真误差)分别为:

甲:+3"、+1"、-2"、-1"、0"、-3";

乙:+6"、-5"、+1"、-4"、-3"、+5"。

试分析两组的观测精度。

解:用中误差公式(5-6)计算得:

$$m_{甲}=\pm\sqrt{\frac{[\Delta\Delta]}{n}}=\pm\sqrt{\frac{3^2+1^2+(-2)^2+(-1)^2+0^2+(-3)^2}{6}}=\pm 2.0''$$

$$m_{乙} = \pm\sqrt{\frac{[\Delta\Delta]}{n}} = \pm\sqrt{\frac{6^2+(-5)^2+1^2+(-4)^2+(-3)^2+5^2}{6}} = \pm 4.3''$$

从上述两组结果中可以看出，甲组的中误差较小，所以观测精度高于乙组。中误差与真误差不同，它只是表示上述的各组观测值的精度指标，并不等于任何观测值的真误差。由于等精度观测，同组中每个观测值的精度皆相等。

二、相对误差

对于某些观测结果，有时只用中误差还不能完全反映出观测的质量。如距离测量中，用钢尺丈量长度分别为1000m和20m的两段距离，若观测值的中误差都是±2cm，显然不能认为两者的测量精度相等，为了能客观反映实际精度，必须引入相对误差的概念。相对误差 K 等于观测值中误差的绝对值与相应观测值的比值，常用分子为1的分式表示，即

$$K = 相对误差 = \frac{误差的绝对值}{观测值} = \frac{1}{T}$$

式中，当误差的绝对值为中误差 m 的绝对值时，K 称为相对中误差。

$$K = \frac{|m|}{D} = \frac{1}{\frac{D}{|m|}} \tag{5-7}$$

相对中误差越小，精度越高。在上例中用相对中误差来衡量，则两段距离的相对中误差分别为1/500和1/10，前者精度较高。

三、极限误差和容许误差

由偶然误差的特性可知，在一定的观测条件下，偶然误差的绝对值不会超过一定的限值。这个限值就是极限误差。在一组等精度观测值中，绝对值大于 m（中误差）的偶然误差，其出现的概率为31.7%；绝对值大于 $2m$ 的偶然误差，其出现的概率为4.5%；绝对值大于 $3m$ 的偶然误差，出现的概率仅为0.3%。

根据式(5-2)和式(5-4)有

$$P(-\sigma < \Delta < \sigma) = \int_{-\sigma}^{+\sigma} f(\Delta) d_\Delta = \frac{1}{\sigma\sqrt{2\pi}} \int_{-\sigma}^{+\sigma} e^{-\frac{\Delta^2}{2\sigma^2}} d_\Delta \approx 0.683$$

上式表示真误差出现在区间$(-\sigma, +\sigma)$内的概率等于0.683，或者说误差出现在该区间外的概率为0.317。同法可得

$$P(-2\sigma < \Delta < 2\sigma) = \int_{-2\sigma}^{+2\sigma} f(\Delta) d_\Delta = \frac{1}{\sigma\sqrt{2\pi}} \int_{-2\sigma}^{+2\sigma} e^{-\frac{\Delta^2}{2\sigma^2}} d_\Delta \approx 0.955$$

$$P(-3\sigma < \Delta < 3\sigma) = \int_{-3\sigma}^{+3\sigma} f(\Delta) d_\Delta = \frac{1}{\sigma\sqrt{2\pi}} \int_{-3\sigma}^{+3\sigma} e^{-\frac{\Delta^2}{2\sigma^2}} d_\Delta \approx 0.997$$

也就是说：在一组等精度观测值中，绝对值大于 σ 的偶然误差，其出现的概率为31.7%；绝对值大于 2σ 的偶然误差，其出现的概率为4.5%；绝对值大于 3σ 的偶然误差，出

现的概率仅为0.3%，这实际上是接近于零的小概率事件，在有限次观测中不太可能发生。

在测量工作中，通常规定2倍或3倍中误差作为偶然误差的限值，称为极限误差或容许误差，即

$$\Delta_{容} = 3\sigma \approx 3m \tag{5-8}$$

或

$$\Delta_{容} = 2\sigma \approx 2m \tag{5-9}$$

如果观测值中出现了大于所规定容许误差的偶然误差，则认为该观测值不可靠，应舍去不用并重测。

第三节 误差传播定律

在实际测量工作中，往往有些未知量是不能直接观测的，而是通过观测其他一些相关的量，通过函数关系间接计算得出，这些量称为间接观测量。例如用水准仪测量两点间的高差 h，通过后视读数 a 和前视读数 b 来求得的 $h=a-b$，显然高差 h 是 a 和 b 的函数。由于直接观测值中都含有误差，因此其函数也必然受到影响而产生误差。说明观测值的中误差与其函数的中误差之间关系的定律，叫作误差传播定律。

设 z 是独立观测值 $x_1, x_2, \cdots, x_n$ 的函数，即

$$z = f(x_1, x_2, \cdots, x_n)$$

式中：各独立变量 $x_i(i=1,2,\cdots,n)$ 为直接观测值，它们的中误差分别为 $m_1, m_2, \cdots, m_n$，欲求观测值的函数 z 的中误差 m_z。

对上式取全微分，得

$$\mathrm{d}z = \frac{\partial f}{\partial x_1}\mathrm{d}x_1 + \frac{\partial f}{\partial x_2}\mathrm{d}x_2 + \cdots + \frac{\partial f}{\partial x_n}\mathrm{d}x_n$$

设 $x_1, x_2, \cdots, x_n$ 的真误差分别为 $\Delta x_1, \Delta x_2, \cdots, \Delta x_n$，相应函数 z 的真误差为 Δz。则

$$\Delta z = \frac{\partial f}{\partial x_1}\Delta x_1 + \frac{\partial f}{\partial x_2}\Delta x_2 + \cdots + \frac{\partial f}{\partial x_n}\Delta x_n$$

式中，$\frac{\partial f}{\partial x_i}$ 为函数 z 分别对各变量 x_i 的偏导数。当函数关系和观测值已定时，它们均为常数，令

$$\frac{\partial f}{\partial x_1} = k_1, \frac{\partial f}{\partial x_2} = k_2, \cdots, \frac{\partial f}{\partial x_n} = k_n$$

则

$$\Delta z = k_1 \Delta x_1 + k_2 \Delta x_2 + \cdots + k_n \Delta x_n$$

若对各独立观测量都观测了 n 次，则可写出 n 个类似的真误差关系式：

$$\begin{cases}\Delta z_1 = k_1\Delta x_{11} + k_2\Delta x_{21} + \cdots + k_n\Delta x_n \\ \Delta z_2 = k_1\Delta x_{12} + k_2\Delta x_{22} + \cdots + k_n\Delta x_{n1} \\ \cdots\cdots \\ \Delta z_n = k_1\Delta x_{1n} + k_2\Delta x_{2n} + \cdots + k_n\Delta x_{nn}\end{cases}$$

将以上各式等号两边平方后再相加，并在等号两端各除以 n，得

$$\frac{[\Delta z^2]}{n} = k_1^2\frac{[\Delta x_1^2]}{n} + k_2^2\frac{[\Delta x_2^2]}{n} + \cdots + k_n^2\frac{[\Delta x_n^2]}{n} + 2k_1k_2\frac{[\Delta x_1\Delta x_2]}{n}$$

$$+ 2k_2k_3\frac{[\Delta x_2\Delta x_3]}{n} + \cdots \tag{5-10}$$

根据偶然误差的第四个特性可知，上式的末项当 $k \to \infty$ 时趋近于0，即

$$\lim_{n\to\infty}\frac{[\Delta x_i\Delta x_j]}{n} = 0$$

故式(5－10)可写为

$$\frac{[\Delta z^2]}{n} = k_1^2\frac{[\Delta x_1^2]}{n} + k_2^2\frac{[\Delta x_2^2]}{n} + \cdots + k_n^2\frac{[\Delta x_n^2]}{n}$$

根据中误差的定义，上式可写成

$$m_z^2 = k_1^2m_{x_1}^2 + k_2^2m_{x_2}^2 + \cdots + k_nm_{x_n}^2 \tag{5-11}$$

即

$$m_z = \pm\sqrt{k_1^2m_1^2 + k_2^2m_2^2 + \cdots + k_n^2m_n^2} \tag{5-12}$$

式(5－12)即为计算函数中误差的一般形式，称为误差传播定律。

按照这一定律可导出表5－2所列的简单函数的误差传播关系式。

表5－2　常用函数的中误差公式

函数名称	函数式	函数的中误差
倍数函数	$z = kx$	$m_z = km_x$
和差函数	$z = x_1 \pm x_2 \pm \cdots \pm x_n$	$m_z = \pm\sqrt{m_1^2 + m_2^2 + \cdots + m_n^2}$
线性函数	$z = k_1x_1 \pm k_2x_2 \pm \cdots \pm k_nx_n$	$m_z = \pm\sqrt{k_1^2m_1^2 + k_2^2m_2^2 + \cdots + k_n^2m_n^2}$

应用误差传播定律求观测值函数的中误差时，可按下述步骤进行：

(1) 按问题的性质列出函数式：$z = f(x_1, x_2, \cdots, x_n)$

(2) 对函数式进行全微分，得出函数真误差与观测值真误差之间的关系式

$$\mathrm{d}z = \frac{\partial f}{\partial x_1}\mathrm{d}x_1 + \frac{\partial f}{\partial x_2}\mathrm{d}x_2 + \cdots + \frac{\partial f}{\partial x_n}\mathrm{d}x_n$$

(3) 代入误差传播定律公式，求出函数的中误差

$$m_z^2=\left(\frac{\partial f}{\partial x_1}\right)^2 m_1^2+\left(\frac{\partial f}{\partial x_2}\right)^2 m_2^2+\cdots+\left(\frac{\partial f}{\partial x_n}\right)^2 m_n^2$$

在应用误差传播定律公式时，要求各观测值误差必须是独立的，如果观测值误差不独立，则要合并同类项，使误差独立后再应用误差传播定律。

【例 5-2】 在比例尺为 1∶1000 的地形图上，量得两点的长度为 $d=20.2\text{mm}$，其中误差 $m_d=\pm 0.2\text{mm}$，求该两点的实际距离 D 及其中误差 m_D。

解：函数关系式为 $D=Md$，属倍数函数，$M=500$ 是地形图比例尺分母。

$$D=Md=500\times 20.2=10100\text{mm}=10.1\text{m}$$

$$m_D=Mm_d=1000\times(\pm 0.2)=\pm 200\text{mm}=\pm 0.2\text{m}$$

两点的实际距离结果可写为 $10.1\text{m}\pm 0.2\text{m}$。

【例 5-3】 水准测量中，已知后视读数 $a=1.736\text{m}$，前视读数 $b=0.336\text{m}$，中误差分别为 $m_a=\pm 0.002\text{m}$，$m_b=\pm 0.003\text{m}$，试求两点的高差及其中误差。

解：函数关系式为 $h=a-b$，属和差函数，得

$$h=a-b=1.736-0.336=1.400\text{m}$$

$$m_h=\pm\sqrt{m_a^2+m_b^2}=\pm\sqrt{0.002^2+0.003^2}=\pm 0.004\text{m}$$

两点的高差结果可写为 $1.400\text{m}\pm 0.004\text{m}$。

【例 5-4】 测量一斜距 $L=247.50\text{m}$，中误差 $m_L=\pm 0.05\text{m}$，并测得倾斜角 $\alpha=10°34'$，其中误差 $m_\alpha=\pm 3'$，求水平距离 D 及其中误差 m_D。

解：首先列出函数式 $D=L\cos\alpha$

水平距离

$$D=247.50\times\cos 10°34'=243.303\text{m}$$

这是一个非线性函数，所以对函数式进行全微分，先求出各偏导值如下：

$$\frac{\partial D}{\partial L}=\cos 10°34'=0.9830$$

$$\frac{\partial D}{\partial \alpha}=-L\cdot\sin 10°34'=-247.50\times\sin 10°34'=-45.3864$$

写成中误差形式

$$m_D=\pm\sqrt{\left(\frac{\partial D}{\partial L}\right)^2 m_L^2+\left(\frac{\partial D}{\partial \alpha}\right)^2 m_\alpha^2}$$

$$=\pm\sqrt{0.9830^2\times 0.05^2+(-45.3864)^2\times\left(\frac{3'}{3438'}\right)^2}=\pm 0.06\text{m}$$

故得 $D=243.30\text{m}\pm0.06\text{m}$。

【例 5-5】 普通水准测量中，已知视距平均长度为 100m 时每次读取水准尺读数的中误差为 $m_{读}=\pm3\text{mm}$，若以 3 倍中误差为容许误差，试求普通水准测量高差闭合差的容许误差。

解：已知每站观测高差为：$h_i=a_i-b_i\,(i=1,2,\cdots,n)$

则每站的高差中误差为：

$$m_{站}=\pm\sqrt{m_{读}^2+m_{读}^2}=\pm\sqrt{2}\,m_{读}=\pm2\sqrt{2}\,\text{mm}\approx\pm4\text{mm}$$

$$f_h=h_1+h_2+\cdots+h_n-(H_{终}-H_{始})$$

因起、讫点为已知高级点，设其高程无误差，且每站高差观测中误差均相等，即 $m_1=m_2=\cdots=m_n=m_{站}$。

则高差闭合差的中误差为：

$$m_{f_h}=\pm\sqrt{n}\,\text{m}_{站}=\pm4\sqrt{n}\,\text{mm}$$

以 3 倍中误差为容许误差，则普通水准测量高差闭合差的容许值为：

$$f_{h容}=\pm3\times4\sqrt{n}\,\text{mm}=\pm12\sqrt{n}\,\text{mm}$$

第四节　等精度直接观测平差

为了较精确地确定某一个未知量的大小，常对未知量进行多余观测。多余观测是指观测的个数多于确定未知量所必需的个数。如果进行多余观测，也就产生了观测值之间互不相等这样的矛盾，需要按最小二乘法原理进行平差计算，以从若干个观测值中求得该未知量的最可靠值，称为未知量的最或然值；以及评定观测值的精度。

测量平差的基本原理为最小二乘法，下面举一个例子来说明其含义。设测得某平面三角形的三个内角分别为：

$$a=67°07'36'',b=54°19'24'',c=58°32'48''$$

则其闭合差为：

$$f=a+b+c-180°=-12''。$$

为了消除闭合差，从而求得各角的最或然值，须分别在三个观测角值上加上改正数。

设 a,b,c 的改正数分别为 v_a,v_b,v_c，则应有

$$(a+v_a)+(b+v_b)+(c+v_c)=180°$$

或改写为

$$v_a+v_b+v_c=-f=-12''$$

满足上式的改正可以有无穷多组，详见表 5－3 所列。

表 5－3　满足三角形内角和等于理论值的改正数

改正数	第 1 组	第 2 组	第 3 组	第 4 组	第 5 组	…
v_a	4″	－6″	0″	8″	6″	
v_b	4″	10″	6″	2″	3″	…
v_c	4″	8″	6″	2″	3″	
$[vv]$	48	200	72	72	54	…

根据最小二乘法理论，应当选择改正数的平方和最小，即 $[vv]$ = 最小的那一组，表 5－3 所列的第 1 组具有

$$v_a^2 + v_b^2 + v_c^2 = 48'' = \text{最小}$$

由这一组改正数求得各内角的平差值称为最或然值，这一组改正数也称为最或然误差。平差后三角形内角之和为 180°。

由此可见，用最小二乘法原理求观测值最或然值的原则是：用一组改正数来消除不符值，在等精度观测的情况下，这组改正数应满足

$$[vv] = v_1^2 + v_2^2 + \cdots + v_n^2 = \text{最小}$$

若在不等精度观测情况下，应满足

$$[pvv] = p_1 v_1^2 + p_2 v_2^2 + \cdots + p_n v_n^2 = \text{最小}$$

1. 观测值的最或然值

设对某一未知量进行了 n 次等精度观测，其观测值分别为 $l_1, l_2, \cdots, l_n$，观测值的改正数为 v_i，未知量的最或然值为 x，则有

$$v_i = x - l_i (i = 1, 2, \cdots, n) \tag{5-13}$$

根据最小二乘法原理：

$$[vv] = v_1^2 + v_2^2 + \cdots + v_n^2 = (x - l_1)^2 + (x - l_2)^2 + \cdots + (x - l_n)^2 = \text{最小}$$

为满足上式，取一阶导数等于零

$$\frac{d[vv]}{dx} = 2(x - l_1) + 2(x - l_2) + \cdots + 2(x - l_n) = 0$$

得

$$nx - [l] = 0$$

故

$$x = \frac{[l]}{n} = \frac{1}{n}(l_1 + l_2 + \cdots + l_n) \tag{5-14}$$

由此可见，在等精度条件下，对某未知量进行一组观测，其算术平均值就是该未知量的最或

然值。

2. **精度评定**

(1) 观测值的精度

当观测量的真值已知时，可根据中误差的公式，即

$$m = \pm\sqrt{\frac{[\Delta\Delta]}{n}}$$

式中 $$\Delta_i = l_i - X (i = 1, 2, \cdots, n) \tag{5-15}$$

由观测值的真误差来计算其中误差。

一般情况下未知量的真值是不知道的，因此，真误差 Δ_i 也无法求得，这就不能用式(5-15)来求观测值的中误差。但未知量的最或然值 x 与观测值 l_i 之差是可以求得的，即

$$v_i = x - l_i (i = 1, 2, \cdots, n) \tag{5-16}$$

将式(5-15)和式(5-16)相加，得

$$-\Delta_i = v_i + (X - x) (i = 1, 2, \cdots, n)$$

对上面各式两端取平方，再求和

$$[\Delta\Delta] = [vv] + 2(X - x)[v] + n(X - x)^2$$

等式两边除以 n，并考虑 $x = \frac{[l]}{n}$，且 $[v] = nx - [l]$，则有

$$\frac{[\Delta\Delta]}{n} = \frac{[vv]}{n} + (X - x)^2 \tag{5-17}$$

而

$$X - x = X - \frac{[L]}{n} = \frac{[L - X]}{n} = \frac{[\Delta]}{n}$$

$$(X - x)^2 = \frac{[\Delta]^2}{n^2} = \frac{1}{n^2}(\Delta_1^2 + \Delta_2^2 + \cdots + \Delta_n^2 + 2\Delta_1\Delta_2 + 2\Delta_2\Delta_3 + \cdots + 2\Delta_{n-1}\Delta_n)$$

$$= \frac{[\Delta\Delta]}{n^2} + \frac{2(\Delta_1\Delta_2 + \Delta_2\Delta_3 + \cdots + \Delta_{n-1}\Delta_n)}{n^2}$$

根据偶然误差的特性，当 $n \to \infty$ 时，上式等号右边的第二项趋近于零，故

$$(X - x)^2 = \frac{[\Delta\Delta]}{n^2}$$

代入式(5-17)，得

$$\frac{[\Delta\Delta]}{n} = \frac{[vv]}{n} + \frac{[\Delta\Delta]}{n^2}$$

根据中误差的定义 $m^2 = \frac{[\Delta\Delta]}{n}$，上式可写为

$$m^2=\frac{[vv]+m^2}{n}$$

即：

$$m=\pm\sqrt{\frac{[vv]}{n-1}} \tag{5-18}$$

上式即是等精度观测用改正数计算观测值中误差的公式，又称“白塞尔公式”。

(2) 最或然值的中误差

设某量的等精度观测值为$l_1,l_2,\cdots,l_n$，其中误差为m，最或然值x即为各观测值的算术平均值。则有

$$x=\frac{[l]}{n}=\frac{1}{n}l_1+\frac{1}{n}l_2+\cdots+\frac{1}{n}l_n$$

根据误差传播定律，可得出算术平均值的中误差m_x为

$$m_x=\pm\sqrt{\left(\frac{1}{n}\right)^2m^2+\left(\frac{1}{n}\right)^2m^2+\cdots+\left(\frac{1}{n}\right)^2m^2}$$

故有：

$$m_x=\frac{m}{\sqrt{n}}=\pm\sqrt{\frac{[vv]}{n(n-1)}} \tag{5-19}$$

即为算术平均值的中误差的计算公式。

由式(5-19)可以看出，算术平均值的中误差与观测次数的平方根成反比，所以多次观测取其平均值，是减小偶然误差的影响、提高成果精度的有效方法。但算术平均值的中误差与观测次数并不是线性关系，是观测值中误差的$1/\sqrt{n}$倍。从图5-4所示可以看出观测次数n与算术平均值的中误差m之间的变化关系。n增加时，m减小；当n达到一定数值后，再增加观测次数，提高精度的效果就不太明显了。故不能单纯靠增加观测次数来提高测量成果的精度，而应设法提高单次观测的精度，如使用精度较高的仪器、提高观测技能或在较好的外界条件下进行观测等。

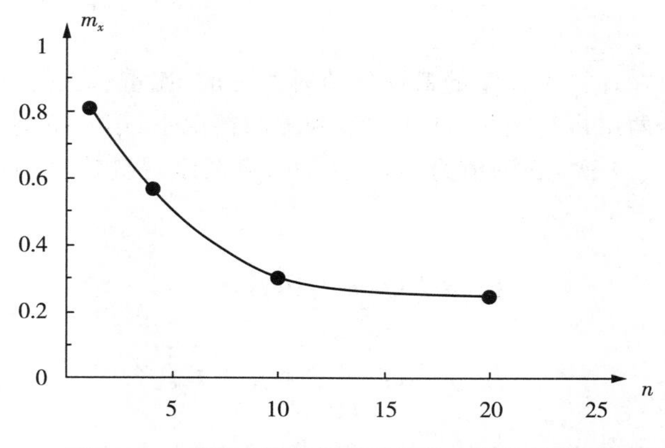

图5-4　观测次数与算术平均值中误差的关系

【例 5-6】 对某一水平角以等精度观测了6个测回，其观测值见表5-4所列。试求观测值的最或然值、观测值的中误差以及算术平均值的中误差。

解：等精度观测值的算术平均值、改正数及其平方已列于表5-4中。

观测值的中误差为 $m=\pm\sqrt{\frac{[vv]}{n-1}}=\pm\sqrt{\frac{10}{5}}=\pm1.41''$

算术平均值的中误差为 $m_x=\frac{m}{\sqrt{n}}=\pm\frac{1.41}{\sqrt{6}}=\pm0.6''$

算术平均值写为 $x=43°32'31''\pm0.6''$

表 5-4 等精度观测直接平差计算

测回	观测值	改正数 v	vv
1	43°32′32″	−1″	1
2	43°32′33″	−2″	4
3	43°32′31″	0″	0
4	43°32′29″	2″	4
5	43°32′30″	1″	1
6	43°32′31″	0″	0
	$x=[l]/n=43°32'31'$	$[v]=0$	$[vv]=10$

第五节 非等精度观测的直接平差

上节讨论的是从 n 次等精度观测中求未知量的最或然值以及评定其精度。在测量工作中，除等精度观测外，还经常遇到不等精度观测问题。例如，对同一距离分组进行测量，但各组测量次数不等，这就是不等精度观测问题。如何从非等精度观测值中求最或然值并评定它们的精度呢？处理这类问题就要用到“权”。

一、权

不等精度观测值在计算未知量的最或然值时所占的“比重”，就是“权”。

设对同一距离分两组进行测量，在等精度观测的情况下，第一组测量了3次，观测值为 l_1,l_2,l_3，第二组测量了4次，观测值为 l_4,l_5,l_6,l_7，将两组观测值分别求算术平均值，并以 L_1,L_2 表示，则

$$L_1=\frac{1}{3}(l_1+l_2+l_3)$$

$$L_2=\frac{1}{4}(l_4+l_5+l_6+l_7)$$

设每次测量的中误差为 m，根据误差传播定律得 L_1,L_2 中误差为

$$m_1 = \pm \frac{m}{\sqrt{3}}$$

$$m_2 = \pm \frac{m}{\sqrt{4}}$$

显然，$m_1 > m_2$，所以 L_1 与 L_2 是不等精度的观测值。

对不同精度的观测值来说，显然中误差越小，精度越高，观测结果越可靠，因而应具有较大的权。故可以用中误差来定义权：

$$p_i = \frac{\lambda}{m_i^2} (i = 1, 2, \cdots, n) \tag{5-20}$$

式(5-20)中 λ 为任意常数。对上述例子，两组观测值的权为

$$p_1 = \frac{\lambda}{m_1^2} = \frac{3\lambda}{m^2} \quad p_2 = \frac{\lambda}{m_2^2} = \frac{4\lambda}{m^2}$$

若取 $\lambda = m^2$，则

$$p_1 = 3 \quad p_2 = 4$$

对于每一次测量，令其权为 p_0，则

$$p_0 = \frac{m^2}{m^2} = 1$$

数值等于1的权为单位权，权等于1的中误差称为单位权中误差，通常用 μ 表示。通常取一次观测、一测回、一千米观测路线的观测误差为单位权中误差。这样权的定义式的另一种表示方法为

$$p_i = \frac{\mu^2}{m_i^2} (i = 1, 2, \cdots, n) \tag{5-21}$$

由此可以得出中误差的另一种表达式

$$m_i = \mu \sqrt{\frac{1}{p_i}} \tag{5-22}$$

二、定权的常用方法

用权的定义式来确定观测值的权，必须先知道观测值的中误差。但在平差计算工作中，往往在观测值的中误差还没求得之前，就要确定各观测值的权，以求出最或然值。一组观测值的权的比例关系为

$$p_1 : p_2 : \cdots : p_n = \frac{\lambda}{m_1^2} : \frac{\lambda}{m_2^2} : \cdots : \frac{\lambda}{m_n^2} = \frac{1}{m_1^2} : \frac{1}{m_2^2} : \cdots : \frac{1}{m_n^2} \tag{5-23}$$

由此可知，一组观测值的权之比等于各观测值的中误差平方的倒数之比。无论 λ 为何值，其比例关系不变。故对于计算一组观测值的权，关键的是它们之间的比例关系而不在乎其数值的大小。由此思路，我们可以导出测量工作中几种常用的定权公式。

1. 水准测量的权

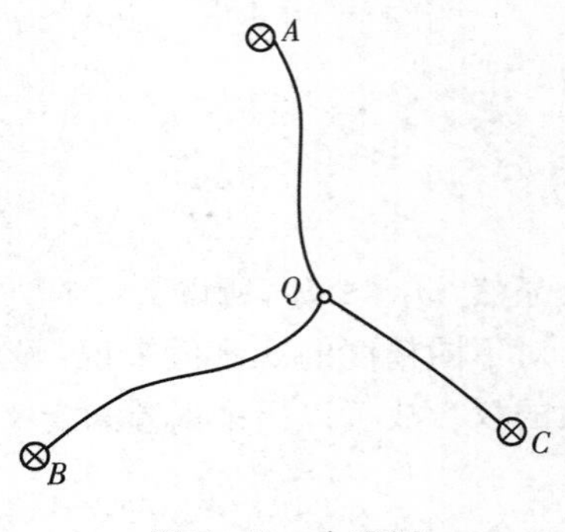

图 5-5 水准网

如图 5-5 所示的水准网中，A、B、C 为已知水准点，有 3 条水准路线，现沿每一条路线测定两点间的高差，得各路线的观测高差为 h_1, h_2, h_3，各路线的测站数分别为 N_1, N_2, N_3。设每站观测高差的中误差为 $m_{站}$，根据误差传播定律得各路线的观测高差中误差为

$$m_i = m_{站}\sqrt{N_i}\,(i=1,2,\cdots,n) \qquad (5-24)$$

若令

$$\mu = m_{站}\sqrt{\lambda}$$

写出各路线观测高差的权之间的比例为

$$p_1 : p_2 : p_3 = \frac{\lambda m_{站}^2}{N_1 m_{站}^2} : \frac{\lambda m_{站}^2}{N_2 m_{站}^2} : \frac{\lambda m_{站}^2}{N_3 m_{站}^2} = \frac{\lambda}{N_1} : \frac{\lambda}{N_2} : \frac{\lambda}{N_3}$$

即

$$p_i = \frac{\lambda}{N_i}\,(i=1,2,\cdots,n) \qquad (5-25)$$

式(5-25)表明，水准测量中，若每站观测高差的精度相等时，则水准路线观测高差的权与测站数成反比。

2. 等精度观测值的算术平均值的权

设有 $L_1, L_2, \cdots, L_n$，它们分别是 $N_1, N_2, \cdots, N_n$ 次同精度观测值的算术平均值，若每次观测的中误差均为 m，则可得各算术平均值 L_i 的中误差为

$$m_i = \frac{m}{\sqrt{N_i}}\,(i=1,2,\cdots,n)$$

令

$$\mu = \frac{m}{\sqrt{K}}$$

则根据权定义式可得

$$p_i = \frac{N_i}{K}\,(i=1,2,\cdots,n) \qquad (5-26)$$

式中，K 为任意常数，该式表明，同精度观测值的算术平均值的权与观测次数成正比。

三、求不等精度观测值的最或然值

若对某一未知量进行了 n 次不等精度观测，观测值为 $l_1, l_2, \cdots, l_n$，其相应的权为 $p_1, p_2, \cdots, p_n$，不等精度观测值的改正数可按 $v_i = x - l_i\,(i=1,2,\cdots,n)$，为了求得未知量的最或

然值，按最小二乘法原理，改正数必须满足

$$[pvv]=p_1(x-l_1)^2+p_2(x-l_2)^2+\cdots+p_n(x-l_n)^2=\text{最小}$$

对未知量 x 取一阶导数，并令其为零，即

$$\frac{\mathrm{d}[pvv]}{\mathrm{d}x}=2p_1(x-l_1)+2p_2(x-l_2)+\cdots+2p_n(x-l_n)=$$

$$2\sum_{i=1}^{n}p_i(x-l_i)=0$$

解得未知量的最或然值为

$$x=\frac{\sum pl}{\sum p}=\frac{[pl]}{[p]} \tag{5-27}$$

同时，不等精度观测值的改正数还应满足下列条件，即

$$[pv]=[p(x-l)]=[p]x-[pl]=0 \tag{5-28}$$

思考题与习题

1. 产生测量误差的原因是什么？

2. 测量误差是如何分类的？各有何特性？在测量工作中如何消除或削弱？

3. 什么是中误差？为什么中误差能作为衡量精度的指标？

4. 何谓观测值的最或然值？求最或然值应依据哪些原则？

5. DJ_6 级经纬仪一测回方向观测中误差 $m_0=\pm 6''$，试计算该仪器一测回观测一个水平角的中误差 m_A。

6. 函数 $z=z_1+z_2$，其中 $z_1=x+2y$，$z_2=2x-y$，x 和 y 相互独立，其 $m_x=m_y=m$，求 m_z。

7. 等精度观测某边长 9 次，观测值分别为：687.481m、687.486m、687.478m、687.483m、687.475m、687.483m、687.482m、687.479m、687.484m。试求该边长的最或然值及其相对中误差。

8. 什么是权？其作用是什么？权和中误差有什么关系？

第六章 控制测量

本章将对控制测量进行阐述，重点讲述导线测量、小三角测量原理及其计算方法，三角高程测量、全站仪及 GPS 测量原理与方法。

第一节 概述

测量的基本工作是确定地物和地貌特征点的位置，即确定空间点的三维坐标。这样的工作若从一个起点开始，逐步依据前一个点来测定后一个点的位置，会将前一个点的误差带到后一个点上。这种测量方法会导致误差逐步积累，并将达到惊人的程度。所以，为了保证所测点的位置精度，减少误差积累，测量工作必须遵循“从整体到局部”“先整体后碎部”的组织原则，即先在测区内测定少数控制点，建立统一的平面和高程系统。由这些控制点互相联系形成的网络，称为控制网。根据控制网的精度不同，可以分为基本控制网和图根控制网。后者是在前者的基础上补充加密而来，精度比前者低。基本控制网按其作用又分为平面控制网和高程控制网，二者所用的测量仪器和测量方法完全不同，布点方案也有不同要求。专门测设平面控制网的工作称为平面控制测量，专门测设高程控制网的工作称为高程控制测量。因此，控制测量分为平面控制测量和高程控制测量两种。

控制测量的主要工作内容是：依据控制点的用途和作用在测区内布设控制网；进行外业测量；内业计算出待定点的平面坐标和高程，并对测量成果进行精度评定。

一、平面控制测量

平面控制测量是确定控制点的平面位置。平面控制网有国家控制网、城市控制网和小地区控制网。

1. 国家平面控制网

国家控制网是指在全国范围内建立的控制网，它是全国测图和工程建设的基本控制网，同时也为空间科学技术和军事提供精确的点位坐标、距离、方位资料。国家控制网分为一等、二等、三等、四等，一等精度最高，逐级降低。

我国原有的国家平面控制网首先是一等天文大地锁网，如图 6－1 所示。在全国范围内大致按经线和纬线布设，形成间距约 200km 的格网，也叫一等三角锁，三角形的平均边长约 20km。二等三角网是在一等三角锁的环内全面布设的三角网，四周与一等三角网相连接，平均边长约 13km。一等、二等三角网组成国家平面控制网的基础。三等、四等三角网是以一等、二等三角网为基础加密而成，如图 6－2 所示。

建立平面控制网的常规方法有三角测量和导线测量。如图 6－3(a)所示，A、B、C、D、E、F 组成互相邻接的三角形，观测所有三角形的内角，并至少测量其中一条边长作为起算边，通过计算就可以获得它们之间的相对位置。这种三角形的顶点称为三角点，构成的网形称为三角网，进行这种测量称为三角测量。又如图 6-3(b)所示，在地面上选择一系列控制点 1,2,3,…依次用折线连接起来，测量各边的长度和各转折角，通过计算同样可以获得它们之间的相对位置。这种控制点称为导线点，进行这种控制测量称为导线测量。

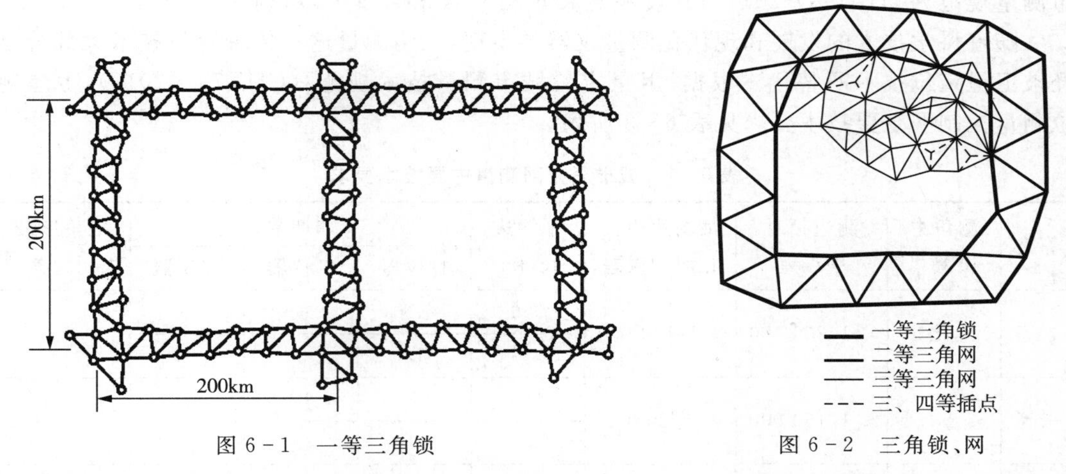

图 6-1　一等三角锁

图 6-2　三角锁、网

平面控制网除了经典的三角测量和导线测量外，还有卫星大地测量。目前常用的是 GPS 卫星定位。如图 6-3(c)所示，在 A、B、C、D 控制点上，同时接收 GPS 卫星 S_1，S_2，S_3，S_4，…发射的无线电信号，从而确定地面点位，称为 GPS 测量。

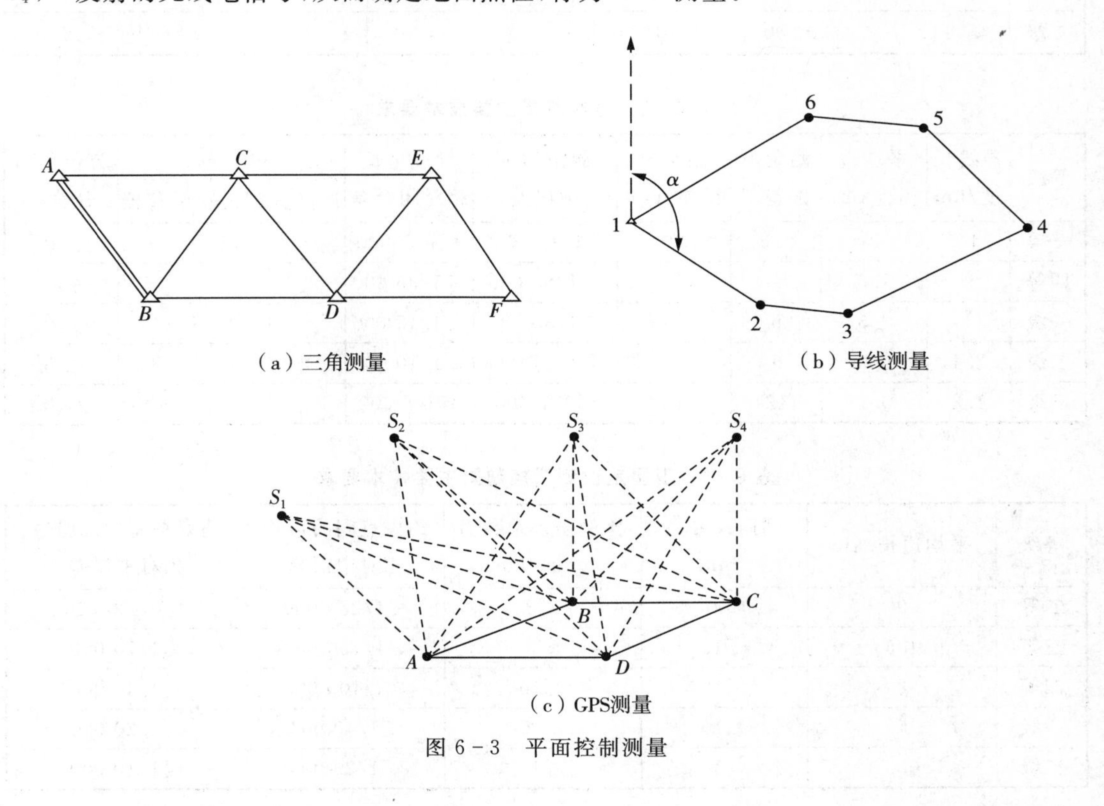

(a) 三角测量

(b) 导线测量

(c) GPS测量

图 6-3　平面控制测量

2. 城市控制网

国家平面控制网密度较小，难以满足城市建设发展的需要。因此，为满足大比例地形测量，建立了我国城市控制网作为城市规划、施工放样的测量依据。城市平面控制网可分为二、三、四等三角网或一、二、三级导线，然后再布设图根小三角网或图根导线。按照《城市测量规范》(CJJ/T 8—2011)，其技术要求见表 6－1 和表 6－2 所列。

随着科学技术的发展和现代化测量仪器的出现，三角测量这一传统定位技术大部分已经被卫星定位技术所替代。根据《卫星定位城市测量技术规范》(CJJT73—2010)，卫星定位测量控制网主要技术要求见表 6－3 所列。

表 6－1　城市三角网测量主要技术要求

等级	测角中误差/"	测边相对中误差	最弱边边长相对中误差	平均边长/km	测回数			三角形最大闭合差/"
					1"仪器	2"仪器	6"仪器	
二等	≤±1	≤1/250 000	≤1/120 000	>9	15	—	—	≤±3.5
				≤9	12	—	—	
三等	≤±1.8	≤1/150 000	≤1/80 000	>5	9	12	—	≤±7
				≤5	6	9	—	
四等	≤±2.5	≤1/100 000	≤1/45 000	>2	6	9	—	≤±9
				≤2	4	6	—	
一级	≤±5	≤1/40 000	≤1/20 000	—	—	2	6	≤±15
二级	≤±10	≤1/20 000	≤1/10 000	—	—	1	2	≤±30

表 6－2　导线测量主要技术要求

等级	导线长度/km	平均边长/km	测角中误差/"	测距中误差/mm	测距相对中误差	导线全长相对闭合差	测回数			方位角闭合差/"
							1"仪器	2"仪器	6"仪器	
三等	14	3	1.8	20	≤1/150 000	≤1/55000	6	10	—	$3.6\sqrt{n}$
四等	9	1.5	2.5	18	≤1/80 000	≤1/35 000	4	6	—	$5\sqrt{n}$
一级	4	0.5	5	15	≤1/30 000	≤1/15 000	—	2	4	$10\sqrt{n}$
二级	2.4	0.25	8	15	≤1/14 000	≤1/10 000	—	1	3	$16\sqrt{n}$
三级	1.2	0.1	12	15	≤1/7 000	≤1/5 000	—	1	2	$24\sqrt{n}$

表 6－3　卫星定位测量控制网主要技术要求

等级	平均边长/km	同向误差 A/mm	比例误差系数 B/(mm/km)	约束点间的边长相对中误差	约束平差后最弱边相对中误差
二等	9	≤0	≤2	≤1/250 000	≤1/120 000
三等	4.5	≤10	≤5	≤1/150 000	≤1/70 000
四等	2	≤10	≤10	≤1/100 000	≤1/40 000
一级	1	≤10	≤20	≤1/40 000	≤1/20 000
二级	0.5	≤10	≤40	≤1/20 000	≤1/10 000

3. **小地区控制网**

面积在 15km^{2}以内建立的控制网，称为小地区控制网。小地区控制网一般与国家或城市控制网相连接，若测区内或附近无高级控制点，也可以建立独立控制网。小地区控制网应视测区的大小和工程要求，分级建立测区首级控制及图根控制，在全测区内建立统一的最高精度的控制网，叫首级控制网。根据测区的范围大小一般可布设一、二级小三角，一、二级小三边或一、二、三级导线作为首级控制，然后再布设图根小三角或图根导线，也可以用定点交会法加密控制点。

直接用于测图的控制点叫图根控制点。测图控制点的密度要根据地形条件及测图比例尺来决定，见表 6－4 和表 6－5 所列。

表 6－4　图根导线技术要求

比例尺	附合导线长度/m	平均边长/m	往返丈量较差相对误差	导线全长相对闭合差	测回数 DJ_6	方向角闭合差/"
1∶500	500	75	≤1/3 000	≤1/2 000	1	$\pm 60\sqrt{n}$
1∶1 000	1 000	120				
1∶2 000	2 000	200				

表 6－5　图根点密度

测图比例尺	1∶500	1∶1 000	1∶2000	1∶5 000
每平方公里图根点数	150	50	15	5

二、高程控制网

建立高程控制网的主要方法是水准测量。在山区可采用三角高程测量的方法来建立高程控制网，这种方法不受地形起伏的影响，工作速度快，但其精度水准测量低。由于全站仪的出现，在地形复杂地区现在常采用全站仪高程控制测量或称 EDM 高程控制测量来代替二等以下水准测量。

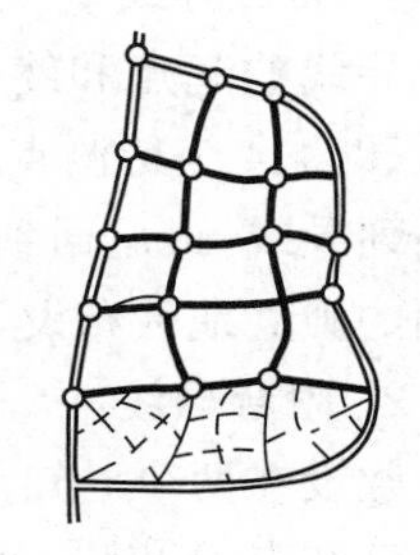

图 6－4　高程控制网

国家水准测量分为一、二、三、四等，逐级布设，如图 6－4 所示。一、二等水准测量是用高精度水准仪和精密水准测量方法进行施测，其成果作为全国范围的高程控制之用。三、四等水准测量除用于国家高程控制网的加密外，在小地区用于建立首级高程控制网。

为了城市建设的需要所建立的高程控制称为城市水准测量，采用二、三、四等水准测量及直接为测地形图用的图根水准测量，其技术要求见表 6－6 所列。

图根点高程，一般采用图根水准测量方法测定；当用水准测量困难而基本等高距大于 1m 时，也可用三角高程测定。

表 6-6　城市水准测量与图根水准测量主要技术要求

等级	每公里高差中误差/mm	附合路线长度/km	水准仪型号	水准尺	观测次数	往返较差或附合环线闭合差	
						平地	山地
二等	±2	—	DS_1	铟瓦	往返观测	$4\sqrt{L}$	
三等	±6	≤50	DS_1	铟瓦	往返观测	$12\sqrt{L}$	$4\sqrt{n}$
四级	±10	≤16	DS_3	双面	单程测量	$20\sqrt{L}$	$6\sqrt{n}$
图根	±20	—	DS_3	双面	单程测量	$30\sqrt{L}$	$12\sqrt{n}$

注：L 为水准路线的长度，单位 km；n 为测站数。

第二节　导线测量

一、导线测量的基本概念

依相邻次序地面上所选定的点连接成折线形式，测量各线段的边长和转折角，再根据起始数据用坐标传递方法确定各点平面位置的测量工作称为导线测量。导线测量布设灵活，要求通视方向少，边长可直接测定，适宜布设在视野不够开阔的地区，如城市、厂区、矿山建筑区、森林，也适用于狭长地带的控制测量，如铁路、隧道、渠道等。随着全站仪的普及，一测站可同时完成测距、测角。导线测量方法广泛地用于控制网的建立，特别是图根导线的建立，并成为主要测量方法。

导线测量的布设形式有以下 4 种。

1. 闭合导线

导线的起点和终点为同一个已知点，形成闭合多边形。如图 6-5 所示，A 点为已知点，1、2、3、4 为待测点，α_{AB} 为已知方位角。即从一个已知边 AB 和一个已知点 B 出发，经过一系列导线，最后回到起始点，形成一个闭合的多边形，称为闭合导线。闭合导线一般在小范围的独立地区布设，该导线可进行导线转角测量的检核和导线点坐标计算检核。

2. 附合导线

敷设在两个已知点之间的导线称为附合导线。如图 6-5 所示，从一条已知边 AB 的一个已知点 B 出发，经过一系列导线点 5、6、7、8，最后附合到另一已知边 CD 的一个已知点 C 上，称为附合导线。

3. 支导线

支导线也称自由导线，它从一个已知点出发不回到原点，也不附合到另外已知点。如图 6-5 所示，从一个已知边 CD 的一个已知点 C 出发，经过一系列导线点 9、10。由于支导线无法检核，故布设时应十分仔细，规范规定支导线不得超过三条边。

4. 导线网

由若干个闭合导线和附合导线组成的闭合网称为导线网。导线网检核条件多，精度较高，多用于城市控制网。在地形复杂地区的高精度控制网，也适宜布设成导线网的形式。

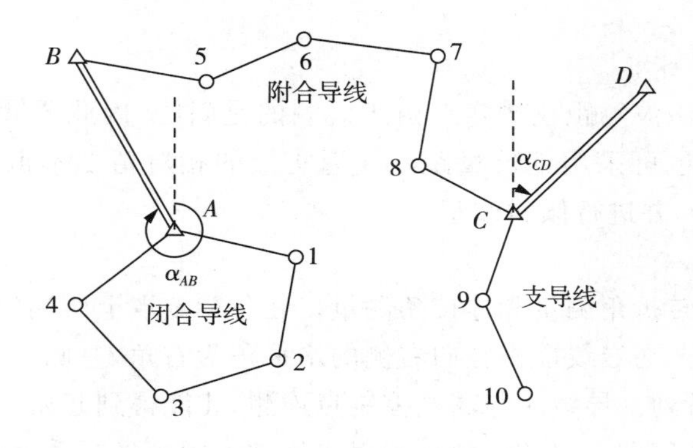

图 6-5　导线形式

二、导线测量外业工作

导线测量外业工作包括踏勘选点、角度测量、边长测量。

1. 踏勘选点

在踏勘选点前应尽量搜集测区的有关资料，如地形图、已有控制点的坐标和高程等。在图纸上初步规划导线布设方案，然后到现场选点，埋设标志。选点时，应注意以下事项：

(1)导线点应选在土质坚硬，能长期保存和便于安置测量仪器的地方。

(2)相邻导线点间通视良好，便于测角、量边。

(3)导线点视野开阔，便于测绘周围地物和地貌。

(4)导线点数量足够、密度均匀、方便测量，即导线边长应大致相等，避免过长、过短，相邻边长之比不应超过三倍。

导线点选定后，应在地面上建立标志，并沿导线走向顺序编号，绘制导线略图。对等级导线点应按规范埋设混凝土桩，如图 6-6(a)所示，在导线点附近的明显地物(房角、电杆)上用油漆注明导线点编号和距离，并绘制草图，注明尺寸，称为点之记，如图 6-6(b)所示。

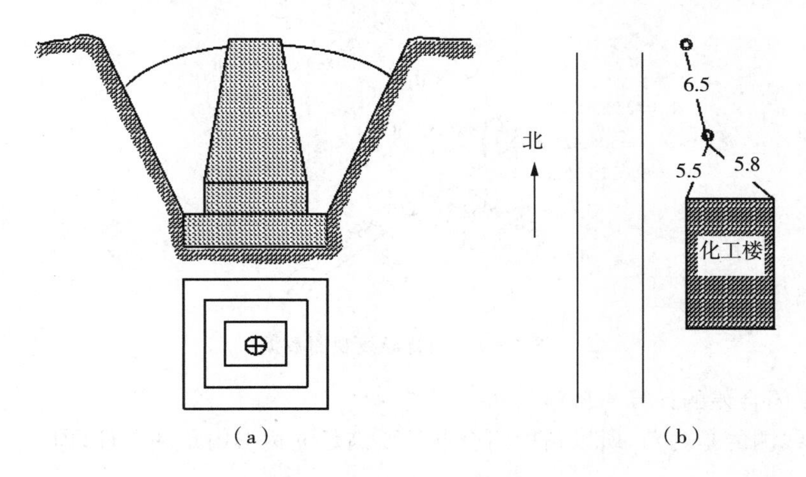

图 6-6　导线点

2. **外业测量**

(1)边长测量

导线边长常用电磁波测距仪测定。由于观测的是斜距,因此要同时观测竖直角,进行平距改正。图根导线也可采用钢尺量距。往返丈量的相对精度不得低于 1/3000,特殊困难地区允许为 1/1000,并进行倾斜改正。

(2)角度测量

导线角度测量有转折角测量和连接角测量。在各待定点上所测的角为转折角 β。这些角有左角和右角之分。在导线前进方向右侧的水平角为右角,左侧的为左角。角度测量的精度要求见表 6-2 所列。导线应与高级控制点连测,才能得到起始方位角,这一工作称为连接角测量,也称导线定向。目的是使导线点坐标纳入国家坐标系统或该地区统一坐标系统。附合导线与两个已知点连接,应测两个连接角。闭合导线和支导线只需要测一个连接角。对于独立地区周围无高级控制点时,可假定某点坐标,用罗盘仪测定起始边的磁方位角作为起算数据。

三、导线测量内业计算

导线内业计算之前,应全面检查导线测量外业工作、记录及成果是否符合精度要求。然后绘制导线略图,标注实测边长、转折角、连接角和起始坐标,以便于导线坐标计算,如图 6-7 所示。

内业计算中数字的取位,对于四等以下的小三角及导线,角值取至秒,边长及坐标取至毫米。

1. **闭合导线计算**

(1)准备工作

将校核过的外业观测数据及起算数据填入"闭合导线坐标计算表",见表 6-7 所列,起算数据用双线标明。

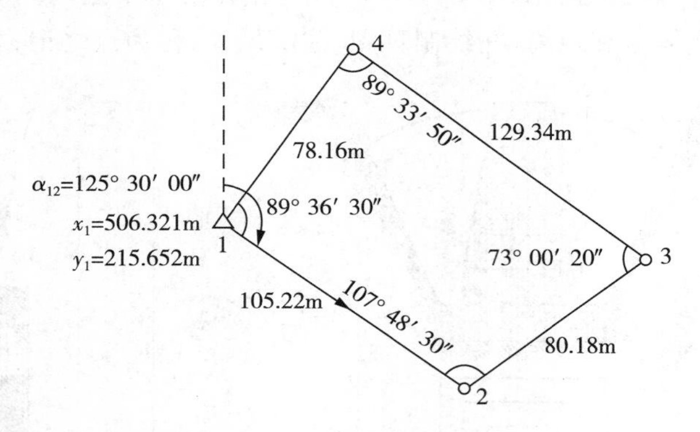

图 6-7　闭合导线观测数据

(2)角度闭合差的计算与调整

闭合导线测的是内角,所以角度闭合条件要满足 n 边形内角和条件,即

$$\sum \beta_{理} = (n-2) \times 180° \tag{6-1}$$

则，角度闭合差

$$f_\beta = \sum \beta_{测} - \sum \beta_{理} = \sum \beta_{测} - (n-2) \times 180° \tag{6-2}$$

图根导线闭合差容许值 $f_{\beta容}$，见表6-4所列。各级导线角度闭合差的容许值超过，则说明所测角度不符合要求，应重新检测角度。若不超过，可将闭合差反符号平均分配到各观测角中。改正后之内角和应为 $(n-2) \times 180°$，以作计算校核。

(3) 用改正后的导线左角或右角推算各边的坐标方位角

根据起始边的坐标方位角和改正后的内角按下式依次计算其他各导线边的坐标方位角。

$$\alpha_{前} = \alpha_{后} + 180° \pm \beta_{右}^{左} \tag{6-3}$$

式(6-3)中，β 为后—前导线边所夹的导线角，左角取"+"，右角取"−"。左右区分，就是面向前进方向(导线推算方向)，若导线角在前进方向的左手侧为左角，在右手侧为右角。

以上计算应注意：

① 若推算的坐标方位角大于 360°，应减去 360°；小于 0°，则加上 360°，以保证坐标方位角的值在 0° ～ 360°。

② 闭合导线各边坐标方位角的推算，最后推算出起始边坐标方位角，它应与原有的已知坐标方位角值相等，否则应重新检查计算。

(4) 坐标增量闭合差的计算与调整

① 坐标增量的计算

$$\Delta x_{12} = D_{12} \times \cos\alpha_{12}, \Delta y_{12} = D_{12} \times \sin\alpha_{12} \tag{6-4}$$

② 坐标增量闭合差的计算与调整

闭合导线纵、横坐标增量代数和的理论值应为零，实际上由于量边的误差和角度闭合差调整后的残余误差，往往不等于零(图 6-8)，而产生纵坐标增量闭合差与横坐标增量闭合差，即

$$f_x = \sum \Delta x_{测}, f_y = \sum \Delta y_{测} \tag{6-5}$$

由于 f_x，f_y 的存在，使导线不能闭合而出现相对的差值称为导线全长闭合差 f_D：

$$f_D = \pm\sqrt{f_x^2 + f_y^2} \tag{6-6}$$

仅从 f_D 的大小还不能反映导线测量的精度，应将 f_D 与导线全长 $\sum D$ 相比，以分子为 1 分数来表示导线全长相对闭合差，即

$$K = \frac{f_D}{\sum D} = \frac{1}{\frac{\sum D}{f_D}} \tag{6-7}$$

以导线全长相对闭合差 K 来衡量导线测量的精度，K 的分母越大则精度越高。不同等级的导线有不同的导线全长相对闭合差容许值。若 $K > K_{容}$，则说明成果不合格，首先应

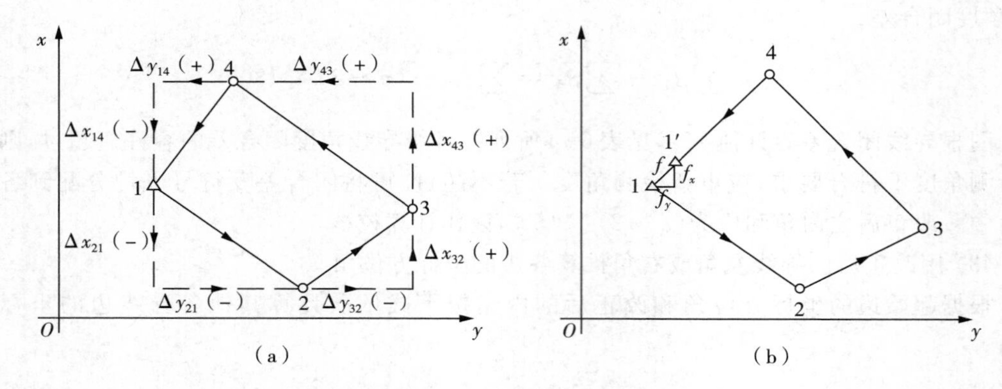

图 6-8　闭合导线坐标闭合差

检查内业计算有无错误，然后检查外业观测成果，必要时重测边长或角度。若 $K \leqslant K_{容}$，则说明测量符合精度要求，可以进行调整，即将 f_x，f_y 反符号按与边长成正比例分配到各边的纵、横坐标增量中去。即坐标增量改正计算为

$$v_{xi} = -\frac{f_x}{\sum D} \times D_i, v_{yi} = -\frac{f_y}{\sum D} \times D_i \tag{6-8}$$

纵、横坐标增量改正数之和应满足下式，以作计算校核：

$$\sum v_x = -f_x, \sum v_y = -f_y \tag{6-9}$$

算出各增量、改正数，填入表 6-7 所列的相应栏中。

(5) 计算各点导线点的坐标

$$x_{前} = x_{后} + \Delta x_{改}, y_{前} = y_{后} + \Delta y_{改} \tag{6-10}$$

将计算的坐标值填入表 6-7 所列的相应栏中。最后不应推算回到起点 1 的坐标，其值应与原坐标值相等，以作校核。

表 6-7　闭合导线坐标计算表

点号	(改正数)观测角 /° ′ ″	改正后的角值 /° ′ ″	坐标方位角 /° ′ ″	边长 /m	增量计算值		改正后的增量值		坐标		点号
					Δx/m	Δy/m	Δx/m	Δy/m	x/m	y/m	
1	2	3	4	5	6	7	8	9	10	11	12
1											1
2	+13 107 48 30	107 48 43	125 30 00	105.22	−2 −61.10	+2 +85.66	−61.12	+85.68	506.321	215.652	2
3	+12 73 00 20	73 00 32	53 18 43	80.18	−2 +47.90	+2 +64.30	+47.88	+64.32	445.20	301.33	3
4	+12 89 33 50	89 34 02	306 19 15	129.34	−3 +76.61	+2 −104.21	+76.58	−104.19	493.08	365.64	4

（续表）

点号	（改正数） 观测角 /° ′ ″	改正后的 角值 /° ′ ″	坐标 方位角 /° ′ ″	边长 /m	增量计算值		改正后的增量值		坐标		点号
					Δx/m	Δy/m	Δx/m	Δy/m	x/m	y/m	
1	+13 89 36 30	89 36 43	215 53 17	78.16	−2 −63.32	+1 −45.82	−63.34	−45.81	569.66	261.46	1
2			125 30 00						506.321	215.652	
∑	+50 359 59 10			392.90	+0.09	−0.07	0.00	0.00			
辅助计算	$f_\beta=\sum\beta_{测}-\sum\beta_{理}=-50''$ $f_{\beta容}=\pm60\sqrt{n}=\pm120''$ $f_x=\sum\Delta x_{测}=0.09\text{m}$ $f_y=\sum\Delta y_{测}=-0.07\text{m}$ $f_D=\pm\sqrt{f_x^2+f_y^2}=0.11\text{m}$ 导线相对闭合差 $K=\dfrac{1}{\dfrac{\sum D}{f_D}}=\dfrac{1}{3500}$ 容许相对闭合差 $K_{容}=\dfrac{1}{2000}$										

2. 附合导线计算

附合导线计算步骤与闭合导线基本相同，但由于导线形式和已知点分布不同，仅存在以下两点差别：角度闭合差的计算与坐标增量闭合差的计算。

如图6-9所示的附合导线中，A、B、C、D均为已知点，α_{BA}和α_{CD}分别为起边和终边的已知方位角，各已知数据均标在图中。计算表格见表6-8所列。其他计算步骤相同，现仅将不同之处说明如下。

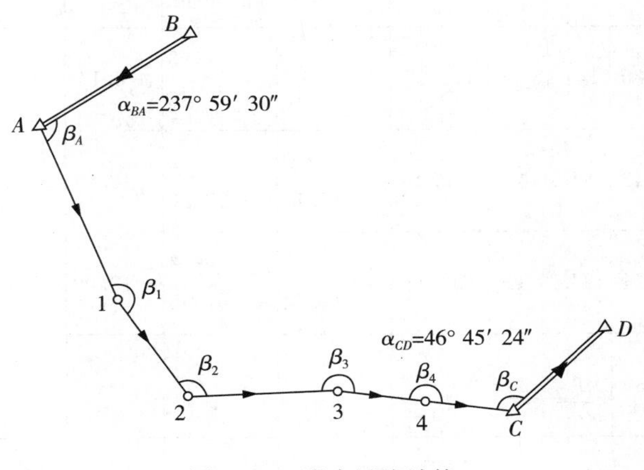

图6-9　附合导线计算

(1) 角度闭合差的计算

附合导线的角度闭合差是指坐标方位角的闭合差。

由已知边 BA 的坐标方位角 α_{BA}，应用观测的水平角 β_A，β_1，β_2，β_3，β_4，β_C 可以依次算出 $A-1$，$1-2$，$2-3$，$3-4$，$4-C$，$C-D$ 边的坐标方位，设推算出的 CD 边的坐标方位角为 α'_{CD}，则角度闭合差 f_β 为

$$f_\beta = \alpha'_{CD} - \alpha_{CD} \tag{6-11}$$

其分配原则与闭合导线相同。

(2) 坐标增量闭合差计算

由于附合导线是从一个已知点出发，附合到另一个已知点，因此，各边纵、横坐标增量的代数和理论上不等于零，而应等于起始两已知点的坐标之差。如果不相等，其差值即为附合导线的坐标增量闭合差，即

$$f_x = \sum \Delta x_{测} - (x_{终} - x_{始})$$

$$f_y = \sum \Delta y_{测} - (y_{终} - y_{始}) \tag{6-12}$$

表 6-8　附合导线坐标计算表

点号	(改正数)观测角 /° ′ ″	改正后的角值 /° ′ ″	坐标方位角 /° ′ ″	边长 /m	增量计算值		改正后的增量值		坐标		点号
					Δx/m	Δy/m	Δx/m	Δy/m	x/m	y/m	
1	2	3	4	5	6	7	8	9	10	11	12
B											B
A	+6 90 01 00	90 01 06	237 59 30	225.85	+5 −207.91	+4 +88.21	−207.86	+88.25	2507.69	1215.63	A
1	+6 167 45 36	167 45 42	157 00 36	139.03	+3 −113.57	−3 +80.20	−113.54	+80.17	2299.83	1303.80	1
2	+6 123 11 24	123 11 30	144 46 18	172.57	+3 +6.13	−3 −172.46	+6.16	−172.49	2186.29	1383.97	2
3	+6 189 20 36	189 20 42	87 57 48	100.07	+2 −12.73	−2 +99.26	−12.71	+99.24	2192.45	1556.40	3
4	+6 179 58 18	179 58 24	97 18 30	102.48	+2 −13.02	−2 +101.65	−13.00	+101.63	2179.74	1655.64	4
C	+6 129 27 24	129 27 30	46 45 24						2166.74	1757.27	C
D											D

（续表）

点号	（改正数）观测角 /° ′ ″	改正后的角值 /° ′ ″	坐标方位角 /° ′ ″	边长 /m	增量计算值 Δx/m	增量计算值 Δy/m	改正后的增量值 Δx/m	改正后的增量值 Δy/m	坐标 x/m	坐标 y/m	点号
$\sum$	+36 888 45 18	888 45 54		740.00	−314.10	+541.78	−314.95	+541.64			
辅助计算	$\alpha'_{CD}=46°44'48''$ $\alpha_{CD}=46°45'24''$ $f_\beta=\alpha'_{CD}-\alpha_{CD}=-24''$ $f_{\beta允}=\pm 60\sqrt{n}=\pm 147''$			$f_x=\sum \Delta x_{测}-(x_C-x_A)=-0.15\text{m}$ $f_y=\sum \Delta y_{测}-(y_C-y_A)=+0.14\text{m}$ $f_D=\pm\sqrt{f_x^2+f_y^2}=0.11\text{m}$ 导线相对闭合差 $K=\frac{1}{\frac{\sum D}{f_D}}=\frac{1}{3700}$ 容许相对闭合差 $K_{容}=\frac{1}{2000}$							

3. 角度闭合差超限检查方法

在导线测量中，角度闭合差超限要进行外业重测。首先要检查外业记录手簿，看是否

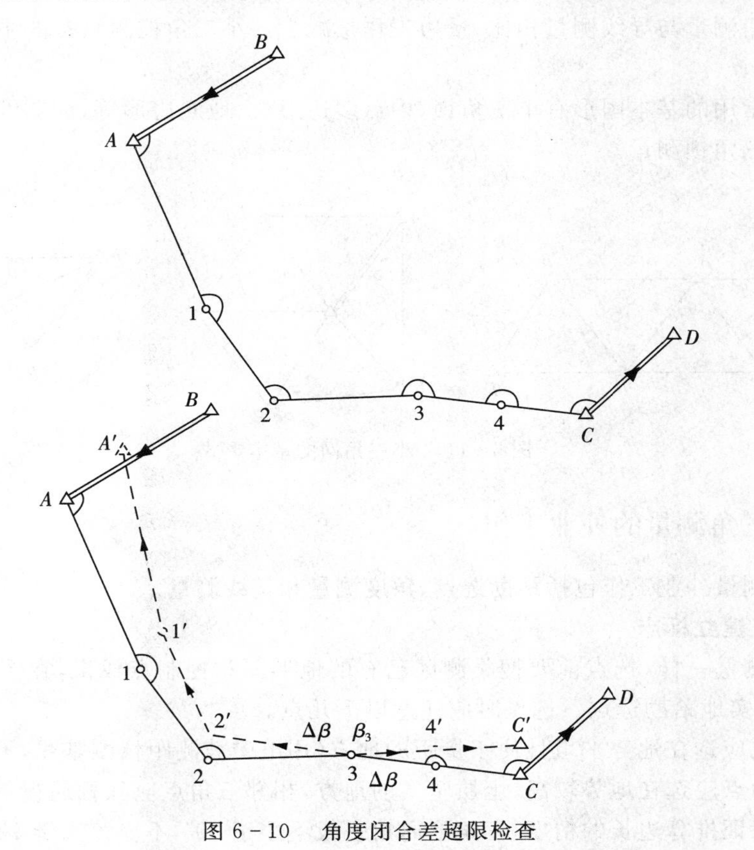

图 6－10　角度闭合差超限检查

有记错、算错的数据，再找外业测量本身的原因。但初学者往往不知道是哪一个角超限或者是否有多个角超限，只得全部重测，这样易造成财力、物力及人力的浪费。当只有一个角有较大误差时，可从观测数据中很容易发现是哪一个角超限。检查办法是将前次的推算路线反向之后重新推算各点坐标(注意：只推算，不进行角度闭合差和坐标增量的调整)，比较两次坐标计算结果。当发现某一点坐标非常接近时，说明该点的角度测量误差很大。如图6－10所示，假若3点角度测量误差较大，其余很小，则按$B-A-1-2-3-4-5-C-D$路线推算结果1,2,3点坐标准确，4,5点坐标偏离正确值；按$D-C-5-4-3-2-1-A-B$路线推算结果是5,4,3点坐标准确，2,1点坐标偏离正确值。因此，两次推算结果中，仅3点坐标相近，其余相差较大。若有多个测角误差较大，则仅从数据很难找出原因。

第三节　小三角测量

在视野开阔而不便量距的山区或丘陵地带，宜采用小三角测量建立平面控制网。所谓小三角控制测量就是在小范围内布设边长较短的小三角网，观测所有三角形的内角，丈量1～2条边(也叫基边)的长度，应用近似平差方法和正弦定理算出各三角形的边长，根据基线边的坐标方位角和已知点的坐标，按类似导线计算的方法，求出各三角点的坐标。它的主要特点是测角任务重，而减少了测边工作。小三角主要包括一、二级小三角及图根小三角。小三角测量与导线测量相比，量边工作量减少。小三角控制测量的主要技术指标见表6－1所列。

三角网常用的基本图形有单三角锁、中点多边形、大地四边形等，如图6－11所示。本节只介绍单三角锁测量。

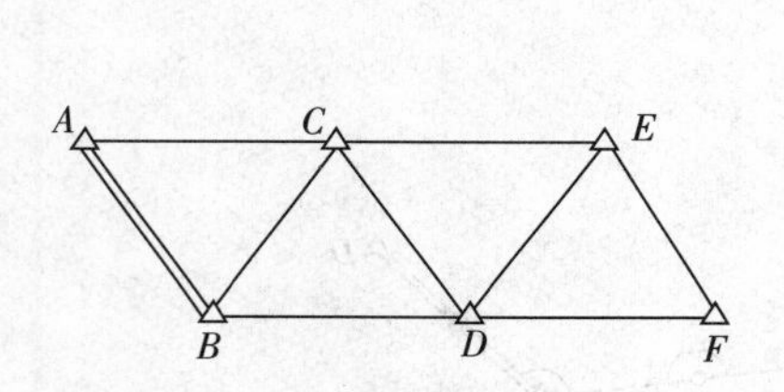

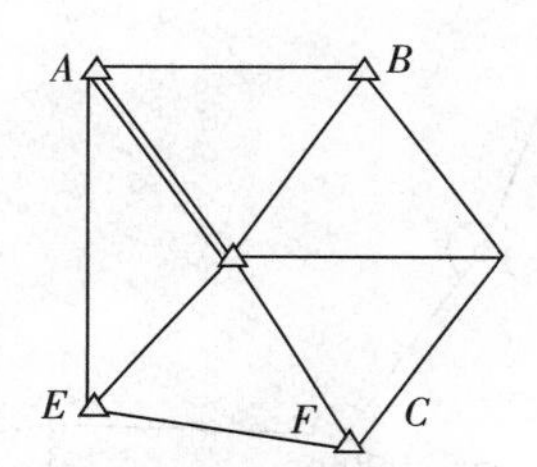

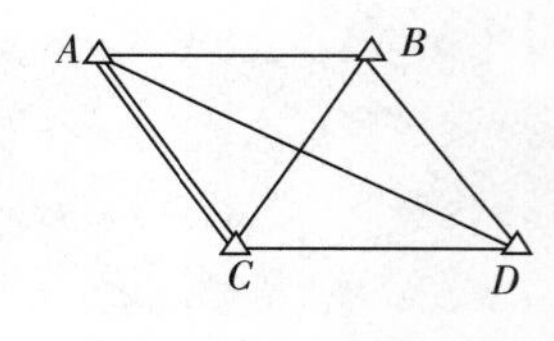

图6－11　小三角网的基本形式

一、小三角测量的外业工作

小三角测量外业工作包括踏勘选点、角度测量和基线测量。

1. 选点、建立标志

同导线测量一样，选点前要搜集测区已有的地形图和控制点成果，在图上初步拟定布网方案，再到实地踏勘选点。选点时应注意以下几点。

(1) 基线应选在地势平坦且便于量距的地方(用电磁波测距仪测基线，不受此限制)。

(2) 三角点应选在地势较高、土质坚实的地方，相邻三角点应互相通视。

(3) 为保证推算边长的精度，三角形内角一般不小于30°，不应该大于120°。

2. **角度测量**

角度测量是小三角测量的主要外业工作。有关技术指标见表 6－1 所列。三角点照准标志一般用花杆或小标杆，底部对准三角点标志中心，标杆用杆架或三根铅丝拉紧，并保证标杆垂直。当边长较短时，可用三个支架悬挂垂球，在垂球线上系一小花杆作为照准标志。

在控制点上，当观测方向是 2 个时，采用测回法测角；当观测方向为 3 个或 3 个以上时，采用全圆测回法。

角度测量时应随时计算各三角形角度闭合差，公式为

$$f_i=(a_i+b_i+c_i)-180^\circ \tag{6-13}$$

式中，i 为三角形序号。

若 f_i 超出表 6－1 所列的规定，应重测。角度观测结束后，按菲列罗公式计算测角中误差 m_β

$$m_\beta=\pm\sqrt{\frac{[f_if_i]}{3n}} \tag{6-14}$$

3. **基线测量**

一般采用电磁波测距仪测量三角网起始边的平距。若采用钢尺丈量时，要用精密丈量方法。

二、小三角测量内业计算

小三角测量内业计算包括外业成果的整理、检查以及角度、边长和坐标平差计算。一般图根小三角测量计算采用近似平差，一、二级小三角测量用严密平差。下面主要介绍图根三角锁的近似平差计算方法。

1. **绘制小三角测量略图**

如图 6－12 所示为单三角锁略图。图中 D_0 或 D_n 是起始边。从第一个三角形开始，由 D_0 按正弦定律推算与下一个三角形的邻边边长，该边长即为第二个三角形的已知边，这种相邻边称为传距边。依次类推，即可推出所有三角形的边长。为了方便，三角形内角按以下规定编号：已知边所对的角为 b_i，待求边所对的角为 a_i，第三边所对的角为 c_i，a_i、b_i 称为传距角，c_i 称为间隔角。

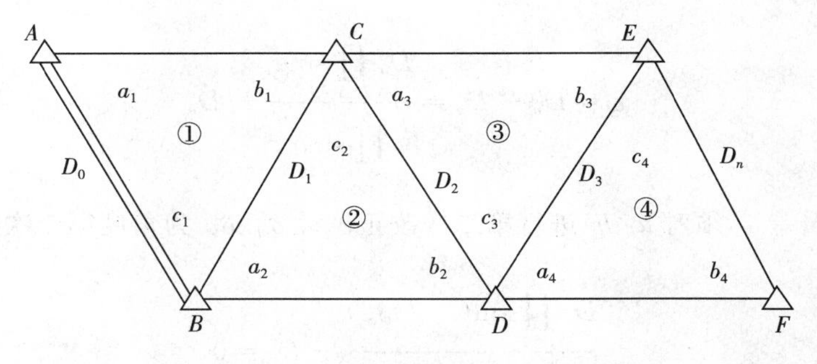

图 6－12　单三角锁略图及编号

2. 角度闭合差的计算与调整

设 a_i'、b_i'、c_i' 为第 i 个三角形的角度观测值,则各三角形的角度闭合差用式(6-13)计算,图根小三角测量角度闭合差容许值 $f_{\beta容} \leqslant 60''$。若 $f_i \leqslant f_{\beta容}$,则进行角度闭合差调整;否则,该三角形的内角要进行外业重测。

设各角度第一次改正数为 V_{ai}、V_{bi}、V_{ci}。因各角为同精度观测,各改正数应相等。则

$$V_{ai} = V_{bi} = V_{ci} = -f_i/3$$

改正数取至秒位。第一次改正后的角值为

$$\left.\begin{aligned} a_i &= a_i' + v_{ai} \\ b_i &= b_i' + v_{bi} \\ c_i &= c_i' + v_{ci} \end{aligned}\right\} \tag{6-15}$$

经过第一次改正后的角度应满足三角形闭合条件,即

$$a_i + b_i + c_i - 180° = 0 \tag{6-16}$$

3. 基线闭合差的计算与调整

根据基线 D_0 和第一次改正后的角值 a_i、b_i,按正弦定理推算另一条基线 D_n',过程如下:

$$D_1' = D_0 \frac{\sin a_1}{\sin b_1}$$

$$D_2' = D_1' \frac{\sin a_2}{\sin b_2} = D_0 \frac{\sin a_1 \sin a_2}{\sin b_1 \sin b_2}$$

$$\vdots$$

$$D_n' = D_0 \frac{\sin a_1 \sin a_2 \cdots \sin a_n}{\sin b_1 \sin b_2 \cdots \sin b_n} = \frac{D_0 \prod_{i=1}^{n} \sin a_i}{\prod_{i=1}^{n} \sin b_i}$$

计算的第二条基线 D_n' 应与实测的 D_n 相等,但由于第一次改正后的角度仍有误差,所以往往 $D_n' \neq D_n$,从而产生基线闭合差 ω:

$$\omega = D_n' - D_n = \frac{D_0 \prod_{i=1}^{n} \sin a_i}{\prod_{i=1}^{n} \sin b_i} - D_n \tag{6-17}$$

为了消除误差 ω,须对 a_i、b_i 进行第二次改正。设 δ_{ai}、δ_{bi} 为角度第二次改正数,则

$$\frac{D_0 \prod_{i=1}^{n} \sin(a_i + \delta_{ai})}{\prod_{i=1}^{n} \sin(b_i + \delta_{bi})} - D_n = 0 \tag{6-18}$$

将式(6-18)按泰勒级数展开,取前两项,得

$$\left.\begin{aligned}\sin(a_i+\delta_{ai})&=\sin a_i+\frac{\delta_{ai}}{\rho}\cos a_i=\sin a_i\left(1+\frac{\delta_{ai}}{\rho}\cot a_i\right)\\ \sin(b_i+\delta_{bi})&=\sin b_i+\frac{\delta_{bi}}{\rho}\cos b_i=\sin b_i\left(1+\frac{\delta_{bi}}{\rho}\cot b_i\right)\end{aligned}\right\}\tag{6-19}$$

将式(6-19)代入式(6-18),得

$$\frac{D_0\prod_{i=1}^{n}\sin a_i}{\prod_{i=1}^{n}\sin b_i}\left(1+\frac{1}{\rho}\sum\cot a_i\delta_{ai}\right)\left(1+\frac{1}{\rho}\sum\cot b_i\delta_{bi}\right)^{-1}-D_n=0\tag{6-20}$$

因 δ_{bi} 很小,所以

$$\left(1+\frac{1}{\rho}\sum\cot b_i\delta_{bi}\right)^{-1}\approx\left(1-\frac{1}{\rho}\sum\cot b_i\delta_{bi}\right)$$

将上式代入式(6-20),得

$$\frac{D_0\prod_{i=1}^{n}\sin a_i}{\prod_{i=1}^{n}\sin b_i}\left(1+\frac{1}{\rho}\sum\cot a_i\delta_{ai}-\frac{1}{\rho}\sum\cot b_i\delta_{bi}\right)-D_n=0$$

即

$$\frac{D_n\prod_{i=1}^{n}\sin b_i}{D_0\prod_{i=1}^{n}\sin a_i}-1=\frac{1}{\rho}\left(\sum\cot a_i\delta_{ai}-\sum\cot b_i\delta_{bi}\right)\tag{6-21}$$

为使第二次改正后仍能满足三角形内角之和为180°,须使 δ_{ai}、δ_{bi} 大小相等,符号相反,所以令 $\delta_{ai}=-\delta_{bi}=v'$,基线闭合差为

$$\omega=\frac{D_n\prod_{i=1}^{n}\sin b_i}{D_0\prod_{i=1}^{n}\sin a_i}-1\tag{6-22}$$

则

$$v'=\frac{\omega\rho}{\sum\cot a_i+\sum\cot b_i}\tag{6-23}$$

第二次改正后的角度值 A_i、B_i、C_i 为

$$\left.\begin{aligned}A_i&=a_i+v'\\ B_i&=b_i-v'\\ C_i&=c_i\end{aligned}\right\}\tag{6-24}$$

4. **边长和坐标计算**

根据第二次改正后的角度和基线 D_0，按正弦定理计算三角形各边长。最后求得的 D_n' 应与 D_n 相等。求得各边长和改正后的角度，按闭合导线计算各点坐标。以图 6-12 所示为例，按上述推算步骤，角度和边长计算见表 6-9 所列，坐标计算见表 6-10 所列，表中所列坐标计算按 $A-C-E-F-D-B-A$ 闭合导线进行。

表 6-9　三角锁闭合差调整与计算

三角形编号	角号	角度观测值 /° ′ ″	第一次改正 /″	第一次改正后角值 /° ′ ″	cot a cot b	第二次改正 /″	第二次改正后角值 /° ′ ″	边长 /m
①	a	63 41 18	+3	63 41 21	0.49	+2	63 41 23	415.607
	b	51 13 44	+3	51 13 47	0.8	−2	51 13 45	361.478
	c	65 04 48	+4	65 04 52			65 04 52	420.475
	$\sum$	179 59 50	+10	180 00 00			180 00 00	
②	a	41 05 39	−2	41 05 37	1.15	+2	41 05 39	321.188
	b	58 16 12	−2	58 16 10	0.62	−2	58 16 08	415.607
	c	80 38 15	−2	80 38 13			80 38 13	482.138
	$\sum$	180 00 06	−6	180 00 00			180 00 00	
③	a	60 08 24	+4	60 08 28	0.57	+2	60 08 30	312.276
	b	63 07 34	+4	63 07 38	0.51	−2	63 07 36	321.188
	c	56 43 50	+4	56 43 54			56 43 54	301.061
	$\sum$	179 59 48	+12	180 00 00			180 00 00	
④	a	53 59 25	−3	53 59 22	0.73	+2	53 59 24	260.732
	b	75 35 28	−3	75 35 25	0.26	−2	75 35 23	312.276
	c	50 21 16	−3	50 21 13			50 21 13	248.188
	$\sum$	180 00 09	−9	180 00 00			180 00 00	
	$\sum$				5.13			
辅助计算	$\omega_D=-0.000048$ $\delta_a=\dfrac{\omega\rho}{\sum\cot a+\sum\cot b}=+\dfrac{9.90}{5.13}=+1.93\approx+2''$ $\delta_b=-\delta_a=-2''$							

表 6-10　三角锁坐标计算

三角点	转折角 /° ′ ″	方位角 /° ′ ″	边长 /m	坐标增量		坐标	
				Δx/m	Δy/m	x/m	y/m
B							
A	63 41 23	22 56 00				500.000	500.000
C	192 00 28	86 37 23	420.475	+24.768	+419.745	524.768	919.745
E	113 28 49	98 37 51	301.061	−45.180	+297.652	479.588	1217.397
F	75 39 23	32 06 40	260.732	+220.845	+138.595	700.433	1355.992
D	168 59 26	287 46 03	248.189	+75.736	−236.351	776.169	1119.641
B	106 10 31	276 48 29	482.138	+56.737	−478.788	832.906	640.853
A		22 56 00	361.476	−332.906	−140.853	500.000	500.000

第四节　交会测量

当控制点不能满足工程需要时，可用交会法加密控制点，这种定点工作称为交会测量。交会测量分测角交会定点、距离交会定点和边角交会定点三种形式。在测角交会中又分三种形式，即前方交会、侧方交会和后方交会。本节主要介绍前方交会、侧方交会、后方交会以及测边交会定点。

一、前方交会

前方交会是指在已知点 A、B 分别对待定点 P 观测水平角 α、β，以计算待定点 P 的坐标，如图 6-13(a) 所示。为了进行检核和提高点位精度，在实际工作中，通常要在三个控制点上进行交会，用两个三角形分别计算待定点的坐标，既可取其平均值为所求结果，也可根据两者的差值判定观测结果是否可靠。

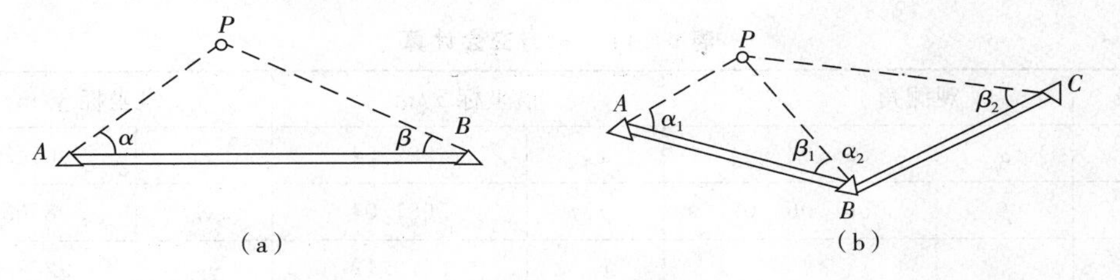

图 6-13　前方交会

现在以图 6-13(b) 所示为例来说明前方交会定点方法，其具体步骤如下：

1. 根据已知坐标计算已知边 AB 的方位角和边长

$$\alpha_{AB}=\arctan\frac{y_B-y_A}{x_B-x_A}$$

$$D_{AB}=\sqrt{(x_B-x_A)^2+(y_B-y_A)^2} \tag{6-25}$$

2. 推算 AP 和 BP 边的坐标方位角和边长

$$\left.\begin{aligned} D_{AP}&=\frac{D_{AB}\sin\beta}{\sin[180^\circ-(\alpha+\beta)]}\\ D_{BP}&=\frac{D_{AB}\sin\alpha}{\sin[180^\circ-(\alpha+\beta)]}\end{aligned}\right\} \tag{6-26}$$

$$\left.\begin{aligned} \alpha_{AP}&=\alpha_{AB}-\alpha\\ \alpha_{BP}&=\alpha_{BA}+\beta\end{aligned}\right\} \tag{6-27}$$

3. 计算 P 点坐标

分别由 A 点和 B 点按式(6－28) 推算 P 点坐标，并校核。

$$\left.\begin{aligned} x_P&=x_A+D_{AP}\cos\alpha_{AP}\\ y_P&=y_A+D_{AP}\sin\alpha_{AP}\\ x_P&=x_B+D_{BP}\cos\alpha_{BP}\\ y_P&=y_B+D_{BP}\sin\alpha_{BP}\end{aligned}\right\} \tag{6-28}$$

应用电子计算器直接计算 P 点坐标可用式(6－29)，公式推导从略。

$$\left.\begin{aligned} x_P&=\frac{x_A\cot\beta+x_B\cot\alpha+(y_B-y_A)}{\cot\alpha+\cot\beta}\\ y_P&=\frac{y_A\cot\beta+y_B\cot\alpha+(x_B-x_A)}{\cot\alpha+\cot\beta}\end{aligned}\right\} \tag{6-29}$$

应用式(6－29) 时，要注意 A、B、P 的点号须按逆时针次序排列，如图 6－13(b) 所示。A、B、P 的点号按顺时针次序排列时，式(6－29) 中的 A、B 数据要交换使用。算例见表 6－11 所列。

表 6－11　前方交会计算

点号	观测角 /° ′ ″		横坐标 x/m		纵坐标 y/m	
A	α	53　07　44	x_A	4992.54	y_A	9674.50
B	β	56　06　07	x_B	5681.04	y_B	9850.00
P			x_{P1}	5479.12	y_{P1}	9282.88
B	α	35　27　40	x_B	5681.04	y_B	9850.00
C	β	66　41　00	x_C	5856.24	y_C	9233.51
P			x_{P2}	5479.12	y_{P2}	9282.84
校核	$f_{容}=\pm0.4$ $f_{计算}=0.03$		平均 x_P	5479.12	平均 y_P	9282.86

二、侧方交会

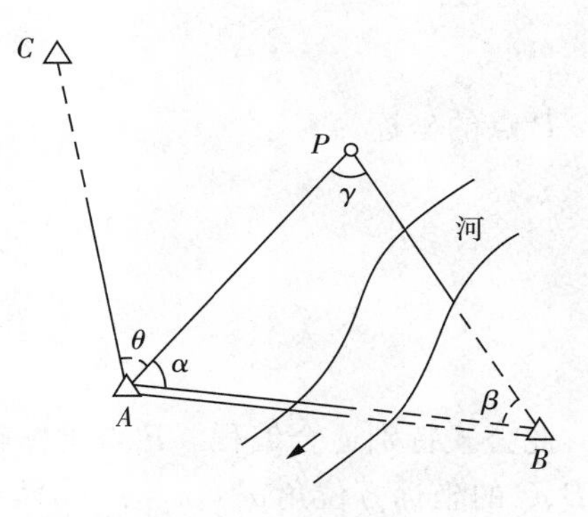

图 6-14　侧方交会

侧方交会与前方交会相似，它是在一个已知控制点（如 A 点）和一个待定点（如 P 点）上观测水平角 α、γ，以计算待定点的坐标，如图 6-14 所示。为了进行检核，一般还在待定点观测第三个控制点方向的水平角 θ 以作检查。

侧方交会与前方交会的基本原理一样，计算时只需要计算 $\beta=180°-(\alpha+\gamma)$，再按公式（6-29）计算 P 点坐标。

三、后方交会

后方交会是指在待定点上向三个已知点进行水平角观测，然后根据两个水平角观测值和三个已知点的坐标，以计算待定点的坐标。如图 6-15 所示，A、B、C 为已知点，在待定点 P 上安置仪器，观测 P 点至 A、B、C 各个方向的水平角 α、β、γ，再根据已知点坐标，推算出 P 点的坐标。测量上把不在一条直线上的三个已知点构成的圆称为危险圆，当 P 点位于圆上时，无法测定。因此，在选定 P 点位置时，应避免 P 点落在危险圆上。为了提高交会点的精度，待定点上的交会角应大于 30° 和小于 120°，水平角应按方向观测法观测 2 个测回。

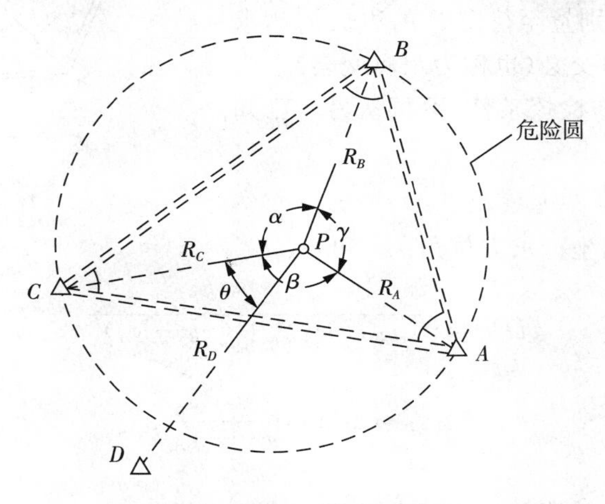

图 6-15　后方交会

测角后方交会计算坐标的方法很多，下面介绍一种适合于编程计算的方法。

设 A、B、C 为三个已知点构成的三角形的三个内角，α、β、γ 为未知点 P 上的三个角，其对边分别为 BC、CA、AB，且 $\alpha+\beta+\gamma=360°$。则

$$p_A=\frac{1}{\cot A-\cot\alpha}$$

$$p_B=\frac{1}{\cot B-\cot\beta}$$

$$p_C = \frac{1}{\cot C - \cot\gamma} \tag{6-30}$$

P 点的坐标为

$$\left.\begin{aligned} x_P &= \frac{p_A x_A + p_B x_B + p_C x_C}{p_A + p_B + p_C} \\ y_P &= \frac{p_A y_A + p_B y_B + p_C y_C}{p_A + p_B + p_C} \end{aligned}\right\} \tag{6-31}$$

此公式特别适合编程。P 点坐标解算出来后，可通过坐标反算求得 P 点至三个已知点 A、B、C 的坐标方位角 α_{PA}、α_{PB}、α_{PC}，然后用下列等式作检核计算：

$$\begin{aligned} \alpha &= \alpha_{PB} - \alpha_{PC} \\ \beta &= \alpha_{PC} - \alpha_{PA} \\ \gamma &= \alpha_{PA} - \alpha_{PB} \end{aligned} \tag{6-32}$$

四、测边交会定点

随着电磁波测距的广泛使用，测边交会也成为加密控制点的一种常用方法。如图 6-16 所示，在两个已知点 A、B 上分别量至待定 P 的边长 a、b，求解 P 点坐标，称为测边交会(也称为距离交会)。为了提高测量精度和增加检核条件，可再从另一已知点 C，第二次求得 P 点坐标。

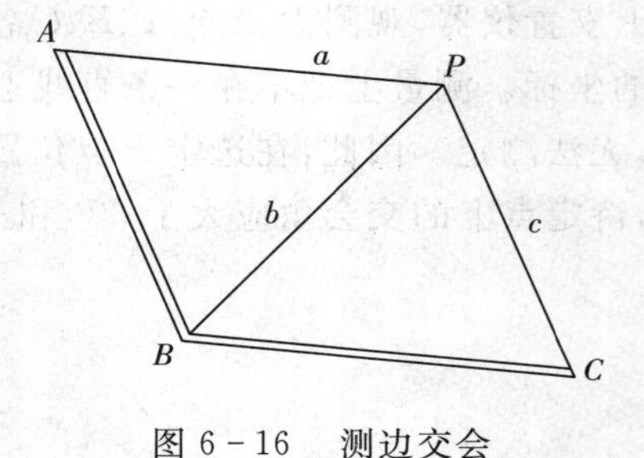

图 6-16　测边交会

测边交会计算过程如下：

1. 利用 A、B 已知坐标求方位角 α_{AB} 和 D_{AB}。

$$D_{AB} = \sqrt{(x_B - x_A)^2 + (y_B - y_A)^2}$$

$$\alpha_{AB} = \arctan\frac{y_A - y_B}{x_A - x_B}$$

2. 利用余弦定理，计算角 A 和 AP、BP 的坐标方位角 α_{AP}、α_{BP}。

$$\left.\begin{aligned} \cos A &= \frac{D_{AB}^2 + a^2 - b^2}{2D_{AB} \cdot a} \\ \alpha_{AP} &= \alpha_{AB} - A = \alpha_{AB} - \arccos A \\ \alpha_{BP} &= \alpha_{BA} - B = \alpha_{BA} - \arccos A \end{aligned}\right\} \tag{6-33}$$

3. 与前方交会最后一个步骤相同，分别从已知点 A、B 计算待定点 P 的坐标，所得结果应相同，以此作为计算检核条件。

$$\left.\begin{aligned} x_P &= x_A + D_{AP}\cos\alpha_{AP} \\ y_P &= y_A + D_{AP}\sin\alpha_{AP} \\ x_P &= x_B + D_{BP}\cos\alpha_{BP} \\ y_P &= y_B + D_{BP}\sin\alpha_{BP} \end{aligned}\right\} \tag{6-34}$$

第五节　三角高程测量

当地面两点间地形起伏较大而不便于施测水准时，可应用三角高程测量的方法测定两点间的高差而求得高程。该法较水准测量精度低，常用于山区各种比例尺测图的高程控制。

一、三角高程测量原理

三角高程测量原理是根据测站与待测点两点间的水平距离和测站向目标点所观测的竖直角来计算两点间的高差。

如图6-17所示，已知A点高程HA，欲求B点高程HB。将仪器安置在A点，照准目标顶端M，测得竖直角α，量取仪器高i和目标高v。如果测得AM之间的距离D'，则高差h_{AB}为

$$h_{AB} = D'\sin\alpha + i - v \tag{6-35}$$

如果两点间的平距为D，则A、B高差为

$$h_{AB} = D\tan\alpha + i - v \tag{6-36}$$

B点高程为

$$H_B = H_A + h_{AB} \tag{6-37}$$

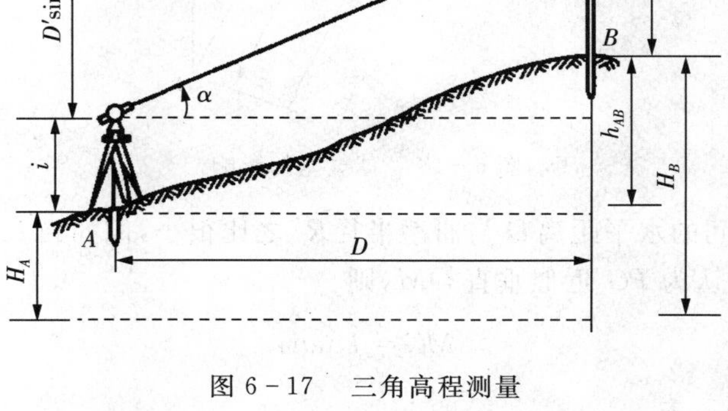

图6-17　三角高程测量

二、地球曲率和大气折光对高差的影响

上述公式是在把水准面当作水平面、观测视线是直线的条件下导出的，当地面两点间的距离小于 300m 时是适用的。两点间距离大于 300m 时就要顾及地球曲率，并加以曲率改正，简称为球差改正。同时，观测视线受大气垂直折光的影响而成为一条向上凸起的弧线，必须加以大气垂直折光差改正，简称为气差改正。以上两项改正合称为球气差改正。

如图 6-18 所示，O 为地球中心，R 为地球曲率半径（$R=6371\text{km}$），A、B 为地面上两点，D 为 A、B 两点间的水平距离，R' 为过仪器高 P 点的水准面曲率半径，PE 和 AF 分别为 P 点和 A 点的水准面。实际观测竖直角 α 时，水平线交于 G 点，GE 就是由于地球曲率而产生的高程误差，即球差，用符号 C 表示。由于大气折光影响，来自目标 N 的光沿弧线 PN 进入望远镜，而望远镜却位于弧线 PN 的切线 PM 上，MN 即为大气垂直折光带来的高程误差，即气差，用符号 γ 表示。

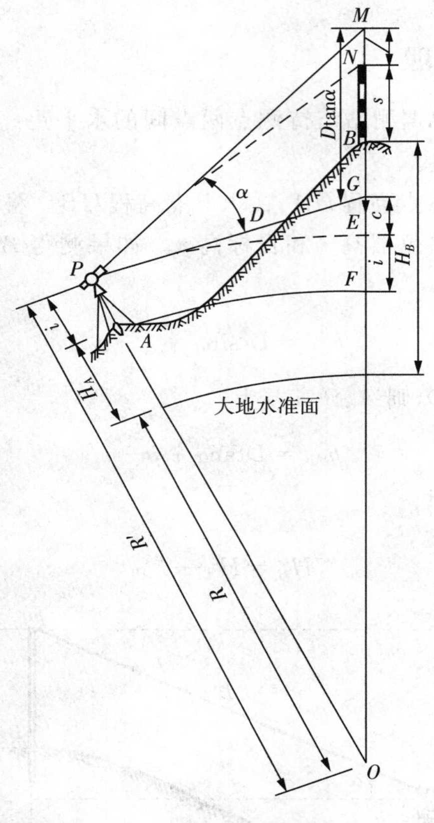

图 6-18　球气差的影响

由于 A、B 两点间的水平距离 D 与曲率半径 R' 之比很小，例如当 $D=3\text{km}$ 时，其所对圆心角约为 $2.8'$，故可认为 PG 近似垂直 OM，则

$$MG=D\tan\alpha$$

于是，A、B 两点的高差为

$$h = D\tan\alpha + i - s + c - \gamma \tag{6-38}$$

令 $f = c - \gamma$,则公式为

$$h = D\tan\alpha + i - s + f \tag{6-39}$$

从图 6-18 所示可知

$$(R' + c)^2 = R'^2 + D^2$$

即

$$c = \frac{D^2}{2R' + c}$$

c 与 R' 相比很小,可略去,并且考虑到 R' 与 R 相差甚小,故以 R 代替 R',则上式为

$$c = \frac{D^2}{2R}$$

根据研究,因为大气垂直折光而产生的视线变曲的曲率半径约为地球曲率半径的 7 倍,则

$$\gamma = \frac{D^2}{14R}$$

球气差改正为

$$f = c - \gamma = \frac{D^2}{2R} - \frac{D^2}{14R} \approx 0.43\frac{D^2}{R} = 6.7D^2(\text{cm}) \tag{6-40}$$

式中,水平距离 D 以 km 为单位。

表 6-12 所列给出了 1km 内不同距离的球气差改正数。三角高程测量一般都采用对向观测,即由 A 点观测 B 点,再由 B 点观测 A 点,取对向观测所得高差绝对值平均可抵消两差的影响。

表 6-12　球气差改正数

D/km	0.1	0.2	0.3	0.4	0.5	0.6	0.7	0.8	0.9	1.0
$f=6.7D^2$/cm	0	0	1	1	2	2	3	4	6	7

三、三角高程测量的观测和计算

1. 三角高程测量的测站观测工作

(1) 安置经纬仪于测站上,量取仪器高 i 和目标高 v。

(2) 当中丝瞄准目标时,将盘水准管气泡居中,读取竖盘读数。必须以盘左、盘右进行观测。

(3) 竖直观测测回数与限差应符合表 6-13 所列的规定。

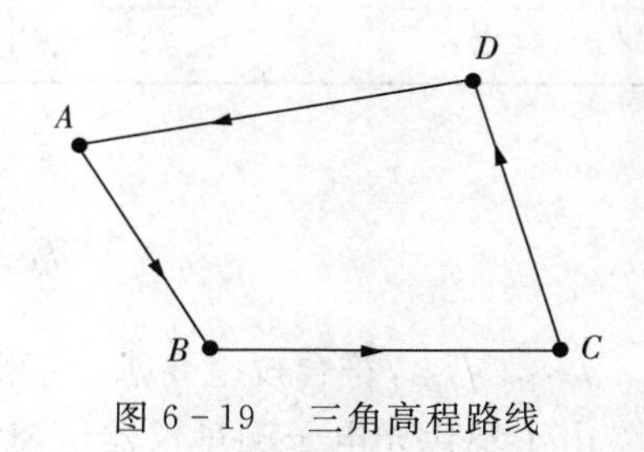

图 6-19　三角高程路线

（4）用电磁波测距仪测量两点间的倾斜距离 D'，或用三角测量方法计算两点间的水平距离 D。

表 6-13 竖直角观测测回数及限差

项目 \ 仪器 \ 等级	四等和一、二级小三角		一、二、三级导线	
	DJ_2	DJ_6	DJ_2	DJ_6
测回数	2	4	1	2
各测回数竖直角互差 /"	15	25	15	25

2. 三角高程测量计算

三角高程测量往返测所得的高差之差（经球气改正后）不应大于 $0.1D$（D 为边长，以千米为单位）。三角高程测量路线应组成闭合或附合路线。如图 6-19 所示，三角高程测量可沿 $A-B-C-D-A$ 闭合路线进行，每边均取对向观测。观测结果见表 6-14 所列，其路线高差闭合差 f_h 的容许值按下式计算：

$$f_{h容}=\pm 0.05\sqrt{\sum D^2} \quad (D\text{ 以千米为单位}) \tag{6-41}$$

若 $f_h < f_{h容}$，则将闭合差按与边长成正比例分配给各高差，再按平差后的高差推算各点的高程。

表 6-14 三角高程测量

起算点	A		B		C		D	
待求点	B		C		D		A	
	往	返	往	返	往	返	往	返
水平距离 D/m	581.38	581.38	488.01	488.01	567.92	567.92	486.93	486.93
竖直角 /° ′ ″	11 38 30	−11 24 00	6 52 15	−6 34 30	……	……	……	……
仪器高 i/m	1.44	1.49	1.49	1.50	……	……	……	……
目标高 v/m	−2.50	−3.00	−3.00	−2.50	……	……	……	……
两差改正 f/m	0.02	0.02	0.02	0.02	……	……	……	……
高差 h/m	118.74	−118.72	57.31	−57.23	……	……	……	……
平均高差 /m	118.73		57.27		−38.29		−137.75	

$$f_h=-0.04$$

$$f_{h容}=\pm 0.05\sqrt{1.14}=\pm 0.053$$

$f_h < f_{h容}$，符合规范要求，观测成果合格。

由于现代光电子测量仪器迅速发展，使测量方式发生了很大的变化，传统的三角高程测量已被电子测距三角高程测量(简称 EDM 高程测量)所取代,不仅速度快、精度高,而且工作强度很小。关于这方面的内容下节将详细介绍。

第六节　全站仪测量

全站仪是一种测量功能强大的光电测量仪器,广泛应用于各种测量工作中。

全站仪,即全站型电子测速仪,是由电子测角、光电测距、微处理器与机载软件组合而成的智能光电测量仪器。全站仪一次观测即可获得水平角、竖直角和斜距 3 种基本观测数据,而且借助仪器内的固化软件可以组成多种测量功能,如计算并显示平距、高差及镜站点的三维坐标,进行坐标测量、放样测量、悬高测量、偏心测量、对边测量、点到线测量、后方交会测量与面积计算等。由于仪器安置一次便可以完成一个测站上的所有测量工作,故被称为全站仪。

目前,全站仪已广泛应用于各种测量工作中,如控制测量、地形测量、地籍测量、房地产测绘、工程变形监测、施工放样测量等,给测绘工作者带来了极大的方便。通过传输接口把全站仪野外采集的数据导入计算机内,完成计算、编辑和制图等内业工作,即可实现测图的自动化,使整个测量工作更加快捷。

一、全站仪结构

从总体上看,全站仪由两大部分组成,即采集数据而设置的专用设备和过程控制机。只有当上述两大部分有机结合,才能真正地体现"全站"功能,其既要自动完成数据采集,又要自动处理数据和控制整个测量过程。

全站仪的基本结构如图 6-20 所示,图中上半部分包括水平角、竖直角、测距及水平补偿等光电测量系统,通过 I/O 接口接入总线与数字计算机连接起来。

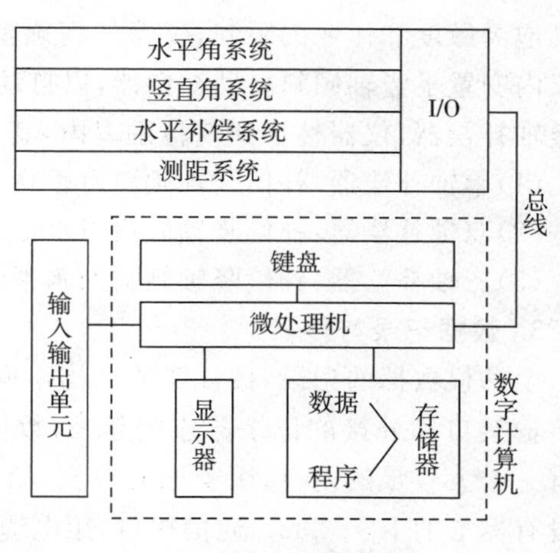

图 6-20　全站仪的基础结构

键盘指令是测量过程控制系统,通过按键调用内部指令,控制仪器的测量工作过程并进行数据处理。全站仪的键盘为测量时的操作指令和数据输入的部件,键盘上的键分为硬键和软件键(简称软键)两种。每一个硬键有一固定的功能,或兼有第二、第三功能;软键与屏幕最下显示的功能菜单或子菜单相配合,使一个软键在不同的功能菜单下有许多种功能。

微处理器是全站仪的核心部件,如同计算机的中央处理器,主要功能是根据键盘指令进行测量过程中的数据检核、处理、传输、显示和存储等工作。

输入输出单元是与外部设备连接的装置,即接口。

数据存储器是测量的数据库。为便于测量人员根据工作需要编制有关软件进行某些测量成果处理，在全站仪的数字计算机中还提供程序存储器。

二、全站仪构造

1. 望远镜

目前全站仪望远镜中的视准轴与光电测距仪的红外光发射光轴和接收光轴是同轴的，其光路如图 6-21 所示。测量时，一次照准就能同时测出距离和角度。望远镜能作 360°自由纵转，其操作与一般经纬仪操作相似。

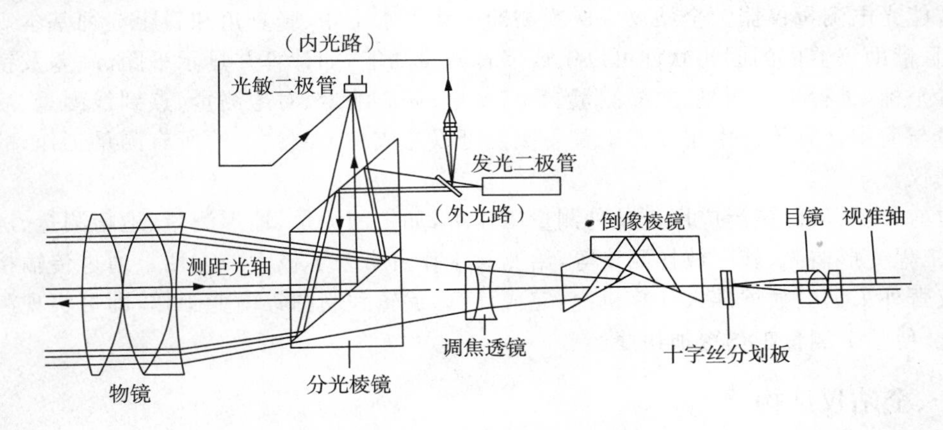

图 6-21　望远镜光路图

2. 竖轴倾斜自动补偿

竖轴误差对水平角和竖直角的影响不能用盘左、盘右观测取中数消除，竖轴误差是指受气泡灵敏度和作业的限制，仪器的精确整平存在困难导致竖轴不铅直的误差。因此，全站仪内安置了竖轴倾斜自动补偿器，以自动改正竖轴倾斜对水平角和竖直角的影响。精确的竖轴补偿器，仪器整平到 3′范围以内，其自动补偿精度可达 0.1″。

(1)单轴补偿器：补偿竖轴倾斜对垂直角的影响；

(2)双轴补偿器：补偿竖轴倾斜对水平角和垂直角的影响；

(3)三轴补偿器：补偿竖轴倾斜对水平角和垂直角的影响以及轴系交叉误差影响。

3. 数据记录与传输

全站仪数据的记录，按仪器的结构不同存在三种方式：第一种是通过电缆将仪器的数据传输接口和外接的记录器连接起来，数据直接存储在外接的记录器中；第二种是仪器内部有一个大容量的内存，用于记录数据；第三种是采用配置存储卡来增加存储容量。仪器上设有标准的 RS-232C 通信接口，用电缆与计算机的 COM 口连接，也可以接收由计算机传输的测量数据及其他信息，实现全站仪与计算机的双向数据传输。

三、全站仪的分类

1. 按结构形式分类

(1)积木型(又称组合型、分体式)

早期的全站仪，大都是积木型结构，即将电子经纬仪、红外测距仪和数据记录装置通过一定的连接器构成一个组合体。不同构件进行灵活多样的组合，既可以组合在一起使用，又可以分开使用，具有很强的灵活性。

(2)整体型(又称集成式)

随着电子测距仪的进一步轻巧化，现代的全站仪大都把测距、测角和记录单元，在光学、机械等方面设计成一个不可分割的整体，其中测距仪的发射轴、接收轴和望远镜的视准轴为同轴结构。这对保证较大垂直角条件下的距离测量精度非常有利，且只需要一次瞄准，使用十分方便。20 世纪 90 年代后全站仪大部分是整体型全站仪，实现一站实现测角、测距和测高差等功能。

2. 按测量功能分类

(1)经典型全站仪

经典型全站仪也称为常规全站仪，它具备全站仪电子测角、电子测距和数据自动记录等基本功能，有的还可以运行厂家或用户自主开发的机载测量程序。其经典代表为徕卡公司的 TC 系列全站仪。

(2)机动型全站仪

在经典全站仪的基础上安装轴系步进电机，可自动驱动全站仪照准部和望远镜的旋转。在计算机的在线控制下，机动型系列全站仪可按计算机给定的方向值自动照准目标，并可实现自动正、倒镜测量。徕卡 TCM 系列全站仪就是典型的机动型全站仪。

(3)无合作目标型全站仪

无合作目标型全站仪是指在无反射棱镜的条件下，可对一般的目标直接测距的全站仪。因此，对不便安置反射棱镜的目标进行测量，无合作目标型全站仪具有明显优势。如徕卡 TCR 系列全站仪，无合作目标距离测程可达 1000m，可广泛用于地籍测量、房产测量和施工测量等。

(4)智能型全站仪

在机动型全站仪的基础上，仪器安装自动目标识别与照准的新功能，因此在自动化的进程中，全站仪进一步克服了需要人工照准目标的重大缺陷，实现了全站仪的智能化。在相关软件的控制下，智能型全站仪在无人干预的条件下可自动完成多个目标的识别、照准与测量。因此，智能型全站仪又称为“测量机器人”，典型的代表有徕卡的 TCA 型全站仪等。

3. 按测距分类

(1)短程测距全站仪

短程测距全站仪测程小于 3km，一般精度为±(5mm＋5ppm)，主要用于普通测量和城市测量。(ppm 是个比值单位，mm/km 的比值，即百万分之一)

(2)中程测距全站仪

中程测距全站仪测程为 3～15km，一般精度为±(5mm＋2ppm)，±(2mm＋2ppm)，通常用于一般等级的控制测量。

(3)长程测距全站仪

长程测距全站仪测程大于 15km，一般精度为±(5mm＋1ppm)，通常用于国家三角网及特级导线的测量。

4. 按测角精度分类

全站仪按测角精度(一测回测角中误差)可分为0.5″级、1″级、2″级和5″级等。

四、全站仪的功能

随着全站仪被广泛应用,其功能也日趋丰富,不同型号的全站仪的功能会存在略微的差别,因为全站仪的功能是与仪器内置的软件相关的。但总的来说,全站仪的功能可分为基本测量功能和程序测量功能,基本测量功能所显示的数据为观测数据,而程序测量功能所显示的数据为观测数据经过处理之后的计算数据。

全站仪的功能包括以下五个方面:

1. 读盘读数实现电子化、三轴误差的自动补偿与改正功能。

2. 可进行斜距测量、竖直角测量、水平角测量,具有自动记录、计算并显示水平距离、高差(垂直距离)、高程以及点位坐标等基本功能。

3. 具有三维坐标测量、放样、对边测量、悬高测量、面积测量、后方交会、偏心测量等特殊测量功能。

4. 有的全站仪如同轴型全站仪可以实现无合作目标测距,形成所谓的单人测量系统。

5. 有的全站仪可以通过计算机在线控制、机载软件控制或镜站等方式,在测站以外对全站仪进行自动控制,实现数据的存储管理、输入和调出。

五、全站仪的使用

1. 仪器的安置

全站仪安置中的对中与整平,方法与经纬仪基本相同。如今市场上全站仪的型号多种多样,在使用方法上也存在细小区别,现对全站仪大致的使用步骤作一些介绍。

一般情况下,一套全站仪主要由一台全站仪、一个三脚架、两个棱镜架、电池、传输线和存储卡等附件组成。在进行测量之前,应将电池充足电,观测完毕须将电池从仪器上取下。

(1)安置仪器

首先将三脚架打开,伸到适当高度,脚架置于测站点上,并使脚架头大致水平,拧紧三个脚架固定螺旋,将仪器小心地安置到三脚架上并拧紧固定连接螺旋,如图6-22所示。

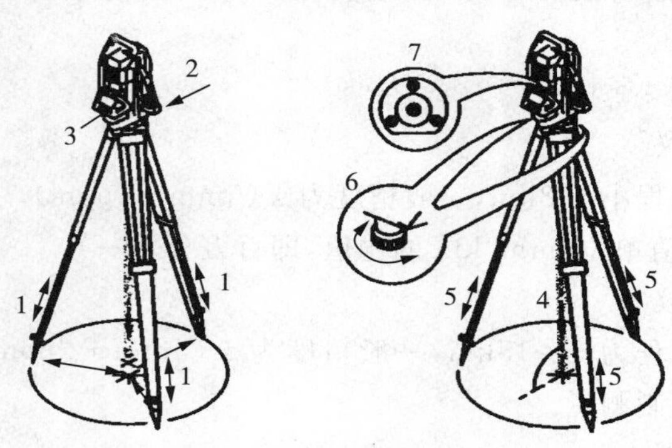

图6-22 安置仪器

1—移动架腿;2—在架头上平移仪器;3—激光光学对中器;4—激光束;5—伸缩脚架;6—旋转脚螺旋;7—气泡显示

(2)对中

固定一个脚架，两手紧握另外两个脚架，慢慢移动，使激光束对准测站点，且使光学对中器的十字对准地面点。

(3)仪器粗平

通过调节三脚架使圆水准器中的气泡居中，实现仪器的粗平。应该首先观察气泡的位置，若气泡所在方向偏高，松开气泡所在方向的三脚架腿，缓慢下放直到气泡居中，或者松开气泡所在反方向的三脚架腿，缓慢上升直到气泡居中。

(4)仪器精平

① 首先松开水平制动螺旋，使管水准器平行于某一对脚螺旋 A、B 的连线，再旋转脚螺旋 A、B，两者的旋转方向应相反，使管水准器气泡居中。

② 将仪器旋转 $90°$，只旋转另一个脚螺旋 C，使得管水准器气泡居中。

③ 再次将仪器旋转 $90°$，重复①②直到无论仪器处于任何位置时，管水准器中的气泡一直处于居中位置即可。

(5)重新对中

观察第(2)步的对中是否被破坏，如发生对中目标偏移，则须重新对中，但与之前的方法不同。首先松开中心连接螺旋，轻移仪器，将对中标志再次对准测站点，然后拧紧连接螺旋。

在重新对中的过程中，须注意以下问题：

① 为了仪器安全，连接螺旋无须全部松开；

② 在轻移仪器时，不要移动脚架，也不要碰到脚螺旋，以免导致气泡偏移。

(6)重新精平

检查管水准气泡是否居中，若偏移重新进行第(4)步进行精平。

(7)检查对中

再次检查对中情况，若对中被破坏，须按照上述步骤重复操作，直至对中、整平同时满足要求为止。

2. 仪器参数的设置

在仪器使用前必须检查参数设置模块中的参数设置，在仪器参数设置模块中有很多项需要进行设置，但应特别注意以下几项参数的设置。(不同类型的仪器，操作不尽相同，具体参数设置可参考仪器使用说明书)

(1)气象改正

光在大气中的传播速度受气温和气压的影响，在精密测距时，需要进行气象改正；又由于实际测量时的气象条件一般同仪器设计的参数气象条件不一致，所以必须对所测距离进行气象改正。在测量中，可以直接将温度、气压输入仪器中，让仪器进行自动改正；也可将仪器的气象改正项置零，并测定测距时的温度 T、气压 P，按式(6-42)进行改正。即：

$$\Delta D=D\left(278.96-\frac{0.2904P}{1+0.003661T}\right)\times10^{-6} \tag{6-42}$$

式中：D——仪器所显示的距离；

P——测距时的气压(100Pa)；

T——测距时的温度(℃)。

(2)加常数

使用不同的棱镜时,应在仪器内设置不同的棱镜常数。为了在距离显示值中消除加常数的影响,应在设置棱镜常数 P 值中考虑加常数的影响。

$$A = P + C \tag{6-43}$$

式中:A——置入仪器的加常数值;

P——棱镜加常数;

C——仪器加常数。

(3)补偿器及轴系误差改正功能应处于"开"的状态

前述补偿器及轴系误差改正的作用,除特殊要求外,一般均应将补偿器及轴系误差改正功能置于"开"的状态。检查补偿器是否处于"开"的状态,最简单的办法是将全站仪竖直制动后,调整脚螺旋,若天顶距读数发生变化,则表明补偿器处于"开"的状态;若天顶距读数不发生变化,则表明补偿器处于"关"的状态。

检查轴系误差改正功能是否处于"开"的状态,也可采用类似的方法:先将全站仪的水平制动螺旋制动后,纵转望远镜,若水平方向读数发生变化,则表明轴系误差改正功能处于"开"的状态;否则,表明轴系误差改正功能处于"关"的状态。

3. 基本测量

在标准测量状态下,角度测量模式、斜距测量模式、平距测量模式、坐标测量模式之间可互相切换。全站仪精确照准目标后,通过不同测量模式之间的切换,可得所需的观测值。不同型号的全站仪,其具体操作方法会有较大的差异。下面简要介绍全站仪的基本操作方法。

(1)角度测量

全站仪观测水平角的一般程序与经纬仪相似。水平角测量的一般程序为:

① 按角度测量键,使全站仪处于角度测量模式,照准第一个目标 A。

② 设置 A 方向的水平度盘读数为 0°00′00″。

③ 照准第二个目标 B,此时显示的水平度盘读数即为两个方向间的水平夹角,如图 6-23 所示。

图 6-23 角度测量

在角度测量中,我们还需要注意初始方位的设置。全站仪初始方位设置也称定向,在此介绍几种可采取的方法:

① "置零"设置:采用全站仪设有的水平角"置零"键,首先照准目标,然后选择键盘中的"置零"键;采用全站仪初始方向设置菜单。

② 输入初始方向值定向：菜单输入；键盘输入。

③ 锁定初始方向值定向。

④ 自动定向：利用仪器内存坐标文件已有的或者通过键盘输入的测站点和定向点坐标，照准目标点后，调用水平方向定向程序，使仪器自动计算初始方向值并完成初始方向值的设置。

(2)距离测量

全站仪距离测量的基本程序与电磁波测距仪类似。距离测量的一般程序为：

① 设置棱镜常数。测距前须将棱镜常数输入仪器中，仪器会自动对所测距离进行改正。

② 设置大气改正值或气温、气压值。光在大气中的传播速度会随大气的温度和气压而变化，15℃和760mmHg是仪器设置的一个标准值，此时的大气改正为0ppm。实测时，可输入温度和气压值，全站仪会自动计算大气改正值（也可直接输入大气改正值），并对测距结果进行改正。

③ 量仪器高、棱镜高并输入全站仪。

④ 距离测量。照准目标棱镜中心，按测距键，距离测量开始，测距完成时显示斜距、平距、高差。

在距离测量中，我们需要注意的问题就是斜距与平距的关系。全站仪内微处理器可以根据指令程序或者设置自动将目标点的斜距计算出平距，并且显示和存储。

平距自动归算数学模型：在斜距化算成平距的过程中，须考虑大气折射和地球曲球影响。

$$H = S\cos\alpha + \sin\alpha \frac{K-2}{2R} S\cos\alpha \tag{6-44}$$

式中：H——改正后平距；

S——斜距；

α——垂直角；

K——大气折射系数；

R——地球曲率半径。

(3)坐标测量

① 设定测站点的三维坐标。

② 设定后视点的坐标或设定后视方向的水平度盘读数为其方位角。当设定后视点的坐标时，全站仪会自动计算后视方向的方位角，并设定后视方向的水平度盘读数为其方位角。

③ 设置棱镜常数。

④ 设置大气改正值或气温、气压值。

⑤ 量仪器高、棱镜高并输入全站仪。

⑥ 照准目标棱镜，按坐标测量键，全站仪开始测距并计算显示测点的三维坐标。

如图6-24所示，测站点坐标$A(N_0, E_0, Z_0)$，镜站点P的三维坐标计算如下：

$$\left.\begin{aligned}N_p &= N_0 + S\sin(Z_A)\cos(H_{AR})\\E_p &= E_0 + S\sin(Z_A)\sin(H_{AR})\\Z_p &= Z_0 + S\cos(Z_A) + h_I - h_T\end{aligned}\right\} \tag{6-45}$$

式中：S 为斜距；Z_A 为天顶距；H_{AR} 为目标方位角；h_I、h_T 分别为仪器高和目标高。

上述计算是由仪器机内软件计算的，通过操作键盘即可直接得到测点坐标。

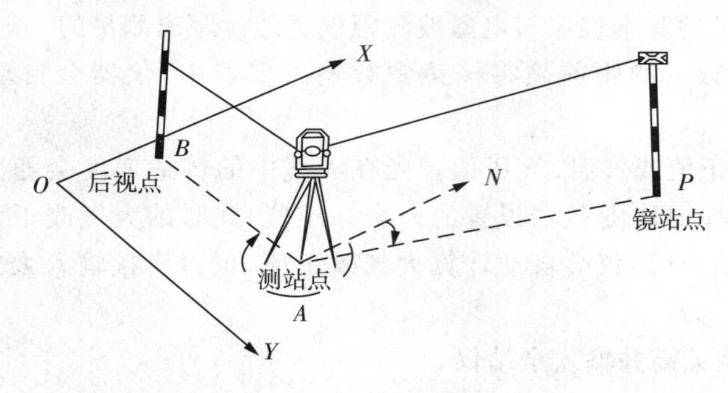

图 6－24　坐标测量

(4)放样测量

坐标放样与坐标测量互为相反的工作过程，放样是通过对照准点的水平角、距离或者坐标的测量，仪器显示实测值与待放样值之差，持棱镜者根据测量的差值调整实测点位置，直至把设计好的坐标在实地标定出来的测量过程，广泛应用于建(构)筑物的测设工程中。

放样测量时一般采用极坐标原理，方法是将存储在全站仪内或者通过键盘输入的放样点坐标，从已知点 A 开始，沿着标定的方向 AB 和按设计放样长度测定出待放样点 B 的位置。

坐标放样一般程序：

① 选取两个已知点，一个作为测站点，另外一个为后视点，并明确标注。

② 安置仪器，设置大气改正值或气温、气压值，量取数据仪器高。

③ 将棱镜置于后视点，转动全站仪，使全站仪十字丝中心对准棱镜中心。

④ 进入设置放样点界面，接着输入放样坐标，输入棱镜高，开始进行放样。

⑤ 根据显示屏上实测值与放样值之差，调整棱镜的位置，直到测量差值在容许范围之内，则实测点就是放样点。

(5)其他测量

① 导线测量

导线测量通过将目标点换置成测站点、将原测站点换置成后视点的功能软件，在地面上选定一系列点连成折线，在点上设置测站，然后采用测边、测角方式来测定这些点的水平位置的方法。导线测量是建立国家大地控制网的一种方法，也是工程测量中建立控制点的常用方法。

导线测量一般程序：

a. 在起始的测站点 K 测定目标点 K_1 的坐标后，关闭电源，将仪器置于 K_1 点，原测站点安置觇牌作为后视点，量仪器高并输入仪器；

b. 调用坐标换置功能软件(代替新的测站点和后视点的坐标输入);

c. 瞄准后视点,设置水平度盘方位角;

d. 目标点 K_2 设置棱镜,量目标高并输入仪器;

e. 瞄准 K_2,按坐标测量键,测定 K_2 点的坐标。按照同样的方法将仪器移置于 K_2 点,测定 K_3 点的坐标。

② 后方交会

后方交会是指在某一待测点上,通过观测 2 个以上的已知点,以求得待测点的坐标的方法。如果对已知点只能观测水平方向,则至少需要 3 个已知点,但是由于全站仪瞄准目标后可以边、角同测,因此对 2 个已知点观测距离已构成测边交会,能够计算测站点的坐标。

后方交会一般程序:

a. 安置全站仪于待测点上,输入仪器高;

b. 按程序调用键选择后方交会,按屏幕提示输入各已知点的三维坐标、目标高、是否测量距离;

c. 当观测方案已具备计算的条件时,屏幕询问是否观测其他点,如果有,仍可输入;

d. 依次瞄准各已知点,按测量键;

e. 各点观测完毕,经过软件计算,输出测站点的三维坐标。

③ 对边测量

在一个测站,分别与其他两个目标点通视,可以测定这两点之间的距离(斜距、平距、高差),尽管这两个点之间可能是不通视的,这称为对边测量,如图 6-25 所示。对边测量可以连续进行,即测量第 1 个目标点与第 2 个、第 3 个……目标点之间的距离;也可以测量第 1 个目标点与第 2 个、第 1 个目标点与第 3 个……目标点之间的距离。

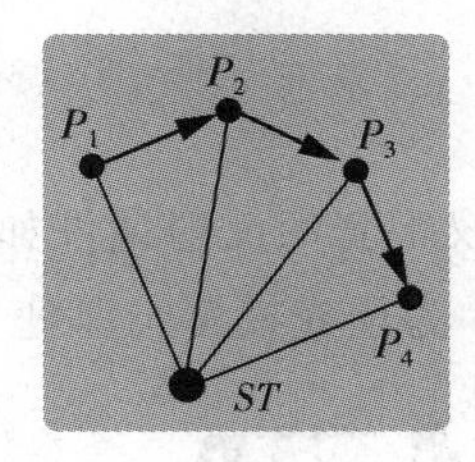

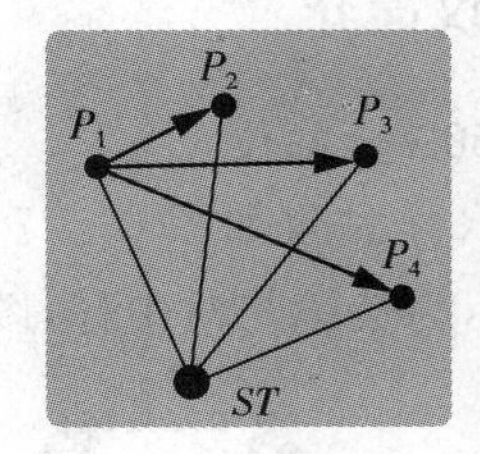

图 6-25　对边测量

对边测量一般程序:

a. 测站上安置全站仪;

b. 瞄准第 1 个目标点,按距离测量键;

c. 依次瞄准第 2 个、第 3 个……目标点,每次按对边测量键,显示两点之间的斜距、平距和高差。

④ 悬高测量

测量某些不能设置反光棱镜的目标(如高压电线、桥梁桁架等)的高度时,可以利用目标上面或者下面能安置棱镜的点来测定,称为悬高测量,或称遥测高程。

如图 6-26 所示,测站为 A,目标 T 为高压电线的垂曲最低点,在其底下地面安置反光

棱镜 P，量取棱镜高 h_1。瞄准棱镜中心，测定斜距及天顶距。瞄准 T 点，测定天顶距 Z_t。则 T 点离地面的高度为

$$\left.\begin{aligned} h_t &= h_1 + h_2 \\ h_2 &= \frac{S\sin z_{pt}}{\tan z_t} - S\cos z_p \end{aligned}\right\} \tag{6-46}$$

悬高测量一般程序：

a. 测站上安置全站仪，目标下方（或上方）安置棱镜，量棱镜高 h_1 输入仪器；

b. 瞄准棱镜，按距离测量键，显示斜距及棱镜天顶距；

c. 瞄准目标点，按悬高测量键，显示目标点离地面高度。

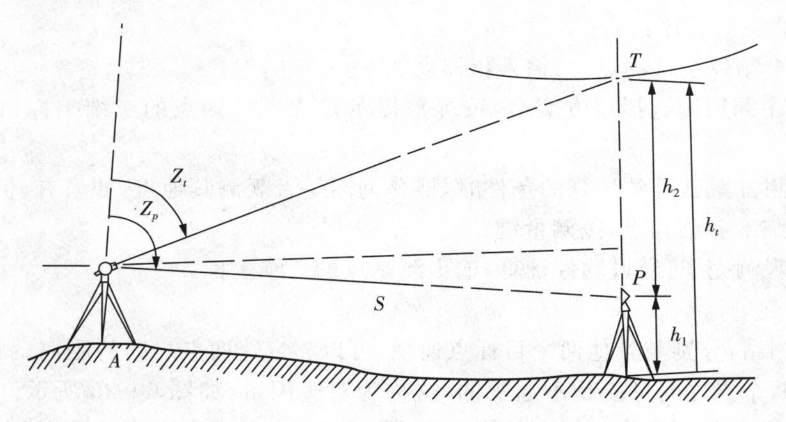

图 6-26　悬高测量示意图

六、常用全站仪简介

1. 南方 NTS-50R 全站仪

南方 NTS-50R 全站仪如图 6-27 所示，全站仪配套的反射镜件如图 6-28、图 6-29 所示。图 6-28 所示为棱镜与对中杆，图 6-29 所示为反光棱镜与基座。

图 6-27　南方 NTS-50R 全站仪

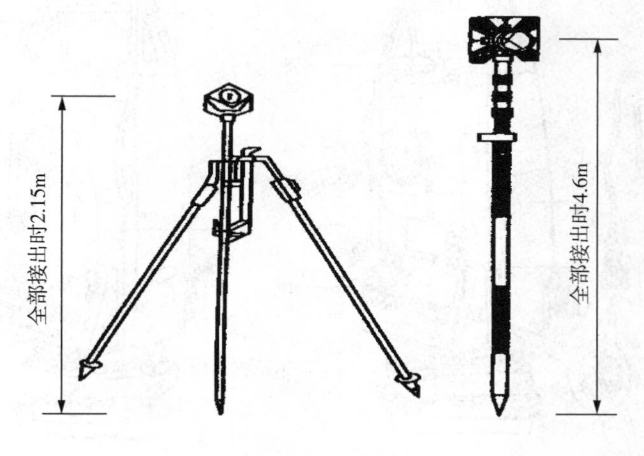

图 6-28　棱镜与对中杆

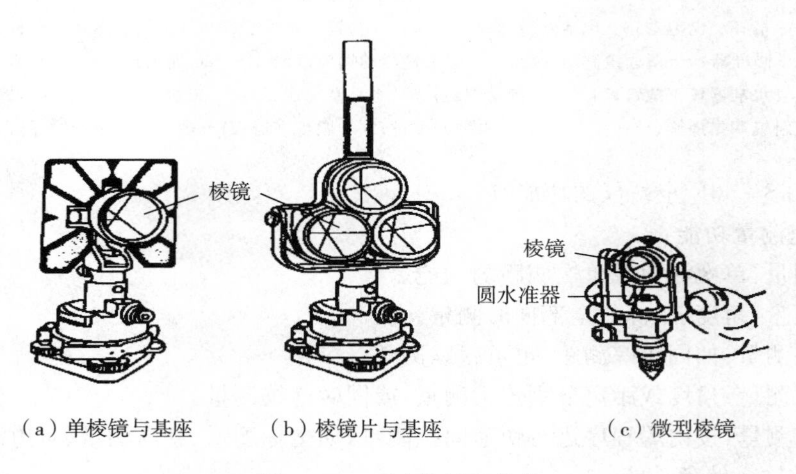

（a）单棱镜与基座　　（b）棱镜片与基座　　（c）微型棱镜

图 6-29　反光棱镜与基座

图 6-30、图 6-31 所示为南方 NTS-50R 型全站仪的操作面板和基本功能部件。

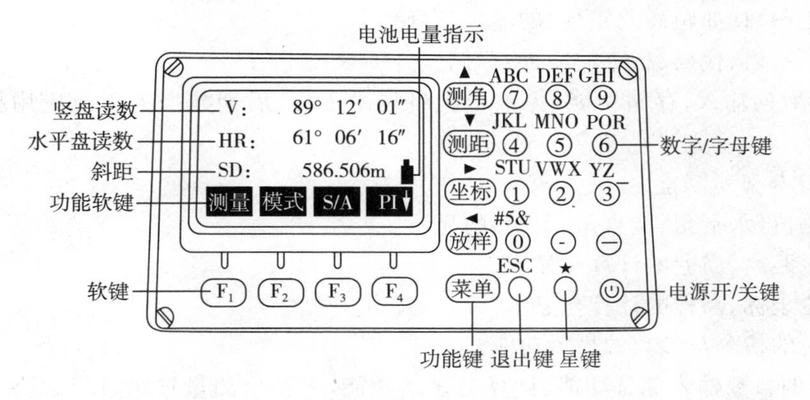

图 6-30　操作面板

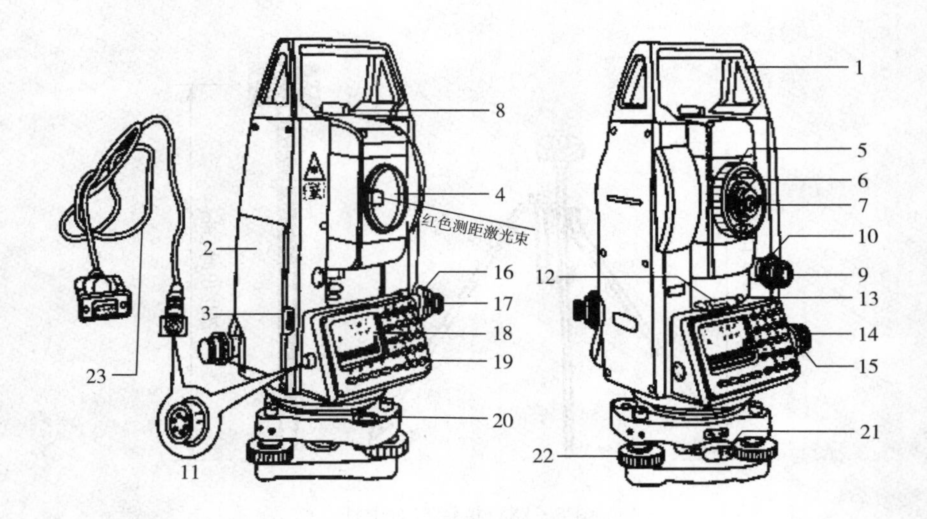

图 6-31　基本功能部件

1—手柄；2—电池盒；3—电池盒按钮；4—物镜；5—物镜调焦螺旋；6—目镜调焦螺旋；7—目镜；8—光学瞄准器；9—望远镜制动螺旋；10—望远镜微动螺旋；11—RS232C 通信接口；12—管水准器；13—管水准器校正螺钉；14—水平制动螺旋；15—水平微动螺旋；16—光学对中器物镜调焦螺旋；17—光学对中器目镜调焦螺旋；18—显示窗；19—电源开关键；20—圆水准器；21—轴套锁定钮；22—脚螺旋；23—数据线

南方 NTS-50R 全站仪的功能有：

(1)快速测量功能

① 单测量：单次测角或单次测距的功能。

② 全测量：角度、距离的全部同时测量。

③ 跟踪测量：如同跟踪测距，也可跟踪测角。

④ 连续测量：角度或距离分别连续测量，或同时连续测量。

⑤ 程式测量：按内置程序进行快速间接测量，如坐标测量、悬高测量、对边测量等。

(2)参数输入储备功能

① 角度、距离、高差的输入、存储。

② 点位坐标、方位角、高程的输入、存储。

③ 修正参数(如距离改正数)的输入、存储。

④ 测量术语、代码、指令的输入、存储。

基本参数的输入、存储功能，为整个测量技术工作、后期数据处理及应用提供充分的准备。

(3)计算与显示功能

① 观测值(水平角、竖直角、斜距)的显示。

② 水平距离、高差的计算与显示。

③ 点位坐标、高程的计算与显示。

④ 储备的指令与参数的显示功能。

全站仪的参数输入储备功能、计算与显示功能，为整个测量技术过程解决了最基本的数据处理及结果显示问题，服务于整个测量技术过程。

(4)测量的记录、通信传输功能

全站仪的通信传输功能是以有线形式或无线形式与有关的其他设备进行测量数据的交换。

(5)内置测量程序

普通全站仪一般配备的内置测量程序有：

① 测站设置定向程序。

② 交会定点程序。

③ 坐标放样程序。

④ 面积测算程序。

此外还通常还有偏心测量、对边测量、悬高测量等。

2. SET 2C 电子全站仪

如图 6-32 所示为 SET 2C 电子全站仪的外形、各部构件及其名称。

SET 2C 电子全站仪的功能有：

(1)角度、距离、高差测量功能：可测定垂直角、水平角、斜距、平距、高差和坐标。

(2)特殊测量功能：可进行放样测量、悬高测量、对边测量、目标偏心测量、支导线测量等。

(3)倾斜角补偿功能：设有双轴倾斜传感器，可测定仪器纵轴在视准轴方向和横轴方向的倾角；可自行消除竖直角指标差。

(4)视准差改正功能：在高精度测角中，可计算出视准差并自动对方向观测值进行改正。

(5)后方交会平差功能：对具有多余观测的边角后方交会，能用最小二乘法计算测站坐标。

(6)数据存储和调出功能：可在存储卡上记录和调出仪器参数、测量数据、测站数据、坐标数据和特征编码等，也可输出至外部设备中。

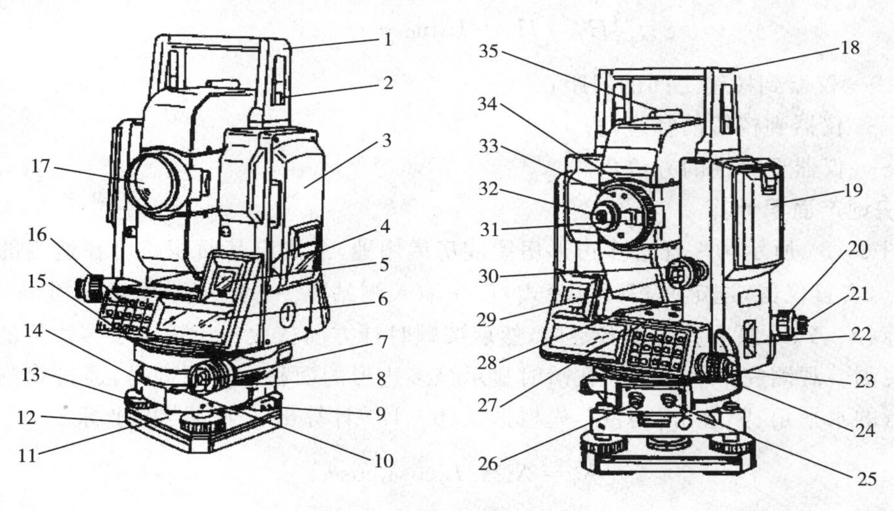

图 6-32　SET 2C 电子全站仪

1—提柄；2—提柄制紧螺钉；3—横轴中心；4—存储卡护盖；5—副显示窗；6—主显示窗；7—下盘制动钮；8—下盘制动钮护套；9—仪器锁定钮；10—圆水准器；11—圆水准校正螺钉；12—底板；13—脚螺旋；14—基座；15—水平度盘变换手轮；16—键盘；17—物镜；18—管式罗盘插口；19—电池盒；20—光学对中器调焦环；21—光学对中器目镜；22—电源开关；23—水平制动钮；24—水平微动螺旋；25—数据输出插口；26—外接电源插口；27—照准部水准管；28—水准管校正螺钉；29—垂直制动钮；30—垂直微动螺旋；31—望远镜倒镜把手；32—望远镜目镜；33—望远镜十字丝校正盖；34—望远镜调焦环；35—瞄准器

七、全站仪的应用

1. 房地产界址点坐标测量

将全站仪安置于测站点 A 上，选定三维坐标测量模式，首先输入测站点 A 的坐标（X_a，Y_a，H_a），仪器高 i，输入 B 点的坐标（X_b，Y_b，H_b）和棱镜高 v；照准后视点 B 定向，然后在欲测坐标的界址点 P 立棱镜，按下坐标测量键，仪器就会按式(6-47)利用内存的计算程序自动计算并显示出目标点 P 的三维坐标值（X_p，Y_p，H_p）。在不需要测定界址点的高程时，可不输入仪器高和棱镜高，也可不记录其高程，如图 6-33 所示。

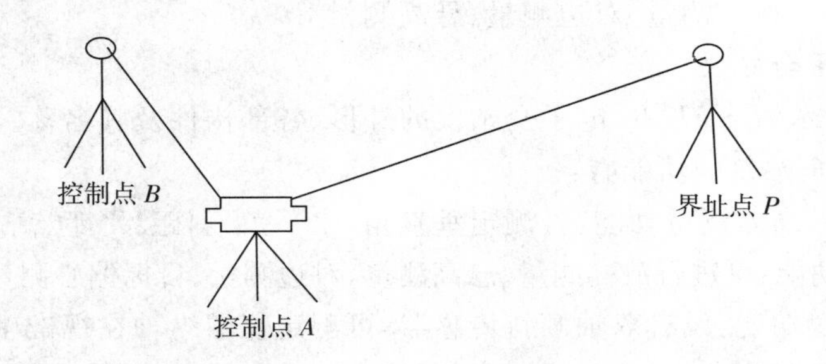

图 6-33　界址点坐标测量

$$\left.\begin{aligned} X_p &= X_a + L\cos\alpha\cos\theta \\ Y_p &= Y_a + L\cos\alpha\sin\theta \\ H_p &= H_a + L\sin\alpha + i - v \end{aligned}\right\} \tag{6-47}$$

式中：L—— 仪器到棱镜之间的斜距；

α—— 仪器到棱镜的竖直角；

θ—— 仪器至目标的方位角。

2. 房地产面积计算

如图 6-34 所示为一任意多边形房屋或房屋用地，欲测定其面积。可在适当的位置设置测站点，安置仪器，选定面积测量模式，首先输入测站点 A 的坐标（X_a，Y_a）定向，输入 B 点的坐标（X_b，Y_b），照准后视点 B 定向，然后按顺时针方向依次将棱镜立于多边形的各个顶点进行观测。观测完毕仪器就会在瞬时显示该多边形的面积。其原理是：通过观测多边形各个顶点的水平角、竖直角和斜距，先根据式(6-47)计算出各个顶点的坐标

$$\left.\begin{aligned} X_i &= X_a + L_i\cos\alpha_i\cos\theta_i \\ Y_i &= Y_a + L_i\cos\alpha_i\sin\theta_i \end{aligned}\right\} \tag{6-48}$$

然后，再利用式(6-49)自动计算并显示被测 n 边形的面积

$$S = \frac{1}{2}\sum_{i=1}^{n} X_i(Y_{i+1} - Y_{i-1}) \text{ 或 } S = \frac{1}{2}\sum_{i=1}^{n} Y_i(X_{i-1} - X_{i+1}) \tag{6-49}$$

式中：S—— 多边形面积（m^2）；

n—— 多边形的顶点个数；

i—— 多边形顶点的点号。

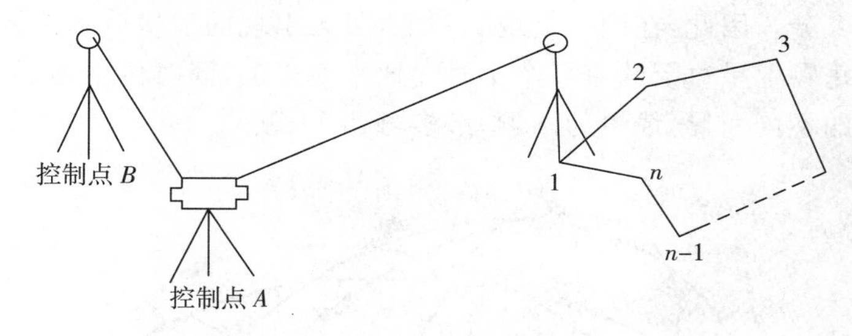

图 6-34　全站仪房屋面积测量示意图

3. 全站仪外业使用时注意事项

(1)新购置的仪器，如果首次使用，应结合仪器认真阅读其使用说明书。通过反复学习、使用和总结，力求做到“得心应手”，从而最大限度地发挥仪器的作用。

(2)测距仪的测距头不能直接照准太阳，以免损坏测距的发光二极管。

(3)在阳光下或阴雨天气进行作业时，应打伞遮阳、遮雨。

(4)在整个操作过程中，观测者不得离开仪器，以避免发生意外事故。

(5)仪器应保持干燥，遇雨后应将仪器擦干并放在通风处，完全晾干后才能装箱。

第七节　全球定位系统(GPS)

一、概述

全球定位系统(Global Positioning System，简称 GPS)是随着现代科学技术的迅速发展而建立起来的新一代精密卫星定位系统，由美国国防部于 1973 年开始研制，历经方案论证、系统论证、生产实验三个阶段，于 1993 年建设完成。该系统是以卫星为基础的无线电导航定位系统，具有全能性、全球性、全天候、连续性和实时性的导航、定位和定时的功能，能为各类用户提供精密的三维坐标、速度和时间。

随着 GPS 定位技术的发展，其应用的领域在不断拓宽。不仅用于军事上各兵种和武器的导航定位，而且广泛应用于民用，如飞机、船舶和各种载运工具的导航，高精度的大地测量，精密工程测量，地壳形变监测，地球物力测量，航空救援，水文测量，近海资源勘探，航空发射及卫星回收等。

二、GPS 的组成

全球定位系统(GPS)包括三大组成部分，即空间星座部分、地面监控部分和用户设备部分。

1. 空间星座部分

全球定位系统的空间卫星星座由 24 颗卫星组成，其中包括 21 颗工作卫星和 3 颗随时可以启用的备用卫星。如图 6-35 所示，卫星分布在 6 个轨道面内，每个轨道面上均匀分布有 4 颗卫星。卫星轨道平面相对地球赤道面的倾角约为 55°，各轨道平面升交点的赤经相差 60°。在相邻轨道上卫星的升交距角相差 30°。轨道平均高度约为 20200km，卫星运行周期为 11 小时 58 分。因此，在同一个观测站上，每天出现的卫星分布图形相同，只是每天提前约 4 分钟。每颗卫星每天约有 5 个小时在地平线以上，同时位于地平线以上的卫星数目随时间和地点的不同而异，最少为 4 颗，最多可达 11 颗。

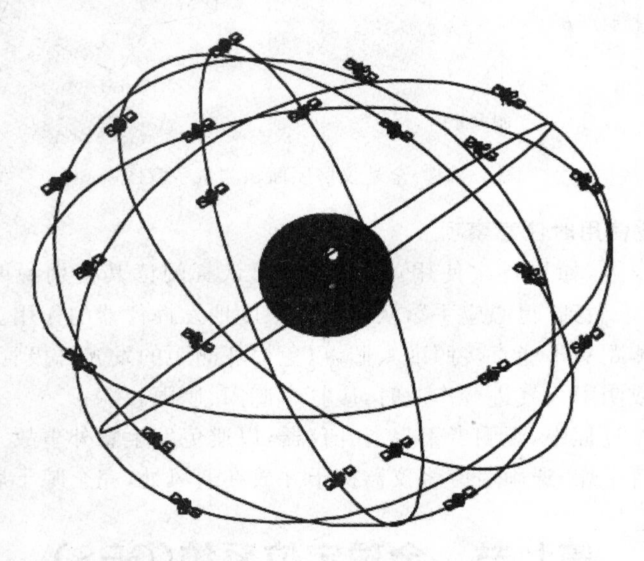

图 6 - 35　GPS 卫星星座

在 GPS 系统中，GPS 卫星的基本功能如下：

(1)接收和储存由地面监控站发来的导航信息，接收并执行监控站的控制指令。

(2)向广大用户连续发送定位信息。

(3)卫星上设有微处理机，进行部分必要的数据处理工作。

(4)通过星载的高精度铯钟和铷钟提供精密的时间标准。

(5)在地面监控站的指令下，通过推进器调整卫星的姿态和启用备用卫星。

2. 地面监控部分

地面监控系统为确保 GPS 系统的良好运行发挥了极其重要的作用。其目前主要由分布在全球的 5 个地面站所组成，其中包括主控站、卫星监测站和信息注入站。

(1)主控站

主控站一个，设在美国本土科罗拉多州斯本斯空间联合执行中心。主控站除协调和管理地面监控系统的工作外，其主要任务是根据本站和其他监测站的所有跟踪观测数据，计算各卫星的轨道参数、钟差参数以及大气层的修正系数，编制成导航电文并传送至各注入站；主控站还负责调整偏离轨道的卫星，使之沿预定轨道运行。必要时启用备用卫星以代替失效的工作卫星。

(2)监测站

监测站是在主控站控制下的数据自动采集中心。全球现有的 5 个地面站均具有监测站的功能。其主要任务是为主控站提供卫星的观测数据。每个监测站均用 GPS 接收机对可见卫星进行连续观测，以采集数据和监测卫星的工作状况，所有观测数据连同气象数据传送到主控站，用以确定卫星的轨道参数。

(3)注入站

三个注入站分别设在南大西洋的阿松森群岛、印度洋的狄哥伽西亚岛和南太平洋的卡瓦加兰岛。其主要任务是在主控站的控制下，将主控站推算和编制的卫星星历、钟差、导航电文和其他控制指令等，注入相应卫星的存储系统，并监测注入信息的正确性。

整个 GPS 的地面监控部分，除主控站外均无人值守。各站间用现代化的通信网络联系起来，在原子钟和计算机的精确控制下，各项工作实现了高度的自动化和标准化。

3. 用户设备部分

用户设备的主要任务是接受 GPS 卫星发射的无线电信号，以获得必要的定位信息及观测量，并经数据处理而完成定位工作。

GPS 用户设备部分主要包括 GPS 接收机及其天线，微处理器及其终端设备以及电源等。其中接收机和天线，是用户设备的核心部分，一般习惯上统称为 GPS 接收机。

随着 GPS 定位技术的迅速发展和应用领域的不断开拓，世界各国对 GPS 接收机的研制与生产都极为重视。世界上 GPS 接收机的生产厂家约有数百家，型号超过数千种，而且越来越趋于小型化，以便于外业观测。目前，各种类型的 GPS 测地型接收机用于精密相对定位时，其双频接收机精度可达 $5\text{mm}+10^{-6}\cdot D$，单频接收机在一定距离内精度可达 $10\text{mm}+2\times10^{-6}\cdot D$。用于差分定位其精度可达分米级至厘米级。

三、GPS 坐标系统

GPS 是全球性的定位导航系统，其坐标系统也必须是全球性的，通常称为协议地球坐标系 CTS(Conventional Terrestrial System，简称 CTS)。目前，GPS 测量中所用的协议坐标系统称为 WGS—84。其几何定义是：原点位于地球质心，Z 轴指向 BIH1984.0 定义的协议地球极(CTP)方向，X 轴指向 BIH1984.0 的零子午面和 CTP 赤道的交点，Y 轴与 Z、X 轴构成右手坐标系。

WGS—84 椭球及其常数采用国际大地测量(IAG)和地球物理联合会(IUGG)第 17 届大会对大地测量常数的推荐值，四个基本常数如下：

1. 长半轴 $a=(6378137\pm2)\text{m}$；
2. 地心引力常数(含大气层)$GM=(3986005)\times10^{8}(\text{m}^3\cdot\text{s}^{-2})$；
3. 正常化二阶带谐系数 $\bar{C}_{2.0}=-484.16685\times10^{-6}\pm1.30\times10^{-9}$；
4. 地球自转角速度 $\omega=7292115\times10^{-11}\pm0.1500\times10^{-11}(\text{rad}\cdot\text{s}^{-1})$。

利用以上 4 个基本常数，可计算出其他椭球常数，如第一偏心率 e^2，第二偏心率 e'^2 和偏率 α 分别为：

$$e^2=0.006\,694\,379\,990\,13$$

$$e'^2=0.006\,739\,496\,742\,27$$

$$\alpha=1/298.257\,223\,563$$

在实际工程中，测量成果往往是属于某一国家坐标系或地方坐标系，因此必须进行坐标转换。

四、GPS定位原理

GPS的定位原理，简单来说，是利用空间分布的卫星以及卫星与地面点间进行距离交会来确定地面点位置。因此，若假定卫星的位置为已知，通过一定的方法可准确测定出地面点 A 至卫星间的距离，那么 A 点一定位于以卫星为中心、以所测得距离为半径的圆球上。若能同时测得点 A 至另两颗卫星的距离，则该点一定处在三圆球相交的两个点上。根据地理知识，很容易确定其中一个点是所需要的点。从测量的角度看，则相似于测距后方交会。卫星的空间位置已知，则卫星相当于已知控制点，测定地面点 A 到三颗卫星的距离，就可实现 A 点的定位，如图 6-36 所示。这就是 GPS 卫星定位的基本原理。

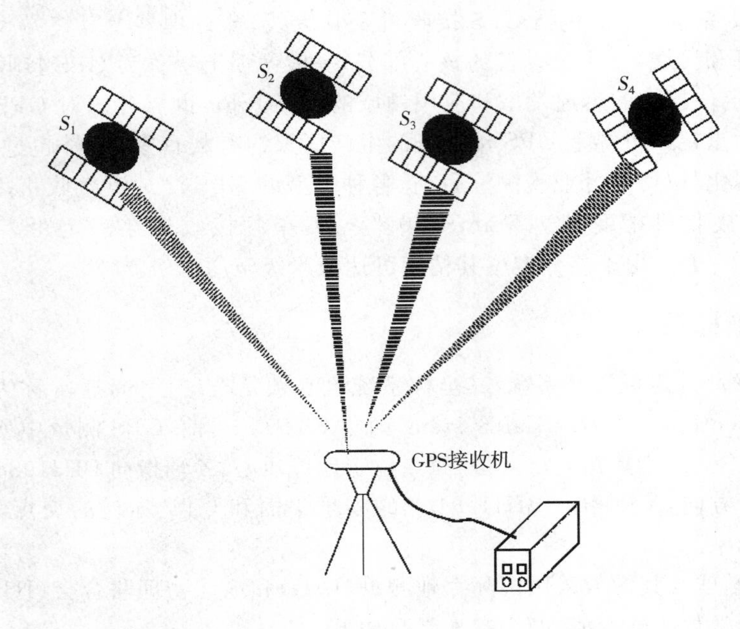

图 6-36　GPS定位原理

五、GPS控制网设计

GPS测量与常规测量工作相似，按照GPS测量实施的工作程序可分为以下几个步骤：方案设计、选点埋石、外业准备、外业观测、成果检核与数据处理。考虑到以载波相位观测量为根据的相对定位法，是当前GPS测量中普遍采用的精密定位方法，所以下面将主要介绍实施这种高精度GPS测量工作的基本程序与作业模式。

GPS控制网的技术设计是进行GPS测量工作的第一步，其主要内容包括精度指标的合理确定、网的图形设计和网的基准设计等。

1. GPS测量精度指标

GPS网精度指标的确定取决于网的用途。设计时应根据实际需要和可以实现的设备条件，恰当地确定GPS网的精度等级。我国根据不同的任务，制定了不同行业的规范与规程，如《全球定位系统（GPS）测量规范》和《全球定位系统城市测量技术规程》。

GPS 网的精度指标通常以网中相邻点之间的距离误差 m_r 来表示：

$$m_r = a + b \times 10^{-6} D$$

式中：m_r 为网中相邻点间的距离误差（mm）；a 为 GPS 固定误差（mm）；b 为比例误差（ppm）；D 为相邻点间的距离（km）。

根据我国 2001 年所颁布的《全球定位系统（GPS）测量规范》，GPS 基线向量网被分成了 AA、A、B、C、D、E 六个级别，相应的精度指标见表 6－15 所列。

表 6－15　GPS 类的类级精度指标

类级	测量类型	固定误差 a/mm	比例误差 b/ppm	相邻点平均距离 D/km
AA	全球性地球动力学、地壳形变测量、精密定轨	≤3	≤0.01	1000
A	区域性地壳变形测量或国家高精度 GPS 网	≤5	≤0.1	300
B	国家基本控制测量、精密工程测量	≤8	≤1	70
C	控制网加密、城市测量、工程测量	≤10	≤5	10～15
D	工程控制网	≤10	≤10	5～10
E	测图网	≤10	≤20	0.2～5

2. GPS 网的图形设计

在 GPS 测量中，控制网的图形设计是一项十分重要的工作。由于控制网中点与点不需要相互通视，因此其图形设计具有较大的灵活性。GPS 网的图形布设通常有点连式、边连式、网连式和混连四种基本形式。图形布设形式的选择取决于工程所要求的精度、GPS 接收机台数及野外条件等因素。

（1）点连式

点连式是指只通过一个公共点将相邻的同步图形连接在一起。点连式布网由于不能组成一定的几何图形，形成一定的检核条件，图形强度低，而且一个连接点或一个同步环发生问题，就会影响到后面所有的同步图形，所以这种布网形式一般不能单独使用，如图 6－37(a)所示。

（2）边连式

边连式是通过一条边将相邻的同步图形连接在一起，如图 6－37(b)所示。与点连式相比，边连式观测作业方式可以形成较多的重复基线与独立环，具有较好的图形强度与较高的作业效率。

（3）网连式

网连式就是相邻的同步图形间有 3 个以上的公共点，相邻图形有一定的重叠。采用这种形式所测设的 GPS 网具有很强的图形强度，但作业效率很低，一般仅适用于精度要求较高的控制网。

(4)混连式

在实际作业中，由于以上几种布网方案存在这样或那样的缺点，一般不单独采用一种形式，而是根据具体情况灵活地采用以上几种布网方式，称为混连式，如图 6－37(c)所示。混连式是实际作业中最常用的作业方式。

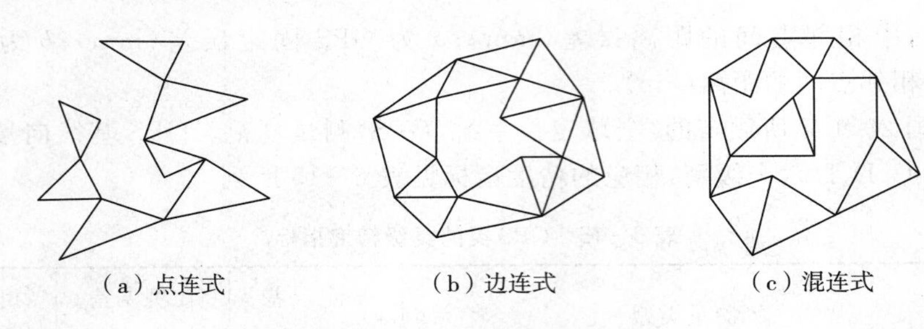

(a) 点连式　　(b) 边连式　　(c) 混连式

图 6－37　GPS 网的布设形式

3. GPS 网的基准设计

通过 GPS 测量可以获得 WGS—84 坐标系下的地面点间的基准向量，需要转换成国家坐标系或独立坐标系的坐标。因此对于一个 GPS 网，在技术设计阶段就应首先明确 GPS 成果所采用的坐标系统和起算数据，即 GPS 网的基准设计。

GPS 网的基准包括网的位置基准、方向基准和尺度基准。位置基准一般根据给定起算点的坐标确定；方向基准一般根据给定的起算方位确定，也可以将 GPS 基线向量的方位作为方向基准；尺度基准一般可根据起算点间的反算距离确定，也可利用电磁波测距边作为尺度基准，或者直接根据 GPS 边长作为尺度基准。可见只要 GPS 的位置、方向、尺度基准确定了，该网也就确定下来了。

六、GPS 外业测量工作

在进行 GPS 测量之前，必须做好一切外业准备工作，以保证整个外业工作的顺利实施。外业准备工作一般包括测区的踏勘、资料收集、技术设计书的编写、设备的准备与人员安排、观测计划的拟订、GPS 仪器的选择与检验等。GPS 观测工作主要包括天线安置、观测作业、观测记录、观测成果的外业检核等四个过程。因此，GPS 外业测量的主要工作如下：

1. 选点、埋石

由于 GPS 测量不需要点间通视，而且网的结构比较灵活，因此选点工作较常规测量更简便。但点位选择的好坏关系到 GPS 测量能否顺利进行，关系到 GPS 成果的可靠性，因此选点工作十分重要。选点前，收集有关布网任务、测区资料以及已有各类控制点、卫星地面站的资料，了解测区内的交通、通信、供电、气象等情况。对一个 GPS 点，其点位的基本要求有以下几项：

(1)周围便于安置接收设备和操作，视野开阔，视场内障碍物的高度角不宜超过 15°。

(2)远离大功率无线电发射源(如电视台、电台、微波站等)，其距离应大于 200m；远离高压电线和微波无线电传送通道，其距离应大于 50m。

(3)附近不应有强烈反射卫星信号的物件(如大型建筑物)。

(4)交通方便,有利于其他测量手段扩展和联测。

(5)地面基础稳定,易于点的保存。

(6)埋石与其他控制点埋设方法相似。

2. 安置天线

天线一般应尽可能利用三脚架直接安置在标志中心的垂直方向上,对中误差不大于3mm。架设天线不宜过低,一般应距地面1.5m以上。天线架设好后,在圆盘天线间隔120°方向上分别量取三次天线高,互差须小于3mm,取其平均值记入测量手簿。为消除相位中心偏差对测量结果的影响,安置天线时用软盘定向使天线严格指向北方。

3. 外业观测

将GPS接收机安置在距天线不远的安全处,连接天线及电源电缆,并确保无误。按规定时间打开GPS接收机,输入测站名,卫星接至高度角,卫星信号采样间隔等。一个时段的测量工作结束后要查看仪器高和测站名是否输入,确保无误后再关机、关电源、迁站。为削弱电离层的影响,安排一部分时段在夜间观测。

4. 观测记录

外业观测过程中,所有的观测数据和资料都应妥善记录。观测记录主要由接收设备自动完成,均记录在存储介质(如磁带、磁卡或记忆卡等)上。记录的数据包括载波相位观测值及相应的观测历元、同一历元的测码伪距观测值、GPS卫星星历及卫星钟差参数、大气折射修正参数、实时绝对定位结果、测站控制信息及接收机工作状态信息。

5. 观测成果检核

观测成果的外业检核是确保外业观测质量和实现定位精度的重要环节。因此,外业观测数据在测区时就要及时进行严格检查,对外业预处理成果,按规范要求进行严格检查、分析,根据情况进行必要的重测和补测,确保外业成果无误后方可离开测区。对每天的观测数据及时进行处理,及时统计同步环与异步环的闭合差,对超限的基线及时分析并重测。

七、GPS测量数据处理

GPS测量数据处理是指从外业采集的原始观测数据到最终获得测量定位成果的全过程。大致可以分为数据的粗加工、数据的预处理、基线向量解算、GPS基线向量网平差或与地面网联合平差等几个阶段。数据处理的基本流程如图6-38所示。

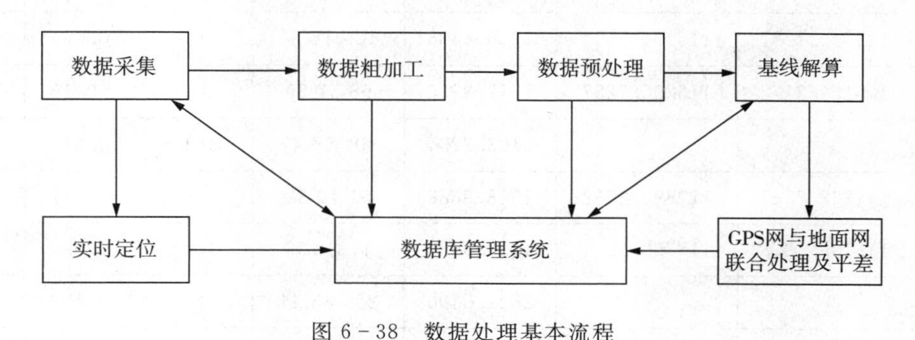

图6-38 数据处理基本流程

第一步数据采集和实时定位在外业测量过程中完成;数据的粗加工至基线向量解算一般用随机软件(后处理软件)将接收机记录的数据传输至计算机,进行预处理和基线解算;GPS网平差可以采用随机软件进行,也可以采用专用平差软件包来完成。

PowerADJ是由武汉大学测绘学院研制的全汉化GPS网和地面网平差软件包。它所采用的原始数据是GPS基线向量和它们的方差——协方差阵,或者是具有方向观测值、边长观测值等地面网数据,可进行测角网、边角网、测边网、导线网以及GPS基线向量网单独平差、混合平差,以及常规网与GPS网的二维、三维联合平差,平差得到的是国家或地方坐标系成果。二维平差的最后结果见表6-16所列。

为提高GPS测量的精度与可靠度,基线解算结束后,应及时计算同步环闭合差、非同步环闭合差以及重复边的检查计算,各环闭合差应符合规范要求。

同步环:同步环坐标分量及全长相对闭合差不得超过2ppm与3ppm。

非同步环:非同步环闭合差

$$\left.\begin{aligned} W_x &= \sum_{i=1}^{n} \Delta x_i \leqslant 2\sqrt{n}\sigma \\ W_y &= \sum_{i=1}^{n} \Delta y_i \leqslant 2\sqrt{n}\sigma \\ W_z &= \sum_{i=1}^{n} \Delta z_i \leqslant 2\sqrt{n}\sigma \\ W &= \sqrt{W_x^2 + W_y^2 + W_z^2} \leqslant 2\sqrt{3n}\sigma \end{aligned}\right\} \tag{6-50}$$

表6-16 二维平差计算表

点号	x /m	y /m	距离 /m	方位角 /° ′ ″	目标点	x残差 /cm	y残差 /cm
100	148083.0000	114136.0000	1289.7703	202 32 21	101	0.26	0.13
101	146891.7463	113641.6094	1764.2147	123 58 47	A	0.15	0.06
			5243.7120	103 01 50	D	0.13	−0.08
A	145905.7287	115104.5594	1360.1438	126 18 54	B	0.06	0.16
B	145100.2172	116200.5257	1517.3356	98 57 56	C	−0.16	0.17
			3123.7204	304 59 47	101	0.31	0.07
C	144863.7567	117699.3232	1348.9689	51 10 39	D	−0.17	0.06
D	145709.4378	118750.2944	1357.5632	17 34 53	100	0.09	0.18
			2621.5400	256 33 44	B	0.19	−0.21

PowerADJ 软件二维约束平差示例：

已知数据信息

固定点数：2

点号：100　x =148083.0000；y =114136.0000

点号：101　x =146891.7463；y =113641.6094

固定方位角数：0

固定距离数：0

八、GPS 在公路勘测中的控制测量

目前，GPS 技术已广泛应用于公路控制测量中，它具有常规测量技术所不可比拟的技术优势：速度快、精度高、不必要求点相互通视。通常用 GPS 技术分两级建立公路控制网。首先，用 GPS 技术建立全线统一的高等级公路控制网；然后，用 GPS 或常规测量技术进行 GPS 点间的加密附合导线测量。分级布网既能保证在局部范围(几千米线路)内导线点有较高的相对精度和可靠性，同时保证相对精度能在全线顺次延续。

全线公路 GPS 控制网由多个异步闭合环所组成，每环的 GPS 基线向量不宜超过 6 条，边长为 2～4km，闭合边与国家三角点联测，长度不受限制。

在每隔 4km 左右布设一对相互通视、边长约 300m 并埋设标石的 GPS 点，这样的布设主要是为了有利于后续用全站仪来加密布设附合导线或施工放样，但是由于控制点间的边长过于悬殊，导致内业数据处理过程中存在一些较为明显的不合理成分。如为了有效检验外业基线成果的质量，必须在网中形成一定数量的异步闭合环，由于异步环中边长较为悬殊(有几百米的，也有十几千米的)，虽然其满足上述基线检核的各项条件，但若不加区别地将全部基线纳入网中进行平差计算，因其长边的系统误差比短边的系统误差大，长边绝对精度比短边低很多，若将它们一同平差，势必将长边的系统误差传递到短边中，从而大大削弱短边的精度，影响整个控制网的点位精度。解决这个问题的方法是将长边不纳入网中进行平差，仅作检核之用，如图 6 - 39 所示的 AD、DH、FH、DM 边。

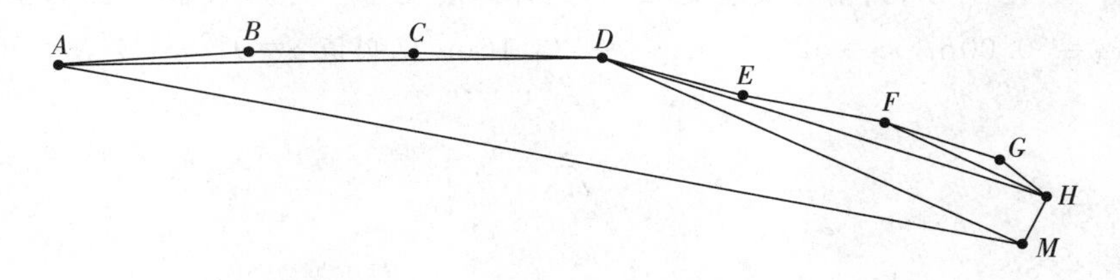

图 6 - 39　公路勘测 GPS 首级控制网布设示意图

思考题与习题

1. 控制测量的目的是什么？说明小区域内平面控制网的布设方法。

2. 导线的形式有哪几种？导线的外业工作包括哪些内容？

3. 什么叫前方交会、后方交会和距离交会？

4. 闭合导线 1—2—3—4—1 的观测数据如图 6 - 40 所示，试列表计算 2、3 和 4 三点的

坐标。

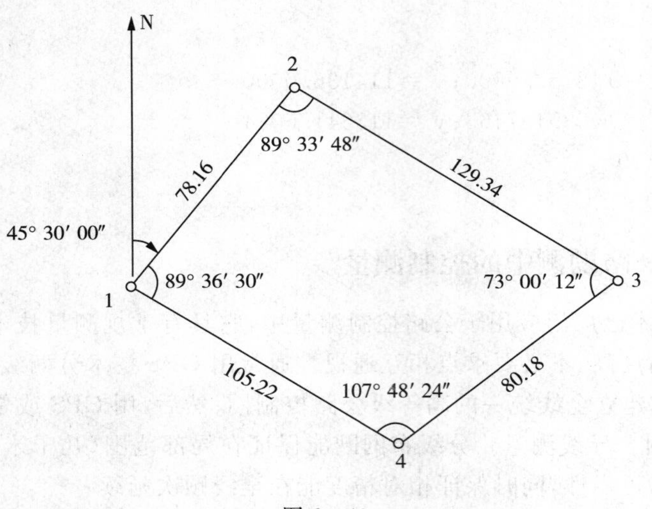

图 6－40

5．附合导线 A—B—1—2—C—D 的数据如图 6－41 所示，试计算 1、2 两个点的坐标。

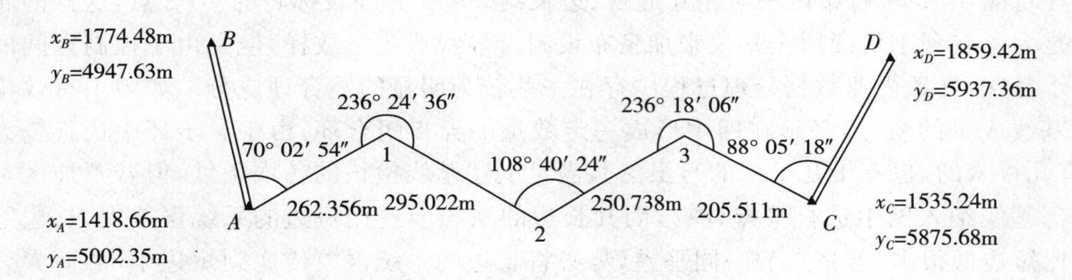

图 6－41

6．如图 6－42 所示，用前方交会定点 P，试计算其坐标。已知 A 和 B 点的坐标为 $x_A=500.00\text{m}$，$y_A=50.00\text{m}$，$x_B=526.83\text{m}$，$y_B=433.16\text{m}$，观测值 $\alpha=91°03'24''$，$\beta=50°35'23''$。

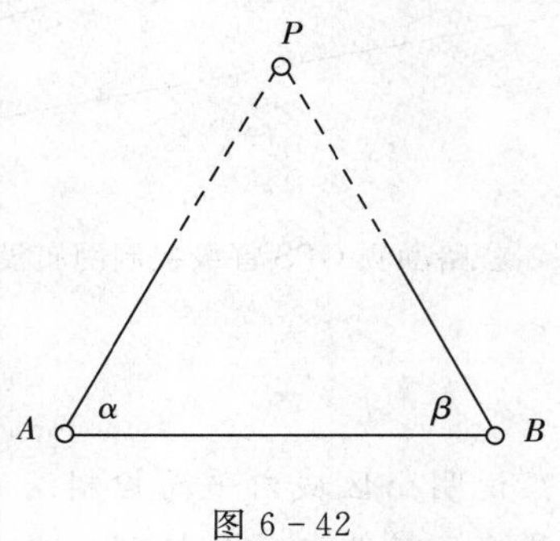

图 6－42

7．如图 6－43 所示，已知 A、B 和 C 三点的坐标和观测值 R_A、R_B 和 R_C，用后方交会测定 P 点的位置，试计算其坐标。

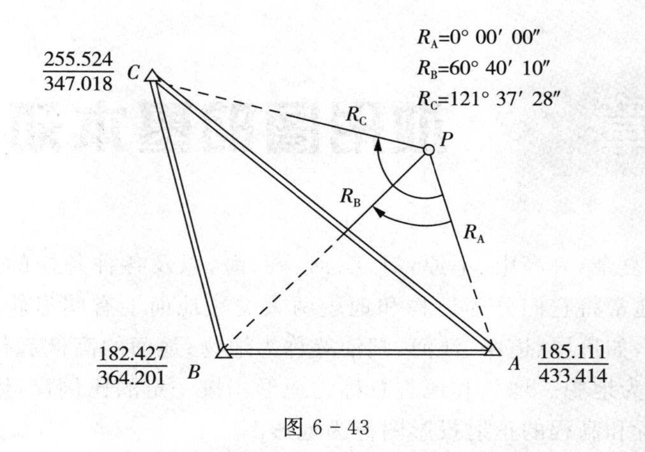

图 6-43

8. 如图 6-44 所示,已知 A 和 B 两点的坐标和观测值,用后方交会测定 P 点的位置,试计算其坐标。

9. 全站仪的功能有哪些?使用全站仪应注意的事项有哪些?

10. GPS 全球定位系统由哪几个部分组成?各个部分的作用是什么?

11. GPS 全球定位系统的定位原理是什么?如何设计 GPS 控制网?

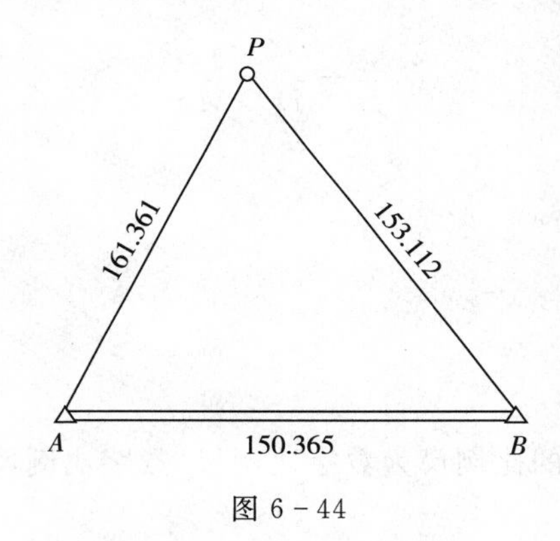

图 6-44

第七章 地形图的基本知识

地球表面非常复杂，有高山、平原，有江、河、湖、海，以及各种各样的人工建(构)筑物。在地形图测绘中，通常将它们分为地物和地貌两大类。地面上有明显轮廓，自然形成或人工建造的固定物体，如房屋、道路、江河、湖泊等称为地物；地面的高低起伏形态，如高山、丘陵、平原、洼地等称为地貌。地物和地貌总称为地形。按一定的比例尺，用规定的符号表示地物、地貌平面位置和高程的正射投影图称为地形图。

第一节 地形图的比例尺

地形图上任意一线段的长度(d)与地面上相应线段的实际水平长度(D)之比，称为地形图的比例尺，即

$$\frac{d}{D}=\frac{1}{\frac{D}{d}}=\frac{1}{M} \tag{7-1}$$

式中，M 为比例尺分母。

一、比例尺的种类

1. 数字比例尺

用分子为 1 的分数表示的比例尺为数字比例尺，数字比例尺注记在南图廓外下方的正中央。

由式(7－1)可知，比例尺分母越大，分数值越小，比例尺就越小；反之，分母越小，分数值越大，比例尺就越大。地形图按比例尺大小分为大、中、小三种。通常称 1∶100 万、1∶50 万、1∶20 万为小比例尺地形图；1∶10 万、1∶5 万和 1∶2.5 万为中比例尺地形图；1∶1 万、1∶5000、1∶2000、1∶1000 和 1∶500 为大比例尺地形图。

图的比例尺越大，表示的地物、地貌就越详细，精度也越高，但是测绘工作量也会成倍增加。因此规范规定，地形图测图的比例尺，根据工程的设计阶段、规模大小和运营管理需要，可按表 7－1 所列选用。

表 7－1 测图比例尺的选用

测图比例尺	用 途
1∶1 万	可行性研究、城市总体规划、厂址选择、区域布置、方案比选
1∶5000	

（续表）

测图比例尺	用 途
1∶2000	可行性研究、城市详细规划、工程项目初步设计
1∶1000	城市详细规划、施工图设计、竣工图、建筑设计
1∶500	

2. 图示比例尺

为了用图方便以及减弱由于图纸伸缩而引起的误差，在绘制地形图时，常在测图的同时就在图纸上绘一根用线段表示图上长度与相应实地长度之间比例关系的尺子，这就是绘制图示比例尺。图示比例尺有直线比例尺和复式比例尺两种形式。如图 7-1 所示为 1∶500 直线比例尺。绘制时先在图上绘两条平行线，再把它分成若干相等的线段，称为比例尺的基本单位，一般为 2cm；将左端的一段基本单位又分成十等分，每等分的长度相当于实地 2m。而每一基本单位所代表的实地长度为 2cm×500＝10m。

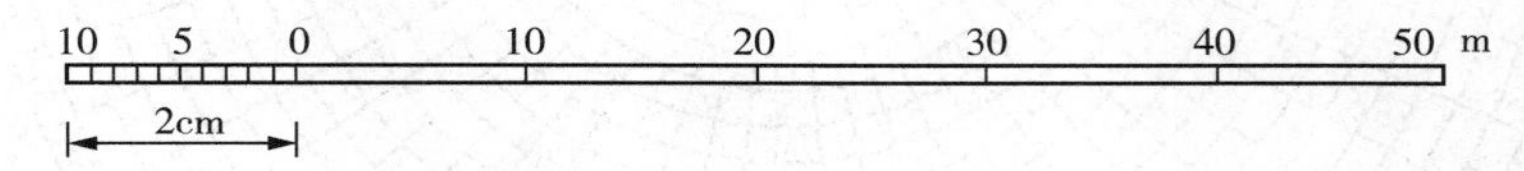

图 7-1　直线比例尺(1∶500)

二、比例尺的精度

通常情况下，人的肉眼能分辨出的最短距离为 0.1mm，即实际距离按比例尺缩绘到图上时不宜小于 0.1mm，否则人眼无法分辨出来。因此，把图上 0.1mm 所代表的实地水平距离称为比例尺精度，用 δ 表示，即

$$\delta = 0.1\text{mm} \times M \tag{7-2}$$

根据式(7-2)，几种常用的大比例尺精度见表 7-2 所列。

表 7-2　常用测图比例尺精度

测图比例尺	1∶500	1∶1000	1∶2000	1∶5000	1∶10000
比例尺精度(m)	0.05	0.10	0.20	0.50	1.00

比例尺精度对测图和设计用图均具有重要意义，根据比例尺的精度可以确定在测图时量距应达到什么程度。例如测绘 1∶1000 比例尺的地形图时，其比例尺的精度为 0.1m，所以丈量地物只要达到 0.1m 精度就可以了，小于 0.1m 在图上就无法表示出来。另外，在图上要表示出地物间的最短距离时，根据比例尺精度可以确定测图比例尺。例如，在图上要表示实地 0.2m 的最短距离时，应采用的测图比例尺不应小于$\frac{0.1\text{mm}}{0.2\text{m}}=\frac{1}{2000}$。

第二节　地形图的分幅和编号

为了便于管理和使用地形图，需要将各种比例尺的地形图进行统一的分幅和编号。地形图分幅和编号的方法分为两类：一类是按经纬线分幅的梯形分幅法（又称为国际分幅）；

另一类是按坐标格网分幅的矩形分幅法。

一、地形图的梯形分幅与编号

1. 1∶100 万比例尺图的分幅与编号

按国际上的规定，1∶100 万的世界地图实行统一的分幅和编号。即自赤道向北或向南分别按纬差 4°分成横列，各列依次用 A、B、…、V 表示。自经度 180°开始起算，自西向东按经差 6°分成纵行，各行依次用 1、2、…、60 表示。每一幅图的编号由其所在的“横列—纵行”的代号组成。例如北京某地的经度为东经 118°24′20″，纬度为 39°56′30″，则所在的 1∶100 万比例尺图的图号为 J—50。

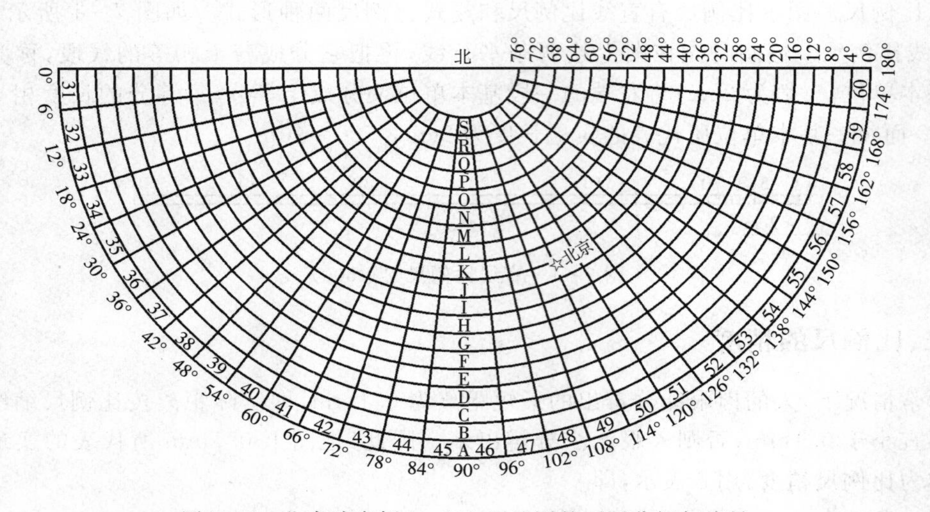

图 7－2　北半球东侧 1∶100 万地图的国际分幅与编号

2. 1∶50 万～1∶0.5 万比例尺地形图的分幅与编号

1∶50 万～1∶0.5 万地形图的编号都是由 1∶100 万比例尺地形图加密划分而成，编号均以 1∶100 万为基础，采用行列编号方法。将 1∶100 万地形图按所含各比例尺地形图的经差和纬差划分成若干行和列，横行从上到下，纵列从左到右，按顺序用 3 位阿拉伯数字(数字码)表示，不足 3 位者前面补零。取行号在前、列号在后的排列形式标记。如图 7－3 所示列出了 1∶50 万～1∶0.5 万比例尺地图图号的数码组成。

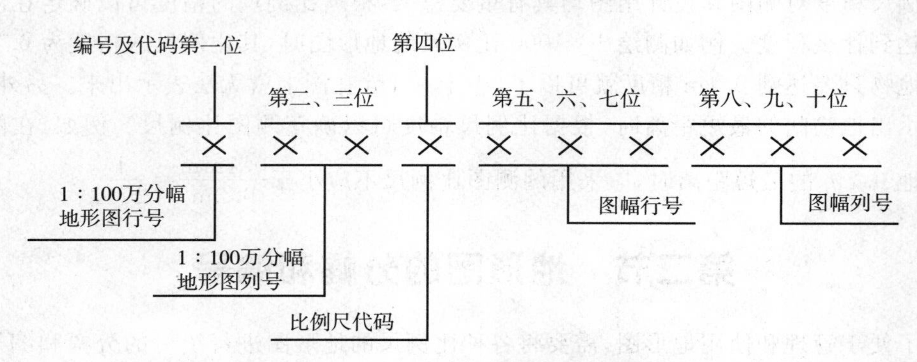

图 7－3　1∶50 万～1∶0.5 万比例尺地图图号的数码组成

各种比例尺地形图采用不同的字符作为比例尺的代码，示例见表7-3所列。

表7-3 地形图比例尺代码表

比例尺	1∶50万	1∶25万	1∶10万	1∶5万	1∶2.5万	1∶1万	1∶0.5万
代码	B	C	D	E	F	G	H
示例	J50B001002	J50C003003	J50D010010	J50E017016	J50F042002	J50G093004	J50H192192

其中，1∶50万、1∶25万、1∶10万这3种比例尺地形图的分幅与编号都是以1∶100万比例尺图幅为基础的。

1∶50万的地形图以经差3°，纬差2°，按2行2列的分法，将每一幅1∶100万的图分为4幅1∶50万的地形图。如图7-4所示，图中阴影线所示1∶50万比例尺的地形图编号为J50B001002。

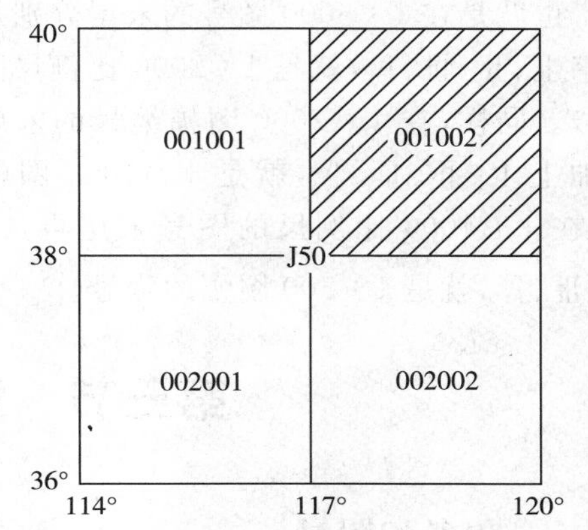

图7-4 1∶50万比例尺地形图分幅与编号

1∶25万的地形图以经差1°30′，纬差1°，按4行4列的方法，将每一幅1∶100万的图分为16幅1∶25万的地形图。

1∶10万的地形图是以经差30′，纬差20′，按12行12列的方法，将每一幅1∶100万的图分为144幅1∶10万的地形图。

二、地形图的矩形分幅与编号

工程设计和施工中所用的1∶500、1∶1000、1∶2000及小区域1∶5000大比例尺地形图，多采用坐标网格线划分图幅范围，图幅的大小为50cm×50cm、50cm×40cm、40cm×40cm，每幅以10cm×10cm为基本方格。大比例地形图矩形分幅法，各种比例地形图通常采用的图幅及实测面积见表7-4所列。

表7-4 大比例地形图图幅关系

比例尺	内幅大小(cm)	实地面积(km^2)	一幅1∶5000的图幅所包含图幅的数目
1∶5000	40×40	4	1
1∶2000	50×50	1	4
1∶1000	50×50	0.25	16
1∶500	50×50	0.0625	64

大比例地形图图幅编号以每幅图的西南角坐标千米数来表示，并以“纵坐标—横坐标”的格式表示，即x在前，y在后，中间用“—”相连。如其西南角的坐标x=4400.0km，y=38.0km，所以其编号为“4400.0—38.0”，如图7-5所示。编号时，比例尺为1∶500的地形图，坐标值取至0.01km，而1∶1000、1∶2000的地形图取至0.1km。

某些工矿企业和城镇，面积较大，而且测绘有几种不同比例尺的地形图，编号时是以 1∶5000 比例尺图为基础，并作为包括在本图幅中的较大比例尺图幅的基本图号。例如，某 1∶5000 图幅西南角的坐标值 $x=20\text{km}$，$y=10\text{km}$，则其图幅编号为“20—10”。这个图号将作为该图幅中的较大比例尺所有图幅的基本图号。也就是在 1∶5000 图号的末尾分别加上罗马字Ⅰ、Ⅱ、Ⅲ、Ⅳ，就是 1∶2000 比例尺图幅的编号。同样，在 1∶2000 图幅编号的末尾分别再加上Ⅰ、Ⅱ、Ⅲ、Ⅳ，就是 1∶1000 图幅的编号；在 1∶1000 比例尺的图号末尾再加上Ⅰ、Ⅱ、Ⅲ、Ⅳ，就是 1∶500 图幅的编号。

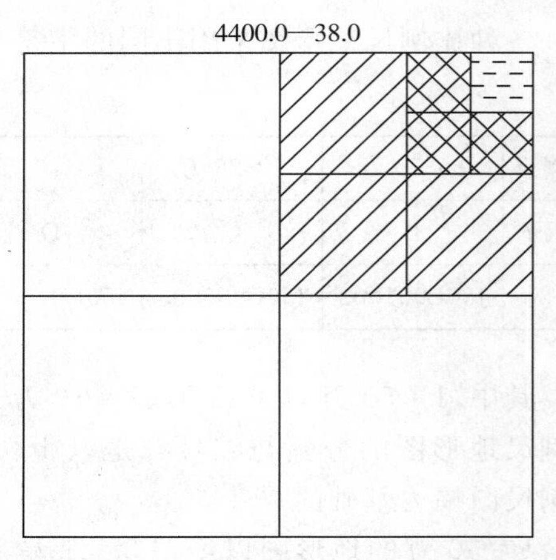

图 7-5　大比例地形图分幅与编号

第三节　地形图图外注记

一、图名和图号

图名即本幅图的名称，是以所在图幅内最著名的地名、厂矿企业和村庄的名称来命名的，注记在本图廓外上方中央，如图 7-6 所示。为了区别各幅地形图所在的位置关系，每幅地形图上都编有图号。图号是根据地形图分幅和编号方法编定的，并把它标注在图名下方。

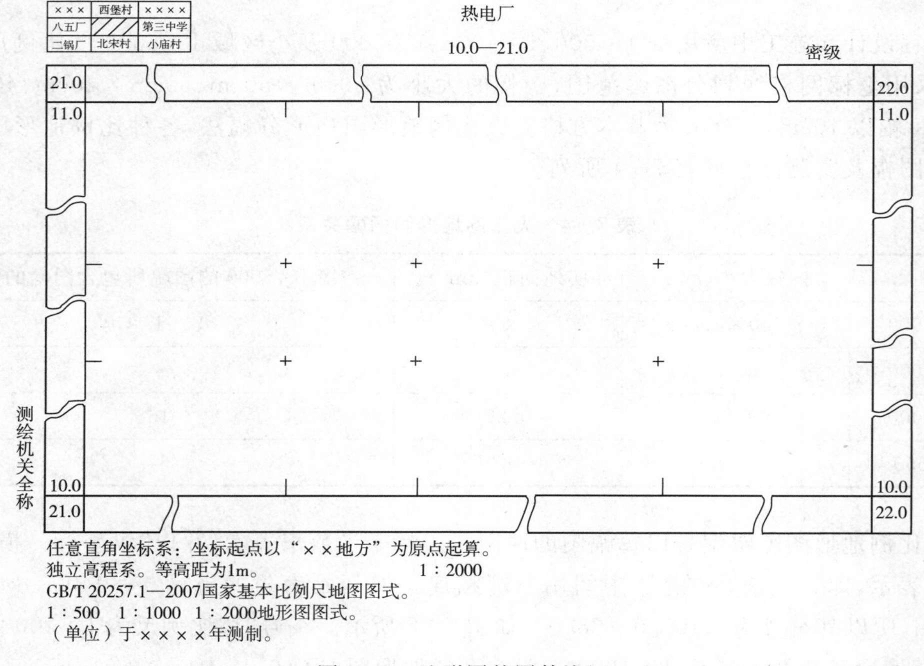

图 7-6　地形图的图外注记

二、接图表

接图表说明本图幅与相邻图幅的关系，供索取相邻图幅时用。通常是中间一格画有斜线的代表本图幅，四邻分别注明相应的图号（或图名），并绘注在图廓的左上方，如图 7－6 所示。除了接图表以外，还把相邻图幅的图号分别注在东、西、南、北图廓线中间，进一步表明与四邻图幅的相互关系。

三、图廓

图廓是地形图的边界，矩形图幅只有内、外图廓之分。内图廓就是坐标格网线，也是图幅的边界线。在内图廓外四角处注有坐标值，并在内廓线内侧，每隔 10cm 绘有 5mm 的短线，表示坐标格网线的位置。在图幅内绘有每隔 10cm 的坐标格网交叉点。外图廓是最外边的粗线。

在城市规划以及给排水线路等设计工作中，有时需要用 1∶1 万或 1∶2.5 万的地形图。这种图的图廓有内图廓、分图廓和外图廓之分。内图廓是经线和纬线，也是该图幅的边界线。内、外图廓之间为分图廓，它绘成若干段黑白相间的线条，每段黑线或白线的长度，表示实地经差或纬差 1′。分图廓与内图廓之间，注记了以千米为单位的平面直角坐标值。

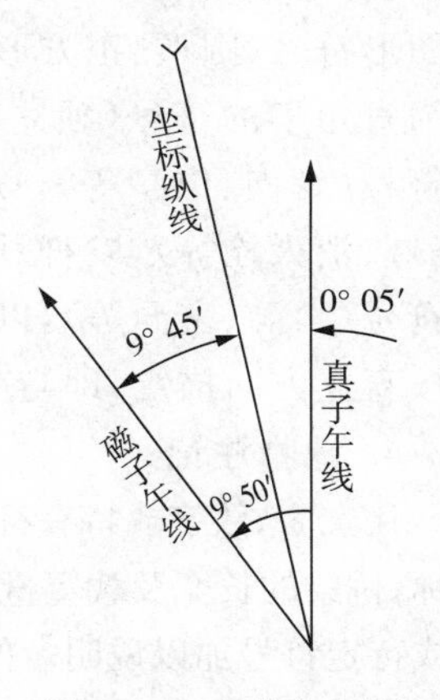

图 7－7　三北方向图

四、三北方向关系图

在中、小比例尺图的南图廓线的右下方，还绘有真子午线、磁子午线和坐标纵轴（中央子午线）方向这三者之间的角度关系图，称为三北方向图，如图 7－7 所示。利用该关系图可对图上任一方向的真方位角、磁方位角和坐标方位角三者间作相互换算。此外在南、北内图廓线上，还绘有标志点 P 和 P'，该两点的连线即为该图幅的磁子午线方向，有了它利用罗盘可将地形图进行实地定向。

第四节　地物和地貌在地形图上的表示方法

一、地物的表示方法

地形是地物和地貌的总称。地物是地面上天然或人工形成的物体，如湖泊、河流、房屋、道路等。由于地面上物体种类繁多，形状和大小不一，因此地形图是通过对地物综合取舍后用规定的符号来表示地物，这些地物符号总称为地形图图式。地形图图式是由国家测绘地理信息局制定，并由国家标准化管理委员会批准颁布实施的国标符号，它是测绘、出版各种比例尺地形图的依据之一，也是识别和使用地形图的重要工具。现行的《国家基本比例尺地图图式》，于 2018 年 5 月 1 日实施，表 7－5 所列摘自其中常用的地形图图式符号。图式中的符号很多，归纳起来可分为依比例符号、半比例符号、非比例符号和地物注记等 4 种。

1. **依比例符号**

有些地物的轮廓较大，如房屋、稻田和湖泊等，它们的形状和大小可以按测图比例尺缩小，并用规定的符号绘在图纸上，这种符号称为比例符号。

2. **半比例符号(线形符号)**

对于一些带状延伸地物(如道路、通信线、管道、垣栅等)，其长度可按比例尺缩绘，而宽度无法按比例尺表示的符号称为半比例符号。这种符号的中心线，一般表示其实地地物的中心位置，但是城墙和垣栅等地物中心位置在其符号的底线上。

3. **非比例符号**

有些地物，如三角点、水准点、独立树和里程碑等，轮廓较小，无法将其形状和大小按比例绘到图上则不考虑其实际大小，而采用规定的符号表示，这种符号称为非比例符号。

非比例符号不仅其形状和大小不按比例绘出，而且符号的中心位置与该地物实地的中心位置关系，也随各种不同的地物而异。在测图和用图时应注意以下几点：第一，规则的几何图形符号(圆形、正方形、三角形等)，以图形几何中心点为实地地物的中心位置；第二，底部为直角形的符号(独立树、路标等)，以符号的直角顶点为实地地物的中心位置；第三，宽底符号(烟囱、岗亭等)，以符号底部中心为实地地物的中心位置；第四，几种图形组合符号(路灯、消火栓等)，以符号下方图形的几何中心为实地地物的中心位置；第五，下方无底线的符号(山洞、窑洞等)，以符号下方两端点连线的中心为实地地物的中心位置。各种符号均按直立方向描绘，即与南图廓垂直。

4. **地物注记**

用文字、数字或特有符号对地物加以说明者，称为地物注记。诸如城镇、工厂、河流、道路的名称；桥梁的长宽及载重量；江河的流向、流速及深度；道路的去向及森林、果树的类别等，都以文字或特定符号加以说明。但是当等高距过小时，图上的等高线过于密集，将会影响图面的清晰度。因此在测绘地形图时，等高距的大小是根据测图比例尺与测区地形情况来确定的。

表 7-5 《国家基本比例尺地图图式第 1 部分：1∶500 1∶1000 1∶2000 地形图图式》(部分)(GB/T 20257.1—2017)

编号	符号名称	1∶500 1∶1000	1∶2000
1	三角点 凤凰山——点名 394.468——高程	△ 凤凰山/394.468 3.0	
2	小三角点 横山——点名 95.93——高程	▽ 3.0 横山/95.93	
3	土堆上的三角点 土堆上的小三角点	△ 0.6 ▽	
4	导线点 I16——等级、点号 84.46——高程	2.0 □ 116/84.46	

（续表）

编号	符号名称	1∶500　1∶1000	1∶2000
5	图根点 a. 埋石的 N16——点号 84.46——高程 b. 不埋石的 25——点号 62.74——高程	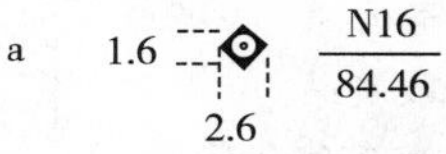 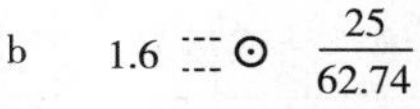 a　1.6　2.6　N16/84.46 b　1.6　25/62.74	
6	水准点 Ⅱ京石 5——等级、点名 32.804——高程	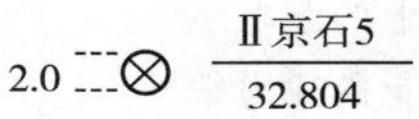 2.0　Ⅱ京石5/32.804	
7	一般房屋 混——房屋结构 3——房屋层数	 混3	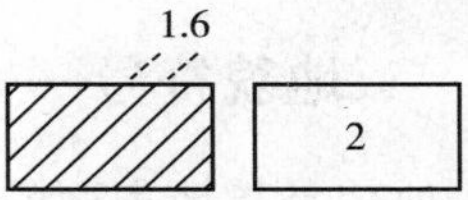 1.6　2
8	简单房屋	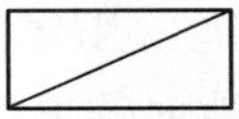	
9	在建房屋	 建	
10	破坏房屋	 破	
11	棚房	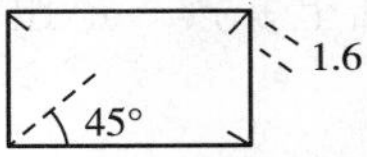 45°　1.6	
12	学校	 文　3.0	
13	卫生所	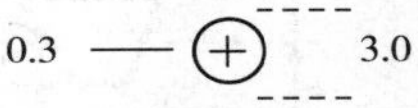 0.3　3.0	
14	假石山	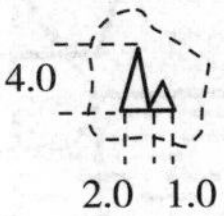 4.0　2.0　1.0	
15	垃圾台	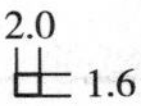 2.0　1.6	不表示
16	宣传橱窗、广告牌	 1.0　2.0	
17	球场、打谷场	 谷	
18	厕所	 厕	

（续表）

编号	符号名称	1∶500　1∶1000	1∶2000
19	高速公路 a. 收费站 0——技术等级代码	0　a　0.4	
20	等级公路 2——技术等级代码 (G301)——国道路线编号	0.2 0.4 2（G301）	
21	电力线 a. 地面上的配电线 b. 地面上的输电线	a　4.0	b　4.0

二、地貌符号——等高线

地貌是指地表面的高低起伏状态，它包括山地、丘陵和平原等。在图上表示地貌的方法很多，而测量工作中通常用等高线表示，因为用等高线表示地貌不仅能表示地面的起伏形态，并且还能表示出地面的坡度和地面点的高程。

1. 等高线的概念

等高线是指地面上高程相同的点所连接而成的连续闭合曲线。为了形象地说明等高线形成原理，对图 7－8 所示的山体设想用一系列高差间隔相等的水平面与它相截，可得到一系列形态各异的闭合截曲线，即为等高线。这些等高线反映了山体的形态。将这些等高线投影到同一水平面上并按一定比例缩绘到图纸上，则可构成反映山体表面形态的一簇等高线。

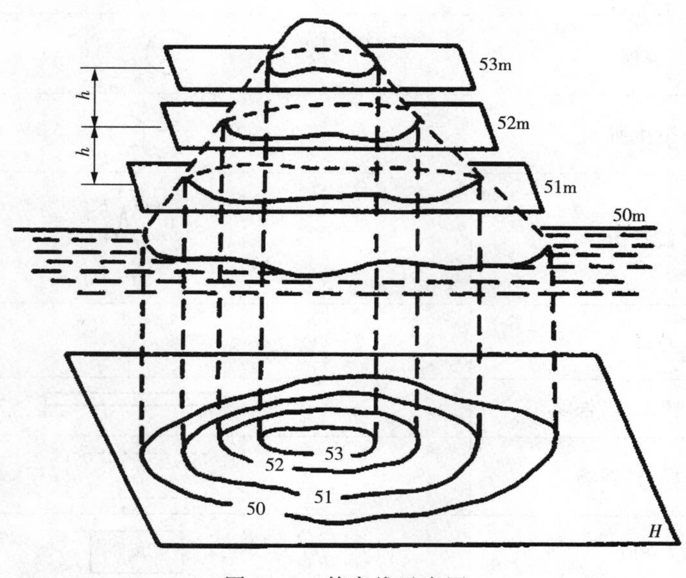

图 7－8　等高线示意图

2. 等高距和等高线平距

相邻等高线之间的高差称为等高距，常以 h 表示。在同一幅地形图上，等高距是相同的。

相邻等高线之间的水平距离称为等高线平距，常以 D 表示。等高距与等高线平距的比值为地面坡度，用 i 表示。

$$i=\frac{h}{D} \tag{7-3}$$

因为在同一张地形图内等高距是相同的，所以等高线平距 D 的大小直接与地面坡度有关。等高线平距越小，地面坡度就越大；平距越大，则坡度越小；坡度相同，平距相等。因此，可以根据地形图上等高线的疏、密来判定地面坡度的缓、陡。同时还可以看出等高距越小，显示地貌就越详细；等高距越大，显示地貌就越简略。

3. 典型地貌的等高线

地面上地貌的形态是多样的，对它进行仔细分析后就会发现它们不外是几种典型地貌的综合。了解和熟悉用等高线表示典型地貌的特征，将有助于识读、应用和测绘地形图。

典型地貌有：

(1)山头和洼地(盆地)

山头和洼地的等高线都是一组闭合曲线，如图 7－9、图 7－10 所示。在地形图上区分山头或洼地的方法是：凡是内圈等高线的高程注记大于外圈者为山头，小于外圈者为洼地。如果等高线上没有高程注记，则用示坡线来表示。

示坡线是垂直于等高线的短线，用以指示坡度下降的方向。示坡线从内圈指向外圈，说明中间高，四周低，为山头；示坡线从外圈指向内圈，说明四周高，中间低，故为洼地。

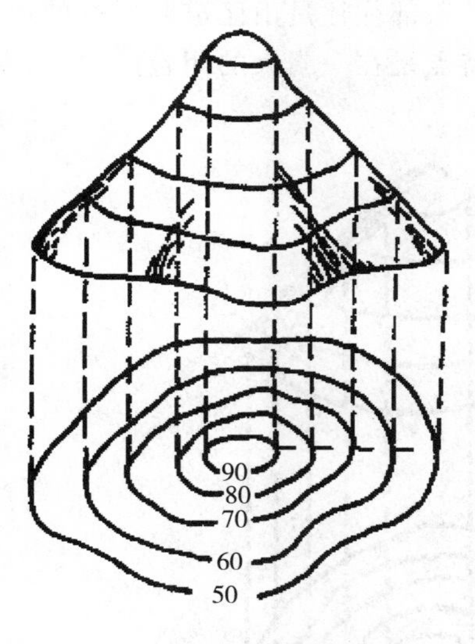

图 7－9　山头等高线

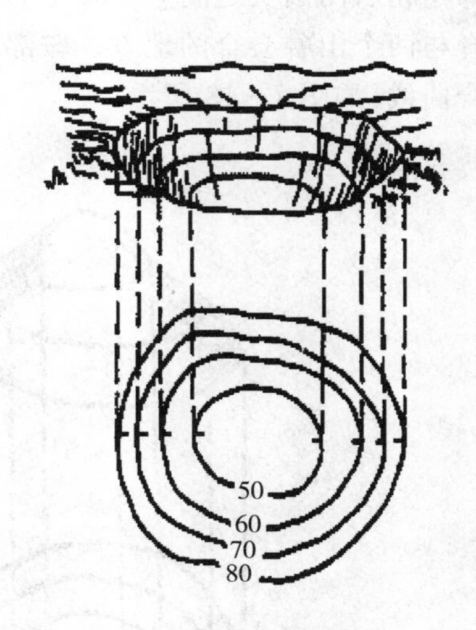

图 7－10　洼地等高线

(2)山脊和山谷

山脊是沿着一个方向延伸的高地。山脊的最高棱线称为山脊线。山脊等高线表现为一组凸向低处的曲线，如图 7－11 所示。

山谷是沿着一个方向延伸的洼地，位于两山脊之间。贯穿山谷最低点的连线称为山谷线。山谷等高线表现为一组凸向高处的曲线，如图 7－12 所示。

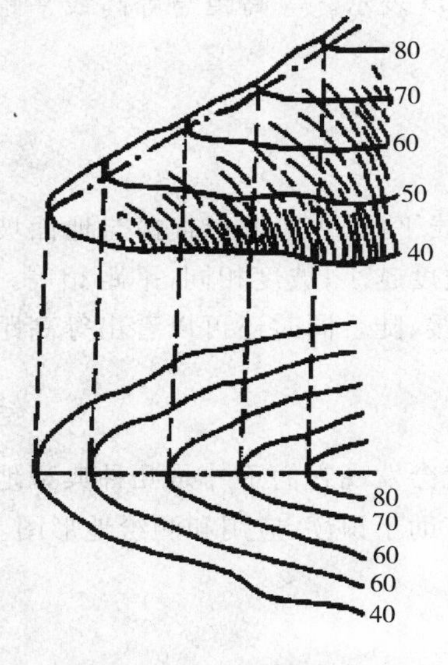

图 7－11　山脊等高线

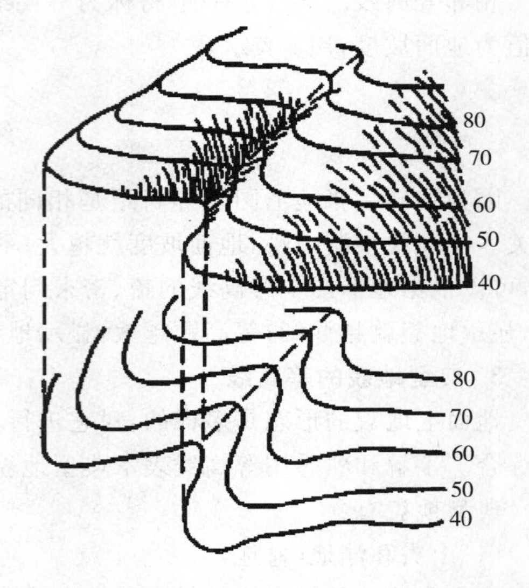

图 7－12　山谷等高线

山脊附近的雨水必然以山脊线为分界线，分别流向山脊的两侧，因此山脊又称分水线；而在山谷中，雨水必然由两侧山坡流向谷底，向山谷线汇集，因此山谷线又称集水线。

(3)鞍部

鞍部是相邻两山头之间呈马鞍形的低凹部位。鞍部往往是山区道路通过的地方，也是两个山脊与两个山谷会合的地方。鞍部等高线的特点是在一圈大的闭合曲线内，套有两组小的闭合曲线，如图 7－13 所示。

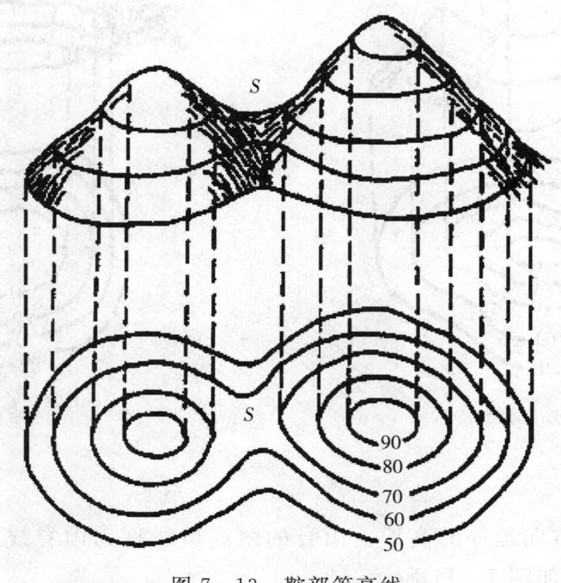

图 7－13　鞍部等高线

(4)陡崖和悬崖

陡崖是坡度在70°以上的陡峭崖壁，有石质和土质之分。这种地貌的等高线非常密集甚至重合为一条线，如图7-14所示。

悬崖是上部突出、下部凹进的陡崖，这种地貌的等高线出现相交。俯视时隐蔽的等高线用虚线表示。

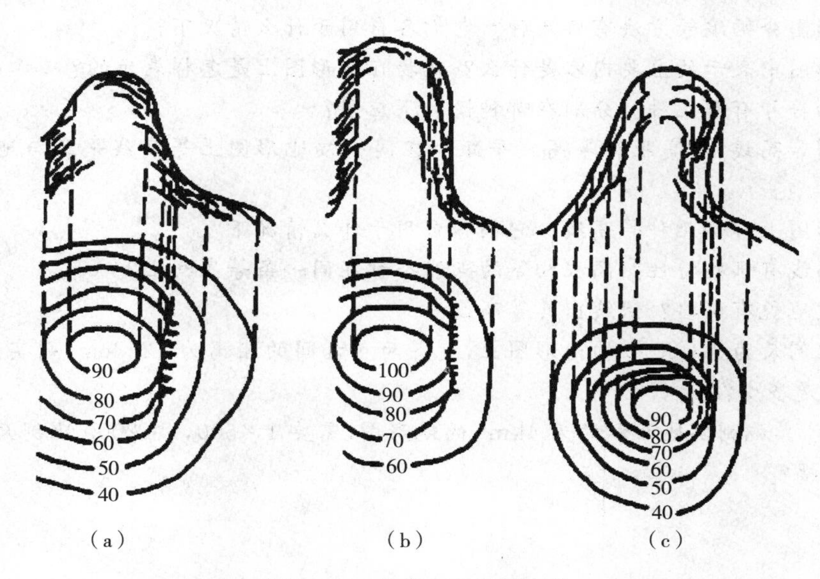

图7-14　陡崖和悬崖等高线

4. **等高线的分类**

为了便于对地形图上的等高线进行识读与应用，在绘图时，将等高线的形式分为首曲线、计曲线、间曲线三种。

(1)首曲线

在同一幅图上，按规定的等高距描绘的等高线称为首曲线，也称基本等高线。它是宽度为0.15mm的细实线。

(2)计曲线

为了读图方便，凡是高程能被5倍基本等高距整除的等高线加粗描绘，称为计曲线。

(3)间曲线

当首曲线不能显示地貌的特征时，按二分之一基本等高距描绘的等高线称为间曲线，在图上用长虚线表示。有时为显示局部地貌的需要，可以按四分之一基本等高距描绘的等高线，称为助曲线，一般用短虚线表示。

5. **等高线的特性**

了解等高线的特性，对于实践中具体识读和灵活应用地形图是非常重要的。综合上述有关等高线的基本知识，对等高线的特性可归纳如下：

(1)同一条等高线上各点的高程都相等。

(2)等高线是闭合曲线，如不在本图幅内闭合，则必在图外闭合。

(3)除在悬崖或绝壁处外，等高线在图上不能相交或重合。

(4)等高线的平距小,表示坡度陡,平距大表示坡度缓,平距相等则坡度相等。

(5)等高线与山脊线、山谷线成正交。

思考题与习题

1. 什么叫比例尺的精度？它在实际测量工作中有何意义？

2. 地形图分幅编号方法有哪几种？它们各自用于什么情况下？

3. 地形图中表示的主要内容是什么？地物在地形图上是怎样表示的？

4. 地物符号有哪几种？分别在哪种情况下应用？

5. 何谓等高线、等高距和等高线平距？在同一幅地形图上等高线平距与地面坡度的关系如何？

6. 地形图上有哪几种等高线？它们各自用于什么情况下？

7. 等高线有哪些特性？高程相等的点能否都在同一条等高线上？

8. 典型地貌有哪些？试绘出其等高线。

9. 在比例尺为1∶2000的地形图上,量得两点之间的距离为12.3cm,则实际为多少？比例尺精度是多少？

10. 试计算施测实地面积约为4km^2的地形图,需要1∶500,1∶2000比例尺的正方形图幅各多少幅？

第八章 大比例尺地形图的测绘

地形图真实地反映了地面的各种自然状况。在地形图上,可以直接确定点的坐标、点与点之间的水平距离、直线间夹角、直线的方位等。地形图是工程建设必不可少的基础性资料,无论是国土整治、资源勘查、土地利用及规划,还是工程设计、军事指挥等都离不开地形图。因此,在每一项新的工程建设前都要先进行地形测量工作,以获取规定比例尺的现状地形图。

大比例尺地形图具有测绘面积小、地物地貌表示详细、精度高的特点,其测绘方法有解析测图法和数字测图法。本章将对大比例尺地形图的测绘进行阐述。

第一节 大比例尺地形图的解析测绘方法

大比例尺地形图的解析测图法又有多种,本节简要介绍经纬仪配合量角器测绘法。

一、测绘前的准备工作

测图前不仅要做好仪器、工具和有关资料的准备工作,还要做好以下工作:

1. 收集资料

测图前应收集有关的测图规范和地形图图式,做好测区中地形图的分幅及编号,整理抄录测区内所有控制点的有关成果。

2. 仪器准备

对测图所用的仪器,如平板仪、经纬仪等进行必要的检验、校正,同时准备好其他的测图工具。

3. 图纸选用

地形图测绘一般选用一面打毛的聚酯薄膜作为图纸,其厚度为0.07～0.1mm,经过热定型处理,其伸缩率小于0.3%。聚酯薄膜图纸坚韧耐湿,沾污后可洗,便于野外作业;在图纸上着墨后,可直接复晒蓝图,但易燃,有折痕后不能消失,在测图、用图和保管过程中要注意。

4. 绘制坐标网格

为了能准确地把各等级的控制点,包括图根控制点展绘在图纸上,首先要精确地绘制直角坐标方格网,每个方格为10cm×10cm。我们可以到测绘仪器商店购买印制好坐标格网的图纸。绘制坐标格网的方法有对角线法和绘图仪法等。

(1)对角线法

如图8-1所示,沿图纸的四个角,用坐标格网尺给出两条对角线交于O点,从O点起在对角线上量取4段相等长度,得出A、B、C、D 4个点,连线得矩形$ABCD$,从A、B两点起

沿 AD 和 BC 向右每隔 10cm 截取一点；再从 A、B 两点起沿 AB、DC 向上每隔 10cm 截取一点。然后连接相应各点，即得到由 10cm×10cm 正方形组成的坐标格网。

(2)绘图仪法

在计算机中用 AutoCAD 软件编辑好坐标格网图形，然后把图形通过绘图仪绘制在图纸上。坐标方格网画好后，要用直尺检查各方格网的交点是否在同一直线上，一般要求交点的偏离值不超过 0.2mm。用比例尺检查 10cm 小方格的边长与其理论值相差不应超过 0.2mm。小方格对角线长度(14.14cm)误差不应超过 0.3mm。如超过限差应重新绘制。

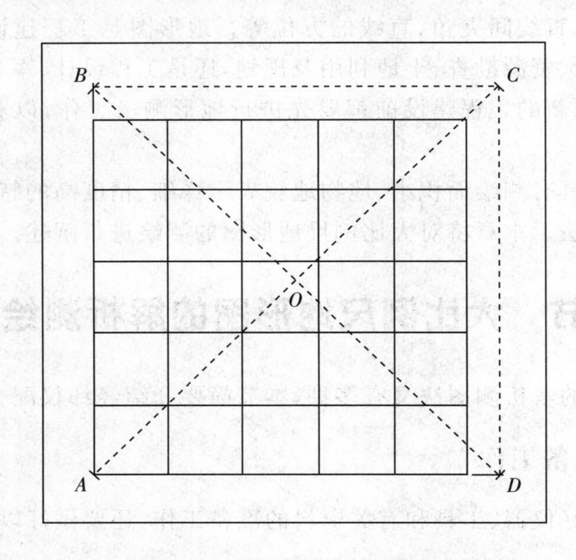

图 8-1　对角线法绘制坐标格网

5. 展绘控制点

展绘控制点是指根据图根平面控制点坐标值，将其点位在图纸上标出。展点前应根据地形图的分幅位置，将坐标格网线的坐标值注记在图框外相应位置。

展绘控制点前，按图的分幅位置将坐标格网线的坐标值标注在相应方格网边线的外侧；展点时，再根据控制点的坐标确定其所在的方格。如图 8-2 所示，控制点 A 的坐标为 $x_A=764.3.30$m，$y_A=566.15$m，因此可知 A 点的位置在 $klmn$ 方格内。再按 y 坐标值分别从 l、k 点按测图比例尺向右各量 66.15m，测得 d、c 两点；同法，从 k、n 点向上各量 64.30m，得 a、b 两点，连接 a、b 和 c、d，其交点即 A 点的位置。同法将图幅内其余各控制点展绘在图纸上，并标出各点的符号。

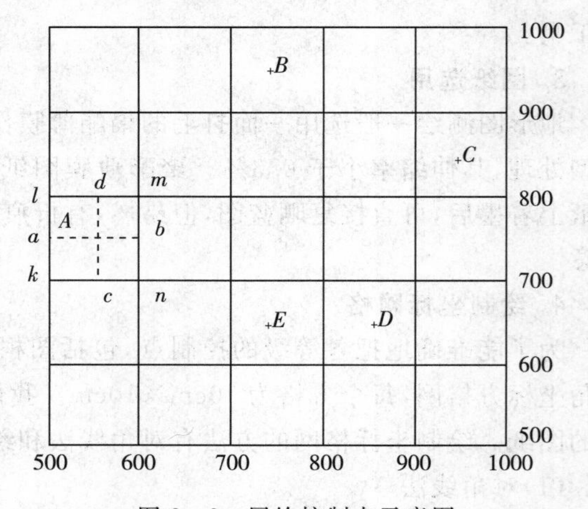

图 8-2　展绘控制点示意图

控制点展绘后，应进行校核。其具体方法是用比例尺量出各相邻控制点之间的长度，并与坐标反算长度比较，要求其差值不应超过图上 0.3mm。检查无误后，按地形图图式的规定将各点的点号和高程标注在图上相应的位置。

二、经纬仪测图法

经纬仪测图法是按极坐标法定位的解析测图法。利用经纬仪的水平度盘、竖直度盘和安装在经纬仪上的测距仪量取测定点位的必要数据，然后通过计算得到地物点的坐标，最后按一定比例缩绘在图纸上。

如 8－3 所示，图中 A、B 和 C 为已知控制点，在 A 点安置经纬仪，量取仪器高 i。使望远镜瞄准后视点 B（定向点）的标志，将水平度盘读数配置为 0°，转动照准部依次瞄准地物点 1、2、3 上竖立的觇牌或棱镜，测定定向点与地物点的水平角 β，同时用测距仪测定测站点 A 至地物点的水平距离 D_i 及高差 h_i，由此计算地物点的坐标(x,y)和高程 H_i。经纬仪测图法需要把观测数据记录下来，根据数据继续绘图。

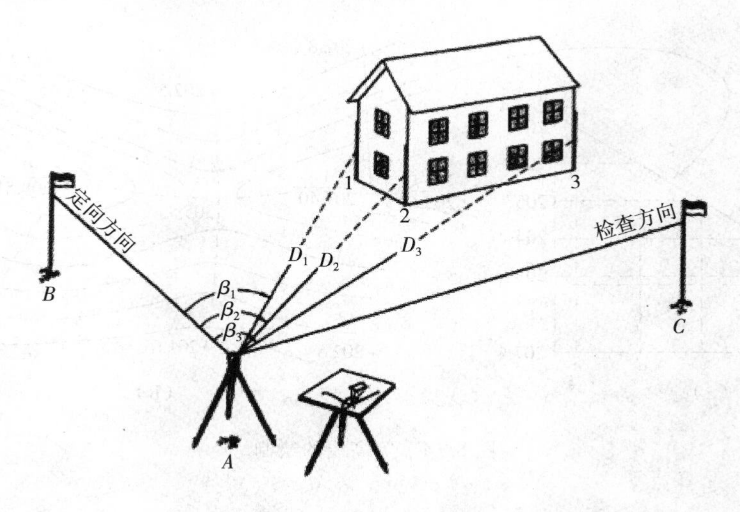

图 8－3　经纬仪测图法

经纬仪配合量角器测绘法一般需要 4 个人操作，其分工是：观测 1 人，记录计算 1 人，绘图 1 人，立尺 1 人。具体测量步骤有：

(1)安置经纬仪于测站点 A，小平板立于旁边。

(2)用经纬仪分别测出水平角 β_1、β_2、β_3，测距仪测出 D_1、D_2、D_3 和 h_1、h_2、h_3。

(3)用量角器在图上分别量出 β_1、β_2、β_3 方向线及缩绘出 1、2、3 碎部点。

三、地形图绘制

外业工作中，当碎部点展绘在图纸上后就可以对照实地随时描绘地物和等高线。

1. 地物描绘

地物应按地形图图式规定的符号表示。房屋轮廓应用直线连接，而道路、河流的弯曲部分应逐点连成光滑曲线。不能依比例描绘的地物应用图式规定的不依比例符号表示。

2. 等高线的勾绘

勾绘等高线时，首先用铅笔轻轻描绘出山脊线、山谷线等地形线，再根据碎部点的高程勾绘等高线。不能用等高线表示的地貌，如悬崖、陡崖、土堆、冲沟、雨裂等，应用图式规定的符号表示。

由于碎部点是选在地面坡度变化处，因此相邻点之间可视为均匀坡度，这样可在两相邻碎部点的连线上按平距与高差成比例的关系，内插出两点间各条等高线通过的位置。

如图 8－4(a)所示，地面上导线点 A 与碎部点 P 的高程分别为 207.4m 及 202.8m，若取基本等高距为 1m，则其间有高程为 203m，204m，205m，206m 及 207m 等五条等高线通过。根据平距与高差成比例的原理，先目估定出高程为 203m 的 a 点和高程为 207m 的 e 点，然后将 ae 的距离四等分，定出高程为 204m，205m，206m 的 b，c，d 点。同法定出其他相邻两碎部点间等高线应通过的位置。将高程相等的相邻点连成光滑的曲线，即为等高线，结果如图 8－4(b)所示。勾绘等高线时，应对照实地情况，先画计曲线，后画首曲线，并注意山谷线的走向。

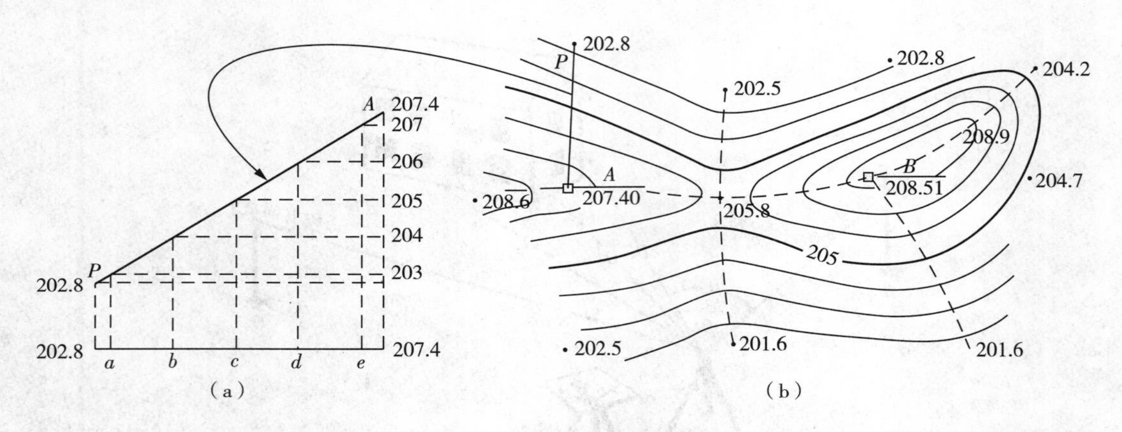

图 8－4　等高线的绘制

四、地形图测绘的基本要求

1. 仪器设置及测站检查

《工程测量规范》对地形测图时仪器的设置及测站上的检查要求如下：

(1)仪器对中的偏差，不应大于图上 0.05mm。

(2)尽量使用离测站较远的控制点定向，另一控制点进行检核，如图 8－3 所示是选择 B 点定向，C 点进行检核。采用经纬仪测绘时，其角度检测值与原角值之差不应大于 2′；每站测图过程中，应随时检查定向点方向，归零差不应大于 4′。

(3)检查另一测站的高程，其较差不应大于 1/5 基本等高距。

(4)采用经纬仪配合量角器测绘法，当定向边长在图上短于 10cm 时，应以正北或正南方向作为起始方向。

2. 地物点、地形点视距和测距长度

地物点、地形点视距的最大长度应符合表 8－1 所列的规定。

表 8-1　经纬仪视距法测图的最大视距长度/m

比例尺	一般地区		城镇建筑区	
	地物	地形	地物	地形
1∶500	60	100	—	70
1∶1000	100	150	80	120
1∶2000	180	250	150	200

3. 高程注记点的分布

(1)地形图上高程注记点应分布均匀，丘陵地区高程注记点间距应符合表 8-2 所列的规定。

表 8-2　丘陵地区高程注记点间距

比例尺	1∶500	1∶1000	1∶2000
高程注记点间距/m	15	30	50

注：平坦及地形简单地区可放宽至 1.5 倍，地貌变化较大的丘陵地、山地与高山地应适当加密。

(2)山顶、鞍部、山脊、山脚、谷底、谷口、沟底、沟口、凹地、台地、河川湖地岸旁、水涯线上以及其他地面倾斜变换处，均应测高程注记点。

(3)城市建筑区高程注记点应测设在街道中心线、街道交叉中心、建筑物墙基脚和相应的地面、管线检查井井口、桥面、广场、较大的庭院内或空地上以及其他地面倾斜变换处。

(4)基本等高距为 0.5m 时，高程注记点应注至 cm；基本等高距大于 0.5m 时可注至 dm。

4. 地物、地貌的绘制

在测绘地物、地貌时，应遵守“看不清不绘”的原则。地形图上的线画、符号和注记应在现场完成。

按基本等高距测绘的等高线为首曲线。从 0m 起算，每隔四根首曲线加粗一根计曲线，并在计曲线上注明高程，字头朝向高处，但应避免在图内倒置。山顶、鞍部、凹地等不明显处等高线应加绘坡线。当首曲线不能显示地貌特征时，可测绘 1/2 基本等高距的间曲线。

城市建筑区和不便于绘等高线的地方，可不绘等高线。

地形原图铅笔整饰应符合下列规定：

(1)地物、地貌各要素，应主次分明、线条清晰、位置准确、交接清楚。

(2)高程的注记，应注于点的右方，离点位的间隔应为 0.5mm，字头朝北。

(3)各项地物、地貌均应按规定的符号绘制。

(4)各项地理名称注记位置应适当，并检查有无遗漏或不明之处。

(5)等高线须合理、光滑、无遗漏，并与高程注记点相适应。

(6)图幅号、方格网坐标、测图时间应书写正确齐全。

5. 地形图的拼接、检查和提交的资料

(1)地形图的拼接

测区面积较大时，整个测区划分为若干幅图进行施测，这样在相邻图幅的连接处由于测量误差和绘图误差的影响，无论是地物轮廓线还是等高线往往不能完全吻合。如图 8－5 所示为相邻两幅图相邻边的衔接情况。由图示可知，将两幅图的同名坐标格网线重叠时，图示中的房屋、河流、等高线、陡坎都存在接边差。若接边差小于表 8－3 所列的规定的平面、高程中误差的 $2\sqrt{2}$ 倍时，可平均配赋，并据此改正相邻图幅的地物、地貌位置，但应注意保持地物、地貌相互位置和走向的正确性。超过限差时应到实地检查纠正。

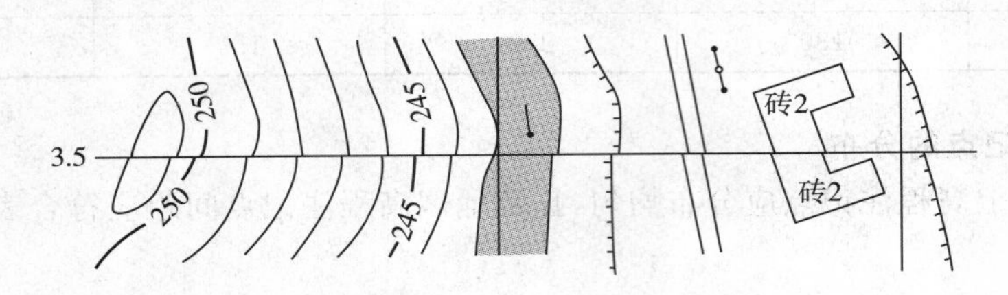

图 8－5　地形图拼接

表 8－3　地物点、地物点平面和高程中误差

<table>
<tr><td rowspan="2">地区分类</td><td>点位中误差</td><td>邻近地物点间距</td><td colspan="4">等高线高程中误差</td></tr>
<tr><td>图上/mm</td><td>中误差/图上 mm</td><td>平地</td><td>丘陵地</td><td>山地</td><td>高山地</td></tr>
<tr><td>城市建筑区和平地、丘陵地</td><td>≤0.5</td><td>≤±0.4</td><td rowspan="2">$\leqslant\frac{1}{3}$</td><td rowspan="2">$\leqslant\frac{1}{2}$</td><td rowspan="2">$\leqslant\frac{2}{3}$</td><td rowspan="2">≤1</td></tr>
<tr><td>山地、高山地和设站施测困难的旧街坊内部</td><td>≤0.75</td><td>≤±0.6</td></tr>
</table>

(2)地形图的检查

为了保证地形图的质量，除施测过程中加强检查外，在地形图测绘完成后，作业人员和作业小组应对完成的成果、成图资料进行严格的自检和互检，确认无误后方可上交。地形图检查的内容包括内业检查和外业检查。

① 内业检查

图根控制点的密度应符合要求，位置恰当；各项较差、闭合差应在规定范围内；原始记录和计算成果应正确，项目填写齐全。地形图图廓、方格网、控制点展绘精度应符合要求；测站点的密度和精度应符合规定；地物、地貌各要素测绘应正确、齐全，取舍恰当，图式符号运用正确，接边精度应符合要求；图历表填写应完整清楚，各项资料齐全。

② 外业检查

根据内业检查的情况，有计划地确定巡视路线，进行实地对照查看，检查地物、地貌有无遗漏；等高线是否逼真合理，符号、注记是否正确等。再根据内业检查和巡视检查发现的问题，到野外设站检查，除对发现的问题进行修正和补测外，还应对本测站所测地形进行检查，看原测地形图是否符合要求。仪器检查量为每幅图内容的 10%左右。

6. 地形测图全部工作结束后应提交的资料

(1)图根点展点图、水准路线图、埋石点点之记、测有坐标的地物点位置图、观测与计算手簿、成果表。

(2)地形原图、图历簿、接合表、按版测图的接边纸。

(3)技术设计书、质量检查验收报告及精度统计表、技术总结等。

第二节　数字测图

一、数字测图概述

1. 数字化测图概念

数字化测图(Digital Surveying and Mapping,简称 DSM)是近三十年发展起来的一种全新的测绘地形图的方法。以计算机为核心,在外连输入、输出硬件设备和软件的支持下,对地形空间数据进行采集、传输、处理编辑、入库管理和成图输出的整个系统,称为自动化数字测绘系统。

数字化测图技术包括野外数据采集和内业绘图处理两个步骤。野外数据采集工作的实质是用解析法测定地面点的三维坐标。利用野外采集数据传输给计算机,计算机利用成图软件进行数据处理、成图显示,再经过编辑、修改,生成符合国标的地形图,并将地形数据和地形图分类建立数据库,利用数字绘图仪或打印机完成地形图和相关数据的输出。

数字化测图具有深远的意义。它由计算机进行数据处理,可以直接建立数字地面模型和电子地图,为建立地理信息系统提供了可靠的原始数据,以供国家、城市和行业部门的现代化管理,以及工程设计人员进行计算机辅助设计(CAD)使用。提供地图数字图像等信息资料已成为政府管理部门和工程设计、建设单位必不可少的工作,数字化测图正越来越受到各行业的普遍重视。

2. 数字化测图的特点

大比例数字测图有力地冲击着传统的平板仪或经纬仪的白纸测图方法,这是因为数字化测图有着诸多的优点。

(1)测图、用图自动化

数字化测图的野外测图可以实现自动记录、自动数据处理、显示图形,具有效率高、劳动强度小、错误出现率低、地形图精确和规范等特点,基本实现自动化测图。

(2)点位精度高

传统的模拟法测图,影响地物点精度的因素多,图上点位误差大。而数字测图影响地物点精度的因素少,故电子图的精度可得到大幅度提高。

(3)使用方便,能以各种形式输出成果

数字化测图采用解析法测定点的三维坐标,与绘图的比例尺无关。利用分层管理的野外实测数据可以方便地绘制不同比例尺的地形图或不同用途的专用地图,实现了一测多用,便于地形图的管理、检查、修改和更新。

(4)方便成果的深加工利用

数字测图分层存放可使地面信息无限存放,不受图面负载量的限制,从而便于成果的深加工利用,拓宽了测绘工作的服务面,进一步开拓了市场。

3. 数字测图的作业模式

当前数字测图的作业模式大致有以下几种:

(1)全站仪＋电子记录簿(如 PC－E500、GRE4 等)＋测图软件

这种采集方式是利用全站仪在野外实地测量各种地籍要素的数据，在数据采集软件的控制下实时传输给电子手簿，经过预处理后按相应的格式存储在数据文件中，同时配绘草图供测图软件进行编辑成图。其优点是容易掌握。

(2)全站仪＋便携式计算机＋测图软件

这是一种集数据采集和数据处理于一体的数字测图方式，由全站仪在实地采集全部地物要素数据，由通信电缆将数据实时传输给便携机，数据处理软件实时地处理并显示所测地籍要素的符号和图形，原始采样数据和处理后的有关数据均记录于相应的数据文件或数据库。这种模式具有直观、快速、高效的优点。

(3)全站仪＋掌上电脑＋测图软件

这种模式的作业方式与前一种相同，由于掌上电脑价格低廉、操作简便、现场成图、快速、高效，应用十分广泛。

(4)GPS－RTK 接收机＋测图软件

利用 GPS－RTK 接收机在野外测量各种地籍要素的数据，经过 GPS 数据处理软件预处理，按相应的格式存储在数据文件中，同时配绘草图供测图软件进行编辑成图。其显著优点是不需要瞄准目标通视，控制点大大减少。在平坦地区，一个控制点可测量几十平方千米甚至几百平方千米；在复杂地区，也比全站仪数据采集模式的控制点减少 9/10 以上，因此其测量效率大大提高。

(5)GPS－RTK 接收机＋全站仪＋掌上电脑＋测图软件

这种模式发挥各自的优点，可适应任何地形环境条件和做任意比例尺地籍图的测绘，实现全天候、无障碍、快速、高精度、高效率的内外业一体化地籍信息采集，是未来发展的一个重要方向。

(6)无人机＋GPS－RTK 接收机＋电脑图形处理器＋测图软件

这是一种新型快速测图模式，用无人机对地面进行摄影测量，用 GPS－RTK 做像控点，通过高配电脑图形处理器用空三软件进行图形处理并绘制线画图。这种测绘模式外业自动化程度高，可大大减少外业工作量，是目前最快的数字测图模式。

二、全站仪数字化测图

全站仪数字化测图是由外业全站仪野外采集数据和内业计算机测绘图软件(如 CASS 地形地籍成图软件)绘图组成的。全站仪数字野外采集数据，计算机对这些数据进行识别、检索、连接和调用图式符号，编辑生成数字地形图。野外采集的每一个地形点信息包括点位信息和绘图信息。点位信息是指点号及其三维坐标值，由全站仪实测获得；点的绘图信息是指地形点的属性及与其他点间的连接关系。为使计算机能自动识别测点，必须对地形点的属性进行编码。

1. 信息编码

为了区分不同地物，必须进行地物编码。地形信息编码的方案有多种，国家技术监督局于 1993 年 12 月和 1995 年 8 月分别发布了《1∶500，1∶1000，1∶2000 地形图要素分类与代码》和《1∶5000　1∶10000　1∶25000　1∶50000　1∶100000 地形图要素分类与代

码》两个国家标准，分别适用于大比例尺和中小比例尺数字地形图要素编码方案。其基本编码方法是将地形信息分为9个大类——测量控制点、居民地、工矿建(构)筑物及其他设施、交通及附属设施、管线及附属设施、水系及附属设施、境界、地貌和土质、植被，并依次细分小类、一级和二级。分类代码由四位数字码组成，其结构如下：

×	×	×	×
(大类码)	(小类码)	(一级代码)	(二级代码)

南方测绘CASS地形地籍成图软件也开发了一套简单方便的野外操作编码。CASS的野外操作码由描述实体属性的野外地物码和一些描述连接关系的野外连接码组成。CASS野外操作码的定义有以下规则：

(1)野外操作码有1～3位，第一位是英文字母，大小写等价，后面是范围为0～99的数字，无意义的0可以省略，例如A和A00等价，F1和F01等价。

(2)野外操作码后面可跟参数，如野外操作码不到3位，与参数间应有连接符"-"；如有3位，后面可紧跟参数。参数有下面几种：控制点的点名、房屋的层数、陡坎的坎高等。

(3)野外操作码第一个字母不能是"P"，该字母只代表平行信息。

(4)野外操作码如以"U""Q""B"开头，将被认为是拟合的，所以，如果某地物有的拟合有的不拟合，就需要两种野外操作码。

(5)房屋类和填充类地物将自动被认为是闭合的。

(6)描述连接关系的编码，可用表8-4所列的符号表示。

表8-4 描述连接关系的符号的含义

符　号	含　义
+	本点与上一点相连，连线依测点顺序进行
−	本点与下一点相连，连线依测点顺序相反方向进行
n+	本点与上n点相连，连线依测点顺序进行
n−	本点与下n点相连，连线依测点顺序相反方向进行
p	本点与上一点所在地物平行
np	本点与上n点所在地物平行
+A$	断点标识符，本点与上点连
−A$	断点标识符，本点与下点连

2. 信息编码举例

(1)对于地物的第一点，操作码＝地物代码。如图8-6所示的1、5两点(点号表示测点顺序，括号中为该测点的编码，下同)。

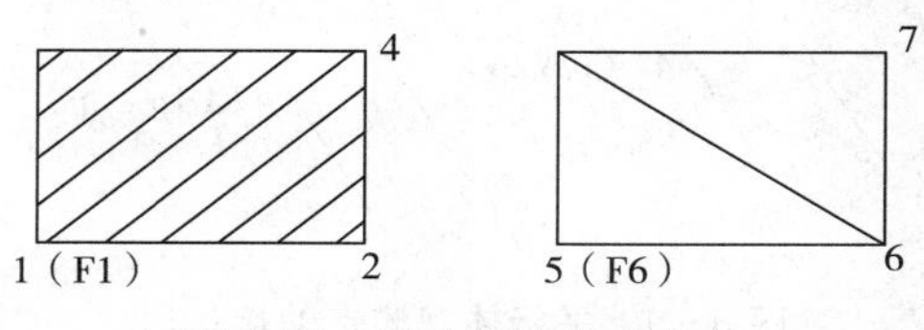

图8-6 地物起点的操作码

(2)连续观测某一地物时,操作码为“+”或“-”。其中“+”号表示连线依测点顺序进行;“-”号表示连线依测点顺序相反的方向进行,如图 8-7 所示。在 CASS 中,连线顺序将决定类似于坎类的齿牙线的画向,齿牙线及其他类似标记总是画向连线方向的左边,因而改变连线方向就可改变其画向。

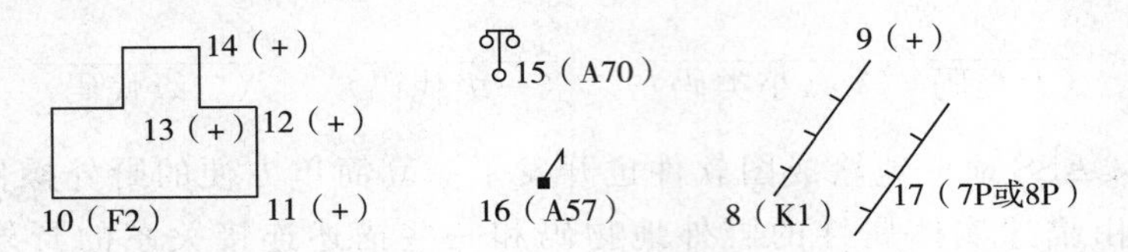

图 8-7　连续观测点的操作码

(3)交叉观测不同地物时,操作码为“n+”或“n-”。其中“+”“-”号的意义同上,n 表示该点应与以上 n 个点前面的点相连(n=当前点号-连接点号-1,即跳点数),还可用“+A\$”或“-A\$”标识断点,A\$是任意助记字符,当一对 A\$ 断点出现后,可重复使用 A\$ 字符,如图 8-8 所示。

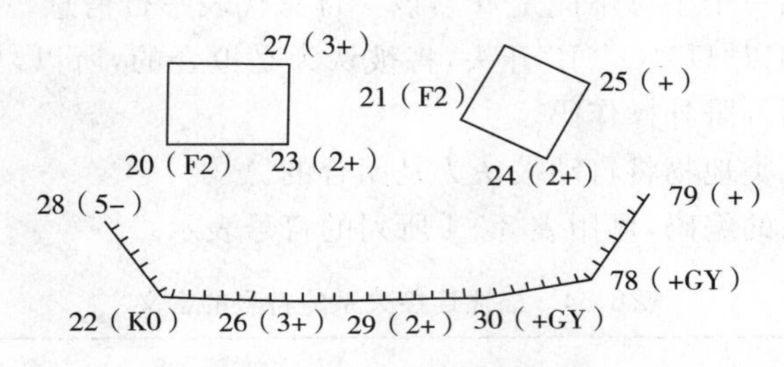

图 8-8　交叉观测点的操作码

(4)观测平行体时,操作码为“p”或“np”。其中,“p”的含义为通过该点所画的符号应与上点所在地物的符号平行且同类,“np”的含义为通过该点所画的符号应与以上跳过 n 个点后的点所在的符号画平行体,对于带齿牙线的坎类符号,将会自动识别是堤还是沟。若上点或跳过 n 个点后的点所在的符号不为坎类或线类,系统将会自动搜索已测过的坎类或线类符号的点。因而,用于绘平行体的点可在平行体的一边未测完时测对面点,亦可在测完后接着测对面的点,还可在加测其他地物点之后测平行体的对面点,如图 8-9 所示。

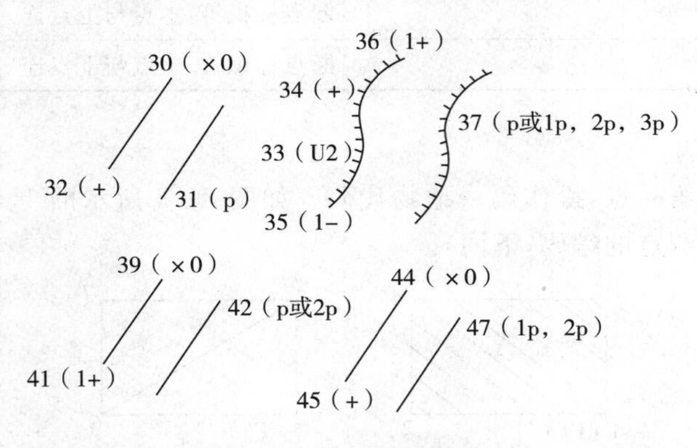

图 8-9　平行体观测点的操作码

3. 绘制平面图

南方测绘 CASS 地形地籍成图软件提供了“草图法”“简码法”“电子平板法”“数字化仪录入法”等多种成图作业方法，并可以实时地将地物定位点和邻近地物点显示在当前图形编辑窗口中，操作十分方便。“草图法”工作方式要求外业工作时，除了测量员和跑尺员外还要安排一名绘草图的人员，在跑尺员跑尺时，绘图员要标注所测的是什么地物（属性信息）及记下所测点的点号（位置信息），在测量过程中要和测量员时时联系，使草图上标注的点号和全站仪里记录的点号一致，而在测量每一个碎部点时不用在电子手簿或全站仪里输入地物编码，故又称为“无码方式”，这种作业方式省略了烦琐的编码操作，减少了错误概率。本书以草图法为例介绍全站仪数字地形地籍成图软件 CASS 环境下绘制平面图的方法。

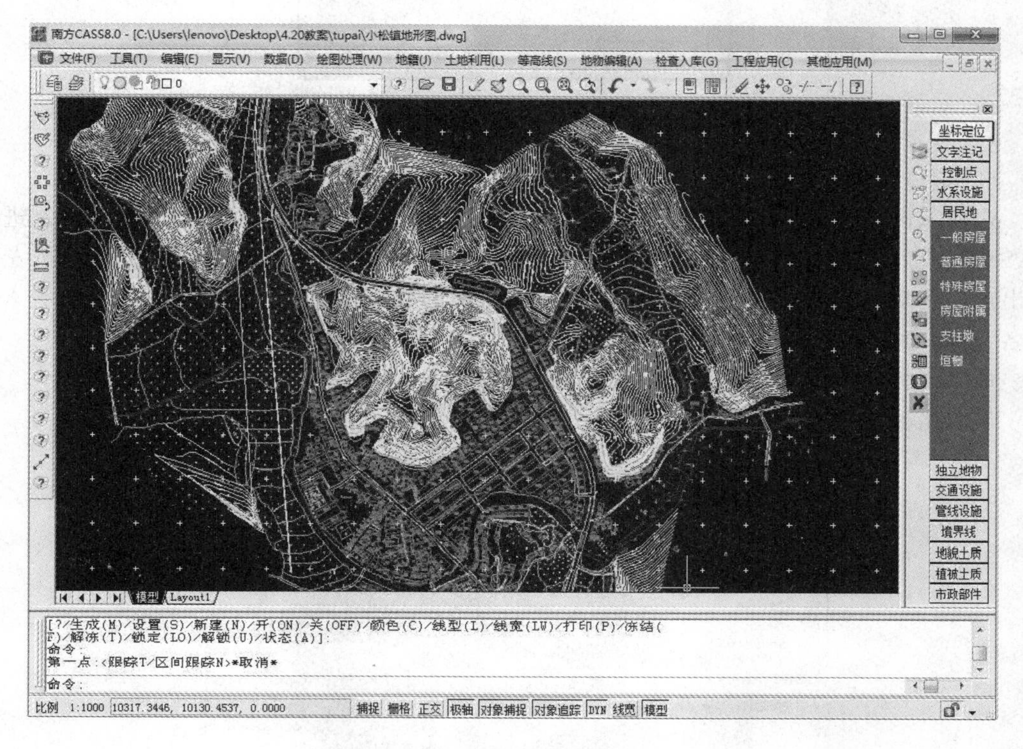

图 8－10 地形地籍成图软件 CASS

(1)数据通信

数据通信的作用是完成电子手簿或带内存的全站仪与计算机两者之间的数据相互传输。下面以与带内存的全站仪的通信为例说明通信步骤。

① 将全站仪通过数据线与电脑相连。

② 移动鼠标至菜单“数据”项、“读取全站仪数据”项，该处以高亮度（深蓝）显示，按左键，这时便出现如图 8－11 所示的对话框。

③ 根据不同仪器的型号设置好通信参数，再选取好要保存的数据文件名，自动在指定目录生成 CASS 坐标数据文件。

图 8-11　全站仪内存数据转换

(2)定显示区

定显示区就是通过坐标数据文件中的最大、最小坐标定出屏幕窗口的显示范围。进入CASS主界面，鼠标单击“绘图处理”项，然后移至“定显示区”项，使之以高亮显示，按左键即出现一个对话窗如图8-12所示，选择所要绘图的数据文件，也可直接通过键盘输入文件名，这时命令区显示：

最小坐标(米)：X=31056.221，Y=53097.691

最大坐标(米)：X=31237.455，Y=53286.090

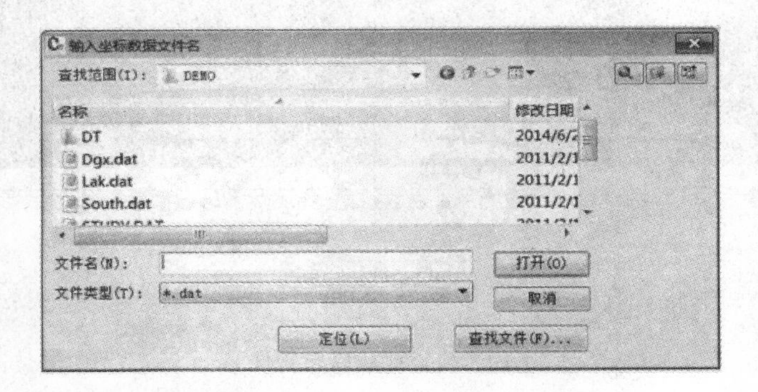

图 8-12　选择“定显示区”数据文件

(3)设定比例尺和改变比例尺

绘制地形图必须根据需要确定作图比例尺。点取屏幕顶部菜单“绘图处理”下拉菜单下的“改变当前比例尺”选项，根据提示在命令栏输入要作图的比例尺分母值，回车即完成比例尺的设定。系统默认的比例尺是1∶500，若发现设置的比例尺不符合要求，则重新按此方法设置比例尺。

(4)展点

先移动鼠标至屏幕的顶部菜单“绘图处理”项按左键，这时系统弹出一个下拉菜单。再移动鼠标选择“绘图处理”下的“展野外测点点号”项，按左键后弹出对话框。输入对应的坐标数据文件名后，便可在屏幕上展出野外测点的点号，如图 8－13 所示。

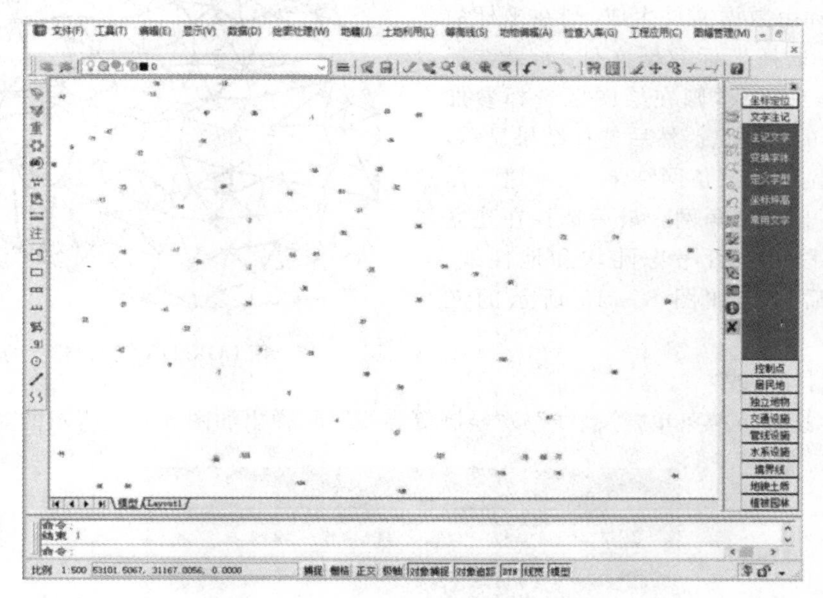

图 8－13　数据文件展点图

(5)连线成图

结合草图，根据地物属性选择屏幕菜单中的命令绘制相应地物。“草图法”在内业工作时，根据作业方式的不同分为“点号定位”“坐标定位”两种方式进行操作绘图。

(6)展高程点和绘制等高线

在使用 CASS 自动生成等高线时应先建立数字地面模型。在这之前可按展野外测点点号类似方法展好高程点。绘制等高线步骤如下：

① 移动鼠标至屏幕顶部菜单“等高线”项，按左键在弹出的对话框中，移动鼠标至“建立 DTM”项，该处以高亮度(深蓝)显示，按左键出现如图 8－14 所示的对话窗。

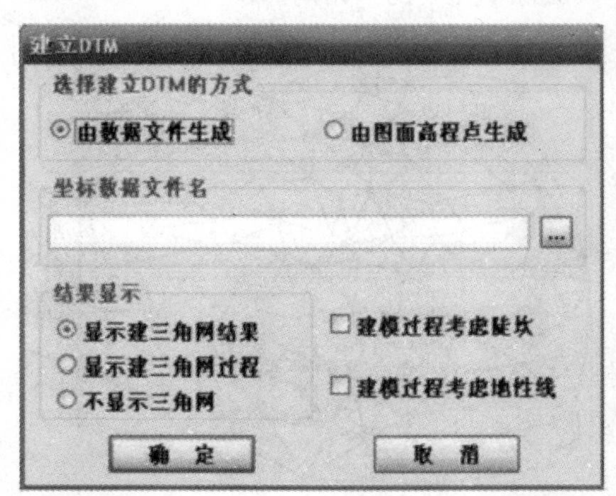

图 8－14　选择建模高程数据文件

首先选择建立 DTM 的方式，分为两种方式：由数据文件生成和由图面高程点生成，如果选择由数据文件生成，则在坐标数据文件名中选择坐标数据文件；如果选择由图面高程点生成，则在绘图区选择参加建立 DTM 的高程点。然后选择结果显示，分为三种：显示建三角网结果、显示建三角网过程和不显示三角网。最后选择在建立 DTM 的过程中是否考虑陡坎和地性线。点击确定后生成如图 8－15 所示的三角网。

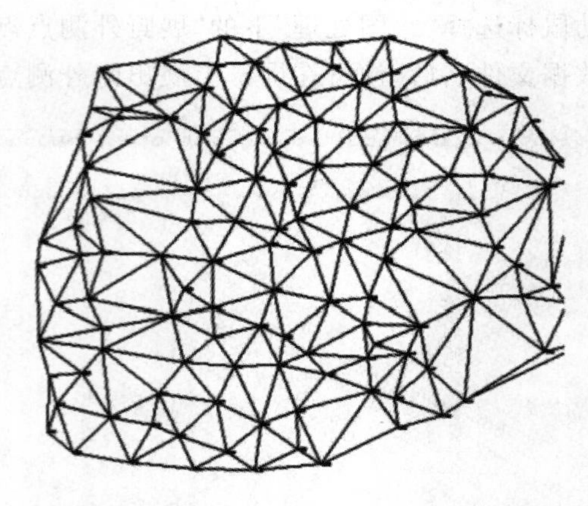

图 8－15　用 DGX. DAT 数据建立的三角网

② 绘制等高线

用鼠标选择下拉菜单"等高线"—"绘制等高线"项，弹出如图 8－16 所示的对话框。

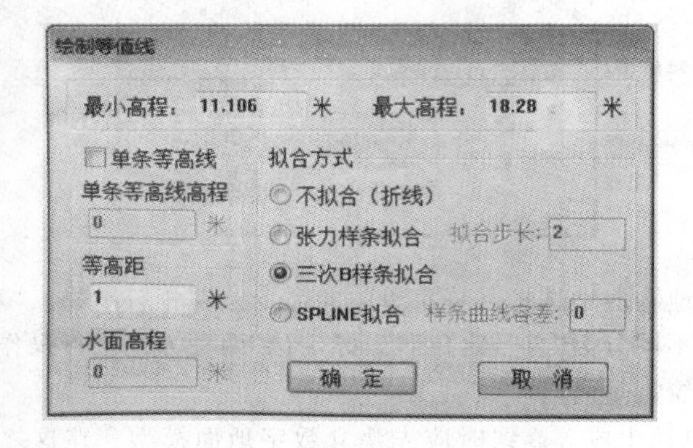

图 8－16　绘制等高线对话框

当命令区显示"绘制完成！"便完成绘制等高线的工作，如图 8－17 所示。再选择"等高线"菜单下的"删三角网"，去除不需要的三角网。

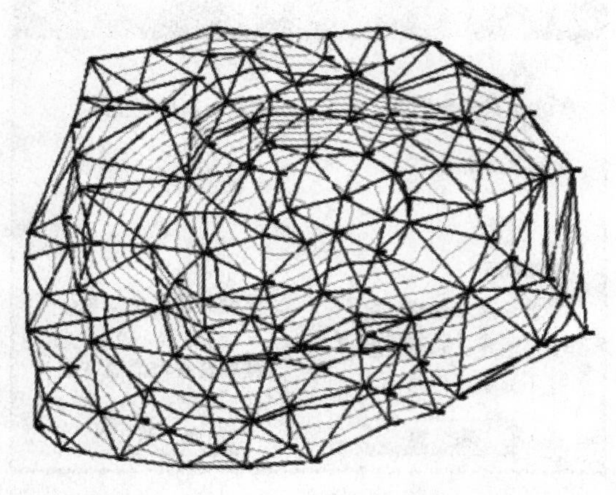

图 8－17　由三角网绘制等高线

③ 高等线修剪

利用“等高线”菜单下的“等高线修剪”二级菜单进行等高线修剪，最后完成等高线绘制。

(7)注记

完成地物和地貌的绘制后，还需要对一些地物做必要的注记。如对公路进行文字注记，用鼠标左键点取右侧屏幕菜单的“文字注记－通用注记”项，弹出如图 8－18 所示的界面。

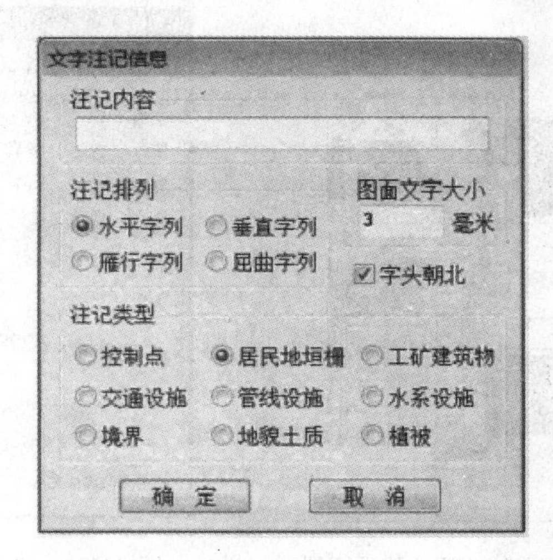

图 8－18 弹出文字注记对话框

首先在需要添加文字注记的位置绘制一条拟合的多功能复合线，然后在注记内容中输入“经纬路”并选择注记排列和注记类型，输入文字大小确定后选择绘制的拟合的多功能复合线即可完成注记。依此方法注记其他地物。

(8)图形分幅

在图形分幅前，应做好分幅的准备工作。须了解图形数据文件中的最小坐标和最大坐标。注意：在 CASS 下侧信息栏显示的数学坐标和测量坐标是相反的，即 CASS 系统中前面的数为 Y 坐标(东方向)，后面的数为 X 坐标(北方向)。将鼠标移至“绘图处理”菜单项，点击左键，弹出下拉菜单，选择“批量分幅/建方格网”，命令区提示：

请选择图幅尺寸：①50×50；②50×40；③自定义尺寸＜1＞。按要求选择。此处直接回车默认选 1。

输入测区一角：在图形左下角点击左键。

输入测区另一角：在图形右上角点击左键。

这样在所设目录下就产生了各个分幅图，自动以各个分幅图的左下角的东坐标和北坐标结合起来命名，如：“29.50－39.50”“29.50－40.00”等。如果要求输入分幅图目录名时直接回车，则各个分幅图自动保存在安装了 CASS 的驱动器的根目录下。

选择“绘图处理/批量分幅/批量输出到文件”，在弹出的对话框中确定输出的图幅的存储目录名，然后确定即可批量输出图形到指定的目录。

(9)图幅整饰

把图形分幅时所保存的图形打开，选择“文件”的“打开已有图形…”项，在对话框中输入 SOUTH1. DWG 文件名，确认后 SOUTH1. DWG 图形即被打开，如图 8-19 所示。

选择“绘图处理”中“标准图幅(50cm×50cm)”项显示如图 8-20 所示的对话框。输入图幅的名字、邻近图名、批注，在左下角坐标的“东”“北”栏内输入相应坐标，例如此处输入 40000,30000，回车。在“删除图框外实体”前打钩则可删除图框外实体，按实际要求选择，例如此处选择打钩。最后用鼠标单击“确定”按钮即可。

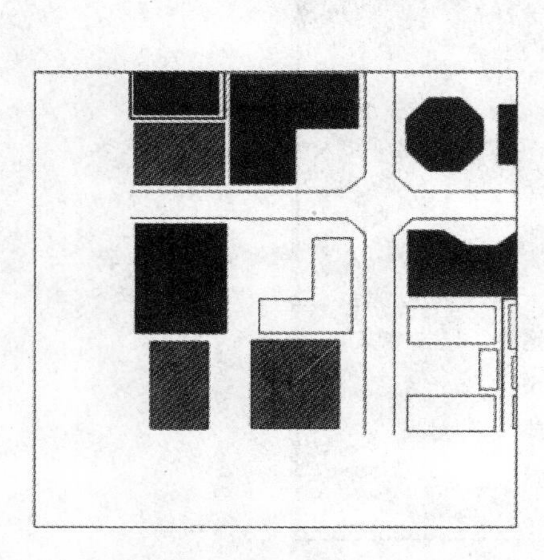

图 8-19 打开 SOUTH1. DWG 的平面图

图 8-20 输入图幅信息对话框

因为 CASS 系统所采用的坐标系统是测量坐标，即 1∶1 的真坐标，加入 50cm×50cm 图廓后如图 8-21 所示。

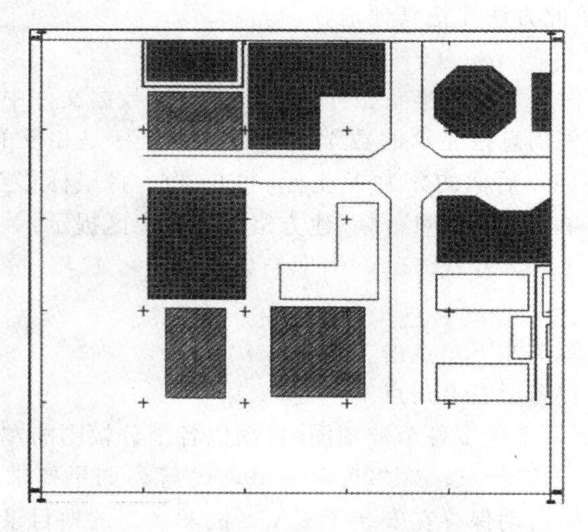

图 8-21 加入图廓的平面图

(10)图形输出

用鼠标左键点取“文件”菜单下的“用绘图仪或打印机出图”进行绘图，如图 8-22 所示。

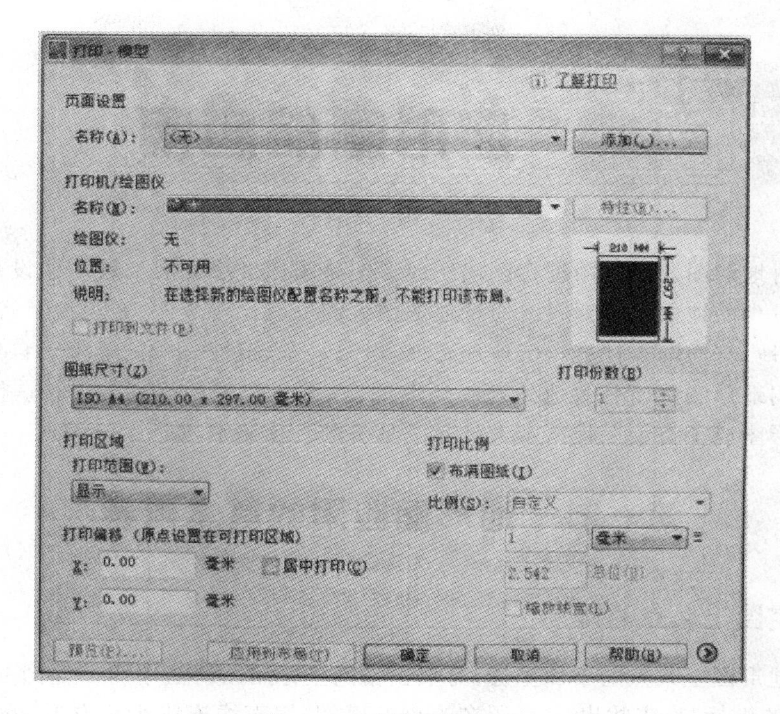

图 8－22　用绘图仪出图

选好图纸尺寸、图纸方向之后，用鼠标左键点击“窗选”按钮，再用鼠标圈定绘图范围。将“打印比例”一项选为“2∶1”(表示满足 1∶500 比例尺的打印要求)，通过“部分预览”和“全部预览”可以查看出图效果，满意后就可单击“确定”按钮进行出图了。

思考题与习题

1. 测绘地形图前要做哪些准备工作？

2. 测绘地形图前，如何选择地形图的比例尺？

3. 何为比例尺的精度，比例尺的精度与碎部测量的距离精度有何关系？

4. 地物符号分为哪些类型？各有何意义？

5. 地形图上表示地貌的主要方法是等高线，等高线、等高距、等高线平距是如何定义的？等高线可以分为哪些类型？如何定义与绘制？

6. 典型地貌有哪些类型？它们的等高线各有何特点？

7. 试述经纬仪配合量角器测绘法在一个测站测绘地形图的工作步骤。

8. 全站仪数据采集原理是什么？应注意事项有哪些？

9. CASS 地形地籍成图软件绘图步骤有哪些？

第九章　地形图的应用

本章将对地形图及其应用进行阐述。地形图是国家经济发展和城市建设规划、设计以及施工必不可少的地面信息资料。通过地形图人们可以比较全面、客观地了解和掌握地面信息，如居民地、交通网等社会经济地理属性，以及水系、植被、土壤、地貌等自然地理属性。技术人员利用地形图可以有效地处理和研究问题，进行合理的规划与设计。因此，正确识读和应用地形图成了有关工程技术人员必须具备的一项基本技能。

第一节　地形图应用的基本内容

一、确定图上某点的坐标

欲确定地形图上某点的平面坐标，可根据格网坐标用图解法求得。如图 9－1 所示，欲求图上 A 点的坐标，首先找出 A 点所在的小方格，并用直线连成小正方形 $abcd$，其西南角 a 点坐标为 x_a, y_a 再量取 ag 和 ae 的长度，即可获得 A 点的坐标为：

$$\left.\begin{aligned} x_A &= x_a + ag \cdot M \\ y_A &= y_a + ae \cdot M \end{aligned}\right\} \qquad (9-1)$$

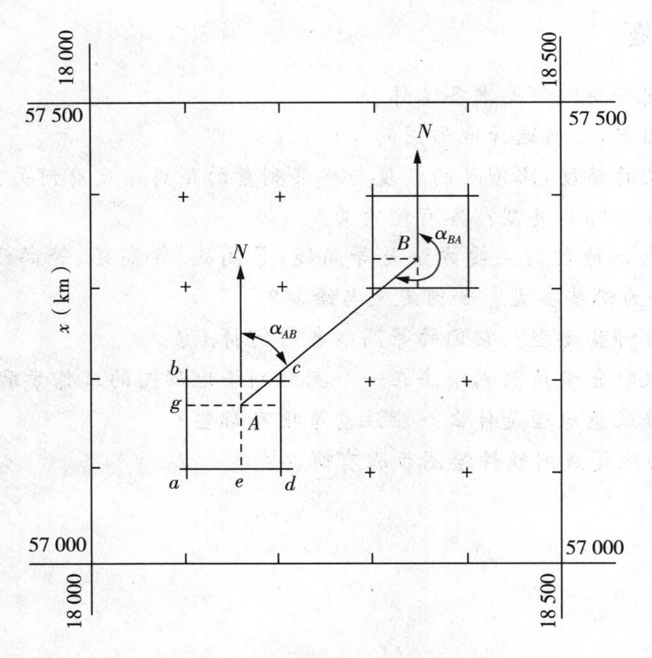

图 9－1　确定图上某点坐标

为了校核并提高坐标量算精度，应考虑图纸受温度影响而产生的伸缩变形，还应量取 ab 和 ad 的长度，按如下公式计算 A 点的坐标

$$\left.\begin{aligned} x_A &= x_a + \frac{10}{ab} \cdot ag \cdot M \\ y_A &= y_a + \frac{10}{ad} \cdot ae \cdot M \end{aligned}\right\} \tag{9-2}$$

式中，M 为比例尺分母。

图解法求得的坐标精度受图解精度的限制，一般认为，图解精度为图上 0.1 mm，则图解坐标精度不会高于 $0.1M$(mm)。

二、确定图上某点的高程

地形图上某点的高程可以根据等高线来确定。当某点位于两等高线之间时，则可用内插法求得。如图 9－2 所示，欲求 k 点的高程，首先通过 k 点作相邻两等高线的垂线 mn。图上量出 mn 与 mk 的距离，然后根据已知等高距 h，则可求得 k 点的高程为

$$H_k = H_m + \frac{mk}{mn} h \tag{9-3}$$

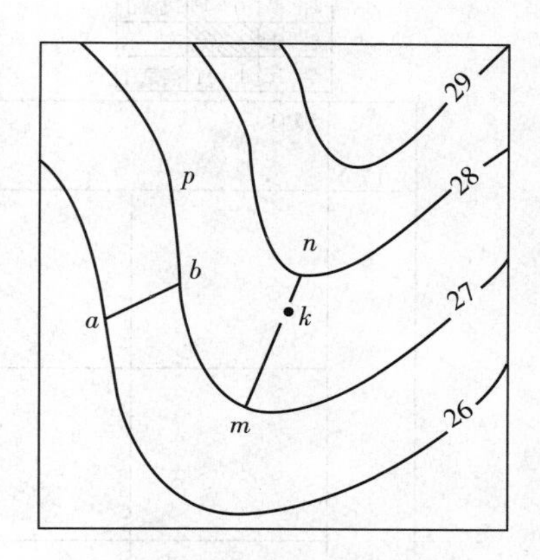

图 9－2　确定图上某点高程

三、确定图上某直线的长度

1. 直接量测

用卡规在图上直接卡出线段的长度，再与图示比例尺比量，即可得到其水平距离。也可以用比例尺直接从图上量取，这时所量的距离要考虑图纸伸缩变形的影响。

2. 根据两点的坐标计算水平距离

为了消除图纸变形对图上量距的影响，提高在图纸上获得距离的精度，可用两点坐标计算水平距离，公式如下：

$$D_{AB} = \sqrt{(x_B - x_A)^2 + (y_B - y_A)^2} \tag{9-4}$$

四、确定图上某直线的坡度

直线的坡度是两端点的高差与其平距之比，用 i 表示，即

$$i = \frac{h}{D}$$

式中：i——坡度，一般用千分率(‰)或百分率(%)表示；

h——两点的高差(m)；

D——水平距离(m)。

五、确定图上某直线的坐标方位角

如图 9-3 所示，要确定直线 AB 的坐标方位角 α_{AB}，可根据已量的 A、B 两点的平面坐标用下式先计算出象限角 R_{AB}。

$$R_{AB}=\arctan\left(\frac{y_B-y_A}{x_B-x_A}\right) \tag{9-5}$$

然后，根据直线所在的象限参照表的规定换算为坐标方位角。当精度要求不高时，可以通过 A 点作平行于坐标纵轴的直线，用量角器直接在图上量取直线 AB 的方位角。

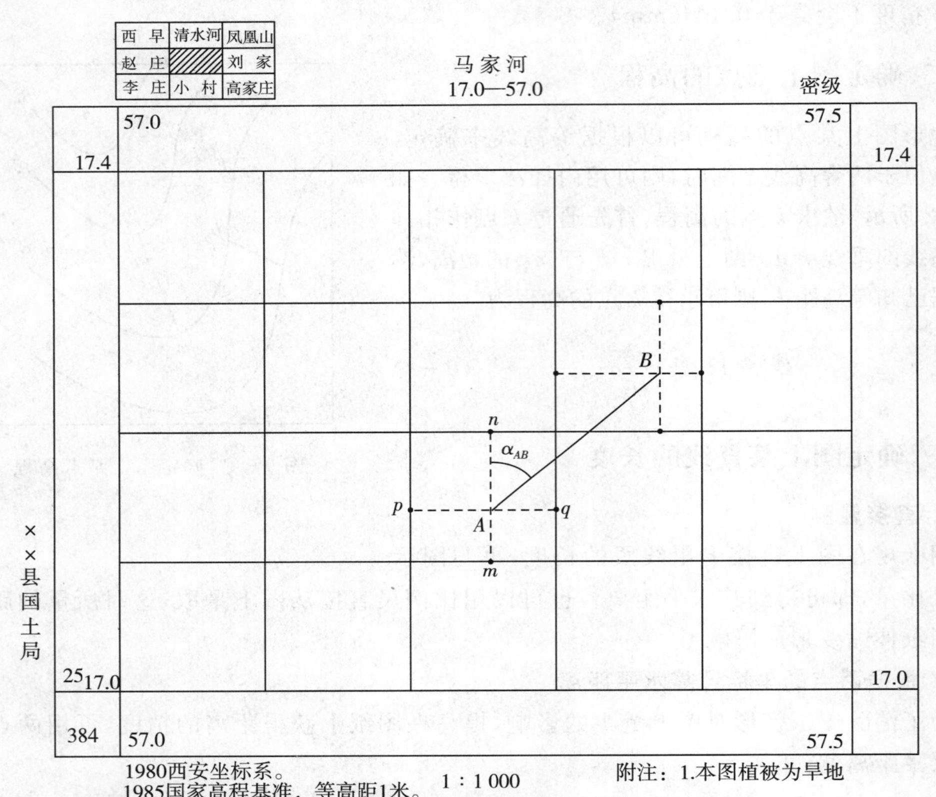

图 9-3　确定图上某直线坐标方位角

第二节　地形图在工程建设中的应用

一、按一定方向绘制纵断面图

如图 9-4(a)所示，欲沿直线 AB 方向绘制断面图。先将直线 AB 与图上等高线的交点标出，如 b、c、d 等点。绘制断面图以横坐标轴代表水平距离，纵坐标轴代表高程，如图 9

-4(b)所示。然后在地形图上，沿 AB 方向取 b、c、d、…、p、B 各点至 A 点的水平距离；将这些距离按地形图比例尺展绘在横坐标轴 AB 线上，得 A、b、c、…、p、B 等点；通过这些点作横坐标轴的垂线，在垂线上，按高程比例尺（可以作适度夸张，例如 $H\times 10$）分别截取 A、b、c、…、p、B 等点的高程。将各垂线上的高程点用光滑曲线连接起来，就得到直线 AB 方向上的断面图，如图 9-4(b)所示。

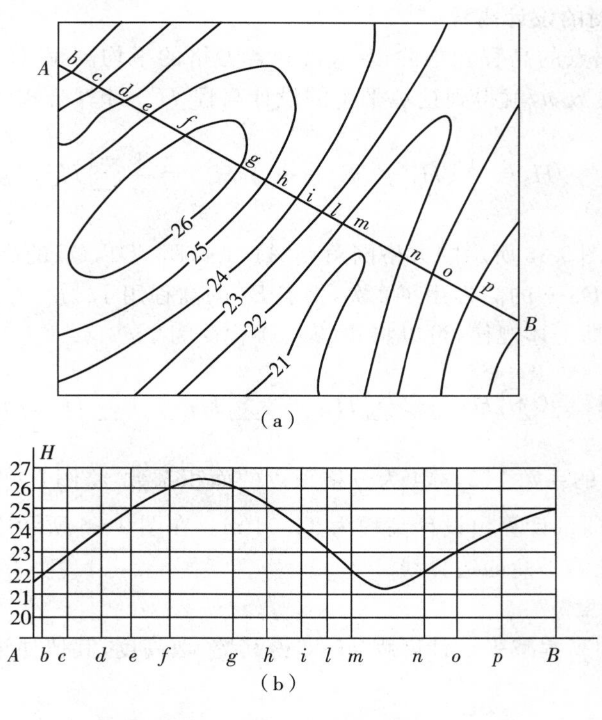

图 9-4　在图上绘制断面图

二、确定汇水面积

在修建涵洞、桥梁或水坝等工程建设中，需要知道有多大水面积汇水到桥涵和水库的水量，为此在地形图上应首先绘出汇水面积和边界线。

如图 9-5 所示，某一公路 ab 经过一山谷线，注入该山谷的雨水是由山脊线 bc，cd，de，ef，fg，ga 及公路 ab 所围成的区域，区域汇水面积可通过面积量测方法得出。另外根据等高线的特性可知，山脊线处与等高线垂直，且经过一系列的山头和鞍部。

图 9-5　确定汇水面积

当水库的高度确定后，根据水库内的等高线按前文所说的等高线法计算库容量。

三、场地平整时的边界确定和土方量计算

如图 9-6 所示为某场地的地形图，假设要求将原地

貌按挖填平衡的原则改造成水平面，土方量的计算步骤如下：

1. 在地形图上绘制方网格

方网格的尺寸取决于地形的复杂程度、地形图比例尺的大小和土方的计算精度要求，方格边长一般为图上 2cm。各方格顶点的高程用线性内插法求得，并注记在相应顶点的右上方。

2. 计算挖填平衡的设计高程

先将每个方格顶点的高程相加除以 4，得到各方格的平均高程 H，再将各方格的平均高程相加除以方格总数 n，就得到挖填平衡的设计高程 H。计算公式为

$$H_0=\frac{1}{n}(H_1+H_2+\cdots+H_n)=\frac{1}{n}\sum_{i=1}^{n}H_i \tag{9-6}$$

在式(9-6)中，图 9-6 所示的方格网角点 $A1$，$A4$，$B5$，$D1$，$D5$ 的高程只用了 1 次，边点 $A2$，$A3$，$B1$，$C1$，$D2$，$D3$… 的高程用了 2 次，拐点 $B4$ 的高程用了 3 次，中点 $B2$，$B3$，$C2$，$C3$… 的高程用了 4 次，根据上述规律，可以将式(9-6)化简为

$$H_0=(\sum H_{角}+2\sum H_{边}+3\sum H_{拐}+4\sum H_{中})/4n \tag{9-7}$$

称式(9-7)中 $\sum$ 前的系数 1，2，3，4 为方格顶点的面积系数，将图 9-6 所示各方格顶点的高程代入式(9-7)，即可计算出设计高程为 33.04 m。在图 9-6 所示中内插出 33.04 m 的等高线(虚线)即为挖填平衡的边界线。

3. 计算挖、填高度

将各方格顶点的高程减去设计高程 H，即得其挖、填高度，其值注记在各方格顶点的左上方。

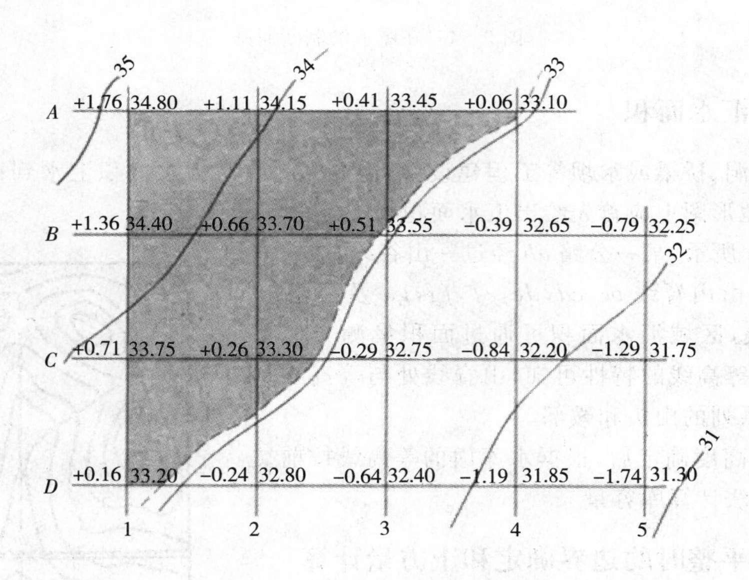

图 9-6　边界确定和土方量计算

4. **计算挖、填土方量**

可按角点、边点、拐点和中点分别计算，公式如下：

角点：挖（填）高×1/4 方格面积

边点：挖（填）高×2/4 方格面积

拐点：挖（填）高×3/4 方格面积

中点：挖（填）高×4/4 方格面积

四、在设计坡度上选择最短路线

在道路、管线等工程规划中，一般要求按设计坡度选定一条最短路线或等坡度线。下面介绍其基本做法。

【例】 如图 9-7 所示，设从公路旁 A 点到山头 B 点选定一条路线，限制坡度为 4%，地形图比例尺为 1∶2000，等高距为 1m。为了满足限制坡度的要求，可根据坡度公式求出该路线通过相邻两条等高线的最小等高线平距，即

$$d=\frac{h}{iM}=\frac{1}{0.04\times2000}=12.5(\mathrm{mm})$$

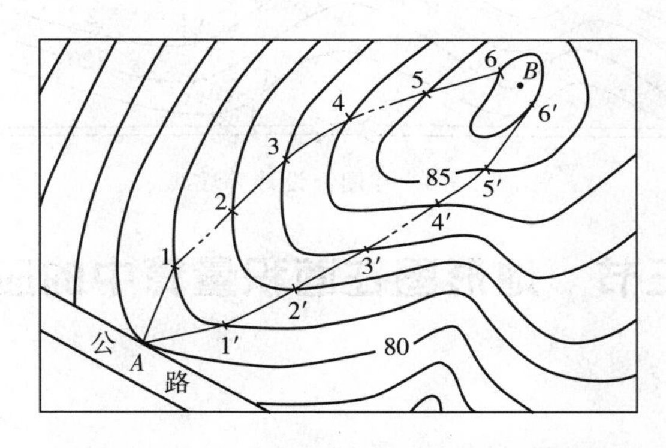

图 9-7 在设计坡度上选择一条最短的直线

然后用两脚规张开 12.5mm，先以 A 点为圆心画弧，交 81m 等高线于 1 点；依此类推，直至 B 点。连接相邻点，便得到同坡度路线 $A-1-2-\cdots-B$。若所作圆弧不能与相邻等高线相交，则以最小等高线平距直接相连，这样该线路为坡度小于 4%的最短路线，符合设计要求。在图上尚可沿另一方向定出第二条路线 $A-1'-2'-\cdots-B$，可以作为比较方案。在野外实际工作中，还需要考虑工程上的其他因素，如少占或不占良田、避开不良地质、工程费用最少等，进行修改后确定最佳路线。

五、在图上设计等坡线

在山区或丘陵地区进行管线或道路工程设计时，均有指定的坡度要求。在地形图上选线时，先按规定坡度找出一条最短路线，然后综合考虑其他因素以获得最佳设计路线。

如图 9-8 所示，欲在 A 和 B 两点间选定一条坡度不超过 i 的路线，设图上等高距为

h,地形图的比例尺为 $1/M$,由坡度定义可得线路通过相邻两条等高线的最短距离为:

$$d=\frac{h}{i \cdot M}$$

为了满足坡度限制的要求,根据上式计算出该路线经过相邻等高线之间的最小水平距离 d。于是以 A 点为圆心、以 d 为半径画弧,交相邻等高线于 1、1′两点,再分别以点 1、1′两点为圆心,以 d 为半径画弧,交另一等高线于 2、2′两点,依此类推,直到 B 点为止,然后依次连接 A,1,2,…,B 和 A,1′,2′,…,B,便在图上得到两条以上符合坡度限制的路线,最后通过结合实地调查,充分考虑少占农田、用最少建筑费以及避开塌方或崩裂地带等主要因素,从中选定一条最合理的路线。

在作图过程中,如遇等高线之间的平距大于半径 d 时,即以 d 为半径的圆弧将不会与等高线相交,这说明该处的坡度小于限制坡度。在这种情况下,路线方向可按最短距离绘出。

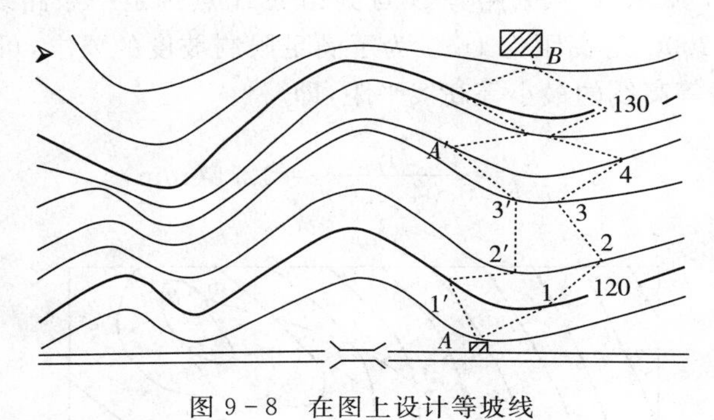

图 9-8　在图上设计等坡线

第三节　地形图在面积量算中的应用

一、几何图形法

在需要量算面积的区域由一个或多个几何图形组成时,可分别从图上量取各集合图形的几何要素,即角度、边长等,按数学中的几何公式求得相应的面积,再将图上的面积根据比例尺转换成实际面积,即

$$A_{实}=A_{图} \cdot M^2$$

式中,M 为地形图比例尺分母。

二、坐标算法

如果图形为任意多边形,且各顶点的坐标已知,则可利用坐标计算法精确求算该图形的面积。如图 9-9 所示,各顶点 1、2、3、4、5、6、7 按照逆时针方向编号,各顶点坐标均为已知,则可利用面积公式

$$S=\frac{1}{2}\sum_{i=1}^{n}x_i(y_{i-1}-y_{i+1})$$

式中，当 $i=1$ 时，y_{i-1} 用 y_n 代替；当 $i=n$ 时，y_{i+1} 用 y_1 代替。

上式为坐标法求面积的通用公式。如果多边形顶点按顺时针方向编号，面积值为正号，反之则为负号，但最终取值为正。

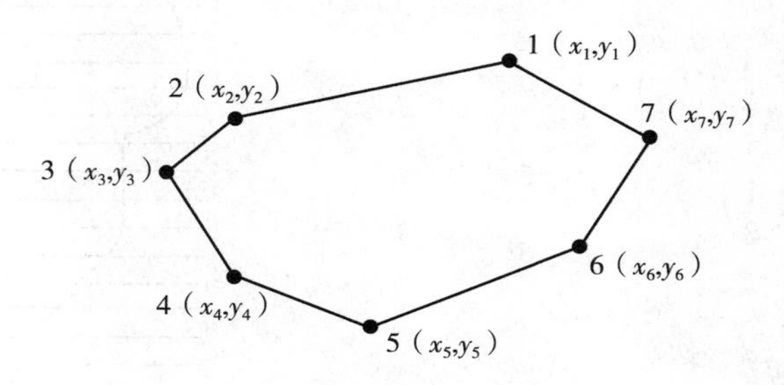

图 9－9　已知各顶点坐标求面积

三、解析法

如果图形为任意多边形，且各顶点的坐标已在图上标出或已在实地测定，可利用各点坐标以解析法计算面积。

如图 9－10 所示为一任意四边形面积 1234，各顶点坐标为(x_1,y_1)，(x_2,y_2)，(x_3,y_3)，(x_4,y_4)。可以看出，面积 $S(1234)$ 等于面积 $S_1(ab41)$ 加面积 $S_2(bd34)$ 再减去面积 $S_3(ac21)$ 和面积 $S_4(cd32)$，即

$$S=S_1+S_2-S_3-S_4$$

$$=1/2[(x_1+x_4)(y_4-y_1)+(x_3+x_4)(y_3-y_4)-(x_1+x_2)(y_2-y_1)-(x_2+x_3)(y_3-y_2)]$$

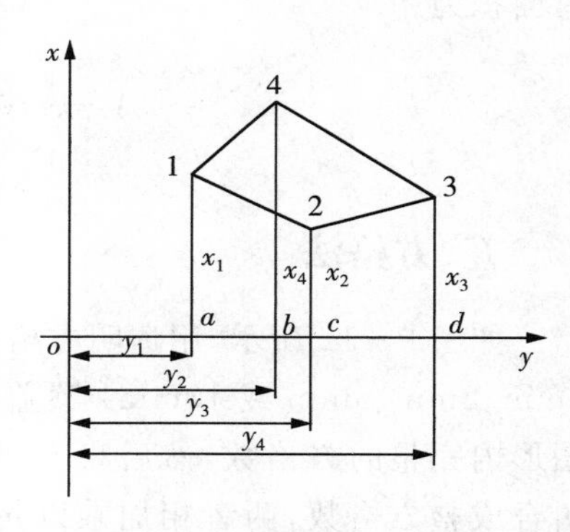

图 9－10　解析法求算面积

整理得

$$S=1/2[x_1(y_4-y_2)+x_2(y_1-y_3)+x_3(y_2-y_4)+x_4(y_3-y_1)]$$

若图形有 n 个顶点，其公式的一般形式为

$$S=1/2\left|\sum_{i=1}^{n}x_i(y_{i+1}-y_{i-1})\right|$$

或者

$$S=1/2\left|\sum_{i=1}^{n}y_i(x_{i-1}-x_{i+1})\right|$$

注意：当 $i=1$ 时，$i-1=n$；当 $i=n$ 时，$i+1=1$。

四、平行线法

如图 9－11 所示，将绘有等距平行线的透明纸覆盖在图形上，使两条平行线与图形边缘

相切，则相邻两平行线间截出的图形面积可近似视为梯形。梯形的高为平行线间距 h，图形截出各平行线的长度为 $l_1, l_2, \cdots, l_n$，则各梯形面积分别为

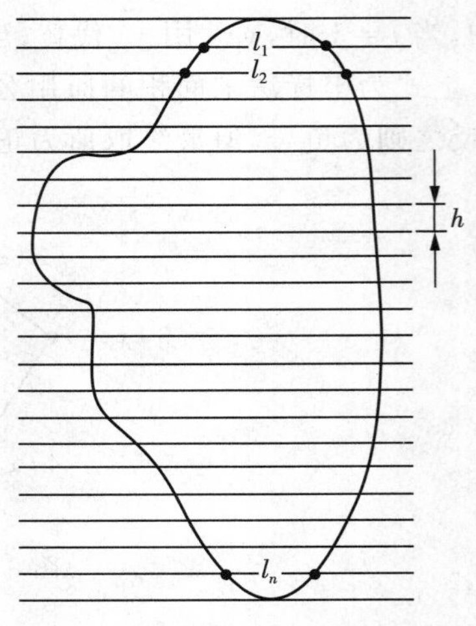

图 9-11　平行线法求算面积

$$S_1 = \frac{1}{2}h(0 + l_1)$$

$$S_2 = \frac{1}{2}h(l_1 + l_2)$$

……

$$S_n = \frac{1}{2}h(l_{n-1} + l_n)$$

$$S_{n+1} = \frac{1}{2}h(l_n + 0)$$

总面积为

$$A = S_1 + S_2 + \cdots + S_n + S_{n+1} = h\sum_{i=1}^{n} l_i$$

五、方格法

如图 9-12 所示，用透明方格网纸（方格边长为 1mm、2mm、5mm 或 10mm）覆盖在图形上，先数出图形内完整的方格数，然后将不完整的方格用目估折合成整方格数，两者相加乘以每格所代表的面积值，即为所量图形的面积，计算公式为

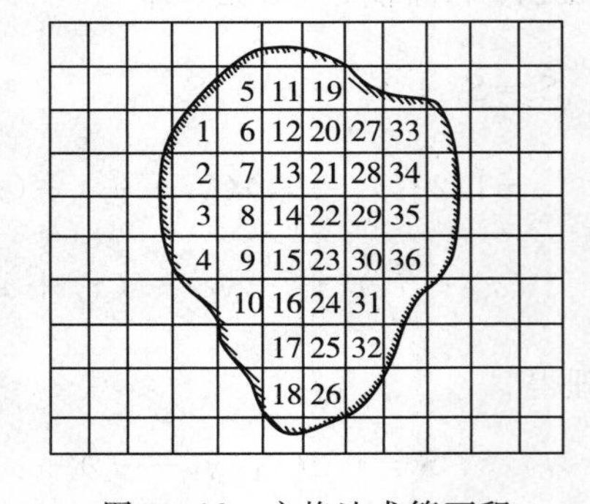

图 9-12　方格法求算面积

$$S = nA$$

式中：S 为所量图形的面积；n 为方格总数；A 为 1 个方格的实地面积。

六、CAD 法

1. 多边形面积的计算

如待量取面积的边界为一多边形，且已知各顶点的平面坐标，可打开 Windows 记事本，按格式“点号，y，x，0”输入多边形顶点的坐标。

下面以图 9-13(a)所示的“六边形顶点坐标 .txt”文件定义的六边形为例，介绍在 CASS 中计算其面积的方法。

(1)执行 CASS 下拉菜单“绘图处理/展野外测点点号”命令[图 9-13(b)]，在弹出的“输入坐标数据文件名”对话框中选择“六边形顶点坐标 .txt”文件，展绘 6 个顶点于

AutoCAD 的绘图区。

(2)将 AutoCAD 的对象捕捉设置为节点捕捉(nod),执行多段线命令 Pline,连接 6 个顶点为一个封闭多边形。

(3)执行 AutoCAD 的面积命令 Area,命令行提示及操作过程如下:

命令:Area

指定第一个角点或[对象(O)/加(A)/减(S)]:O

选择对象:点取多边形上的任意点

面积=52473.220,周长=914.421

上述结果的意义是,多边形的面积为 52473.220 m^2,周长为 914.421 m。

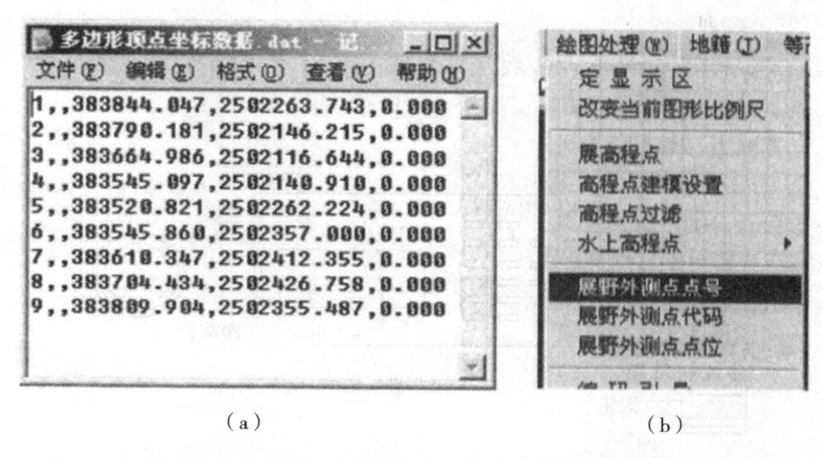

(a) (b)

图 9-13 CASS 中显示的各顶点坐标及绘图处理下拉菜单

2. 不规则图形面积的计算

当待量取面积的边界为一不规则曲线,只知道边界中的某个长度尺寸,曲线上点的平面坐标不宜获得时,可用扫描仪扫描边界图形并获得该边界图形的 JPG 格式图像文件,将该图像文件插入 AutoCAD,再在 AutoCAD 中量取图形的面积。例如,图 9-14 所示为从 Google Earth 上获取的海南省卫星图片边界图形,图中海口→三亚的距离为在 Google Earth 中,执行工具栏"显示标尺"命令测得。在 AutoCAD 中的操作过程如下:

(1)执行插入光栅图像命令 imageattach,将"海南省卫星图片.jpg"文件插入 AutoCAD 的当前图形文件中;

(2)执行对齐命令 align,将图中海口到三亚的长度校准为 214.14km;

(3)执行多段线命令 pline,沿图中的边界描绘一个封闭多段线;

(4)执行面积命令 area 可测量出该边界图形的面积为 34727.807 km^2,周长为 937.454km。

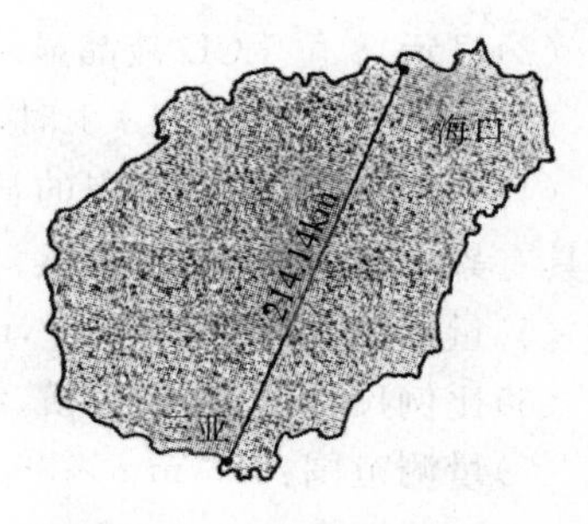

图 9-14 海南省卫星边界图

七、求积仪法

求积仪是一种专用于图纸上量算图形面积的仪器，适用于不同的图形(特别是不规则图形)的面积量算。求积仪量算面积具有操作方便、速度快、精度较高等优点，是目前面积量算中广泛采用的仪器。求积仪可分为机械式和数字式两类。机械式求积仪是以机械传动原理和主要依靠游标读数来获得图形面积。近年来，随着电子技术的迅速发展，将求积仪在机械装置的基础上增加电子脉冲计数设备，称为电子求积仪或称脉冲式数字求积仪。数字式求积仪具有高精度、高效率、直观性强等特点，越来越受到人们的青睐，已逐步取代了机械式求积仪。目前，比较常见的数字式求积仪有：日本株式会社测机舍生产的 KP－N 系列、日本牛方商会生产的 X－PLAN 系列，以及美国洛杉矶科学仪器公司生产的 L－1250 和 N－1250 系列。

下面介绍日本 KP－90N 脉冲式数字求积仪的使用。

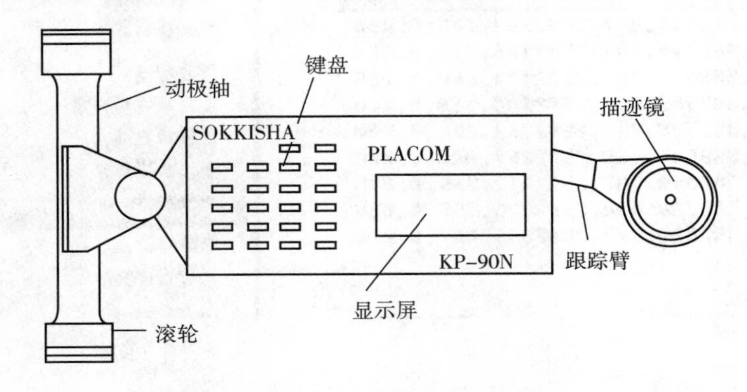

图 9－15　KP－90N 型数字求积仪

KP－90N 型脉冲式数字求积仪由日本株式会社测机舍生产，采用了新型大规模集成电路和六位脉冲计数器，使用方便，价格较低，在我国已被广泛运用，如图 9－15 所示为 KP－90N 型数字求积仪示意图。

1. 仪器的性能指标

(1)电源：内藏镍镉电池，充电 15 小时后可连续使用 30 小时，利用充电转换器可直接使用 220V 交流电。

(2)显示：8 位 LCD 液晶显示，数字、小数点等 13 种显示符号。

(3)分解力：比例尺 1∶1 时，分解为 0.1 cm^2。

(4)功能：可以选择面积的显示单位，并进行面积单位的换算。采用连续式量测面积时，具有累加、平均值量测功能。

(5)量算单位：公制有 cm^2，m^2，km^2；英制有 in^2，ft^2，acre；日制有坪、反、町。

(6)比例尺：可分别输入横、纵向不同比例尺。

(7)量测范围：325 mm×30 m，即最大累加测量面积可达 10 m^2。

(8)精度。标称精$\pm\frac{2}{1000}$度脉冲以内。

2. 显示符号

(1)SCALE:设定比例尺并按下 SCALE 键后显示。

(2)HOLD:按下 HOLD 键时显示,量测值暂时固定,若已设定单位则测定值从脉冲计数变为设定单位的面积值,再次按下 HOLD 键,符号“HOLD”消失,此时量测值又从面积值变为脉冲计数。在累加测量时,需要常用 HOLD 键。

(3)MEMO:按 MEMO 键或 AVER 键时显示,表明量测值已被存储。当此符号显示时,量测值被固定,并显示为设定单位的面积值。但按下 HOLD 键、MEMO 键后,所得的面积值为累加量测或平均量测的中间值,实际面积只有按下 AVER 键后才能显示。

(4)Batt - E:电压降至需充电时显示此符号。

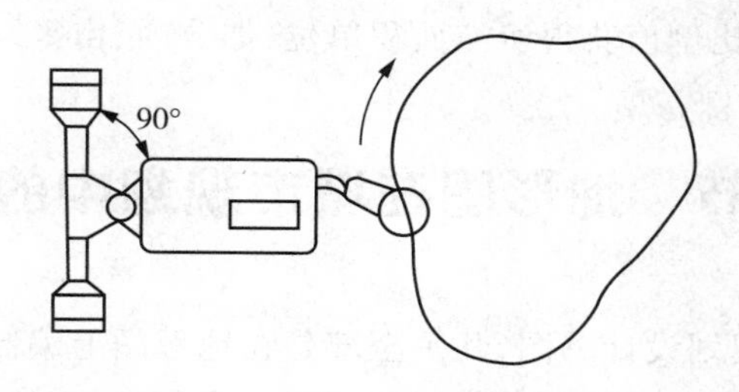

图 9 - 16　求积仪扫描镜使用示意图

3. 测量方法

(1)准备工作:将图纸固定在平整的图板上,安置求积仪时,应将描迹镜大致放在图形的中间位置并使描迹臂与滚轴成 90°,如图 9 - 16 所示。然后用描迹镜沿图形轮廓线转一周,以检查滚轮和测轮是否能平滑移动。若转动不太灵活可调整动极轴的位置,达到较理想的状态。

(2)打开电源:按下 ON 键,显示“0”。

(3)设定面积单位:按 UNIT - 1 键设定单位系统(公制、英制、日制),按 UNIT - 2 键设定同一单位系统内的不同单位。在开始设定单位按下 UNIT - 1 键时,将显示 cm^2、in^2、坪中之一,然后运用 UNIT - 1 和 UNIT - 2 键可选择所需单位。

(4)设定比例尺。如图纸的比例为 1 : 500,则按“500”,再按 SCALE 键,最后按 R - S 键,显示比例尺分母的平方“250000”,以确认图的比例尺已安置好。若横纵向比例尺分别为 1 : x 和 1 : y,则先设定 x 后按下 SCALE 键,再设定 y 后按下 SCALE 键,如置数发生错误,按 C/AC 键,可重新置数。若欲设定 1 : 1 比例尺,则按 0 与 SCALE 键即可。在按 START 键前连续按 C/AC 键两次或按 OFF 键,则在此前的所有存储全部清除。

(5)简单测量:在大致垂直于滚轮轴的图形轮廓线上选取一点,作为开始量测的起点,如图 9 - 16 所示。将描迹镜标志对准起点,按下 START 键,蜂鸣器发出响声,显示屏显示“0”,然后将描迹镜的中心准确地沿着图形轮廓线顺时针方向移动,最后回到起点。此时屏幕上显示为脉冲数,按 AVER 键,显示图形面积值及单位。

(6)累加测量:利用 HOLD 键可把大面积图形分割成多个小面积图形进行累加量测,量测时先量测第一个图形,测完后按 HOLD 键,固定面积值;然后将仪器移到第二个图形,按 HOLD 键,解除固定状态并进行量测;同样对其他图形进行累加量测;最后按下 MEMO 键,即可获得整个图形的面积值。

(7)平均测量:利用 MEMO 键及 AVER 键,能方便地求得平均值。在每次量测结束后按下 MEMO 键,最后按 AVER 键,就可显示出重复多次量测的平均面积值。

(8)累加平均测量:若须对两个图形累加,并取两次平均值作为结果。量测时,先在第一个图形的起点按 START 键,再绕图形一周按 HOLD 键;移至第二个图形起点按 START 键,再绕图形一周按 HOLD 键;移至第一个图形起点按 HOLD 键,再绕图形一周按 MEMO 键。重复上述操作最后按 AVER 键,即可得出两个图形面积累加,并取两次测定的平均值。

(9)单位换算:当面积测量结束按 AVER 键后显示面积,若须改变面积单位则按 UNIT-1 和 UNIT-2 键,显示所需要的单位,再按 AVER 键,显示单位改变后的面积值。另外,可通过变换输入的比例值获得所需面积单位(如公顷、亩等)的面积值。

第四节　地形图在城市规划中的应用

城市规划中的各项规划设计总图,几乎全部是在地形图上编制的。在地形图上进行规划设计可以充分了解地物和地貌,因地制宜地利用地形条件,不仅科学,而且经济、便捷。

地形图是进行城市规划的基础工作底图。在进行总体规划时,通常选用 1∶10000 或 1∶5000 比例尺的地形图作为工作底图,而在详细规划时,为满足房屋建筑和各项工程编制初步设计的需要,通常须采用 1∶2 000 或 1∶1 000 比例尺地形图作为工作底图。

一、设计等高线法

在城市规划中,除了对各项建设进行平面布置外,对建设用地的地面高度也要进行规划设计,在正确结合原地形的前提下进行必要的地形改造,使改造过的地形适当地填挖土石方就能够适合布置和修建建筑物,这有利于迅速排除地面水、满足交通运输和敷设地下管线的要求。这种立面上的规划设计,通常称之为竖向规划(或叫垂直设计和竖向布置)。竖向规划方法有设计等高线法、纵横断面法、极线法等,但不论采用哪一种方法都是在地形图上或者依靠地形图来进行的。设计等高线法为几种规划设计方法中应用最广泛的一种。下面以某一场地为例(其自然地形如图 9-17 所示)来简要介绍采用设计等高线法进行规划时的方法步骤:

(1)在地形图上打上方格网,方格的大小根据地形的简单或复杂程度、地形图比例尺的大小,以及要求的精确度确定。例如在修建设计阶段采用 1/500 的地形图时,方格的边长一般采用 20m 左右。然后用内插法求出每一方格点的自然标高,写在方格的右上角横线之下。

(2)根据要求的平整度,并尽量结合自然地形定出各控制设计标高点,用此画出设计等高线,再根据设计等高线用内插法求出每一方格点的设计标高,写在方格的右上角横线之上。

(3)比较自然标高和设计标高的高差值,就可以看出该处是否需要填土(设计标高大于自然标高)或是挖土(设计标高小于自然标高)。填方用“+”号表示,挖方用“-”号表示,并

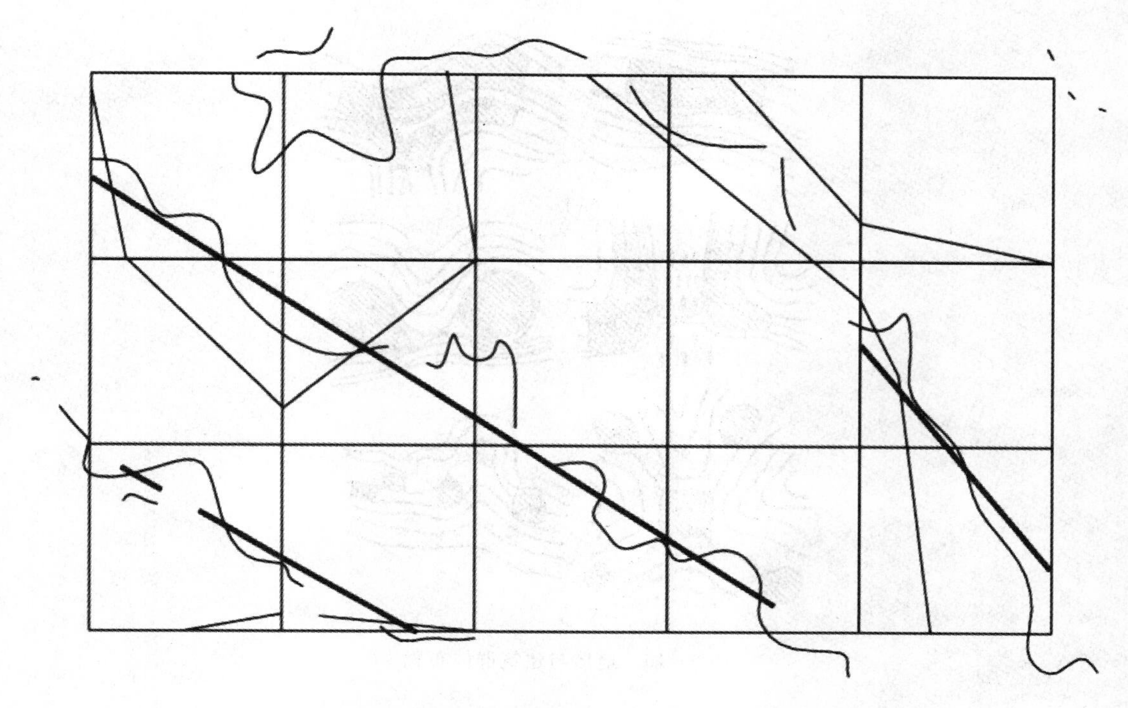

图 9－17　某场地自然地形图

把它们写在设计标高左侧。

(4)根据每一方格的填方或挖方的数值和它们所包的面积，可计算出土方工程数量，然后总计某一场地的全部填挖总量。

二、地形与建筑群体布置

在平原地区进行规划设计时，按规划原理和方法对建筑群体布置限制较少，布设比较灵活机动。但在山地和丘陵地区，由于建筑用地通常成不规则的形状，要求在各种不规则形状中寻找布置的规律。如在某一建筑区域、某一地段可能存在不宜建筑的局部地形，这些局都地形可能将建筑用地分为大小不等的若干地块。建筑群体的用地会形成大小不同、高低不一、若断若续的分布特点，因此，建筑群体的布设形式必然受其地形特点的制约，呈现出高低参差不一、大小分布各异的特点。如图 9－18(a)所示的沿河谷、沟谷一侧或两侧发展而形成的带状分布群体；如图 9－18(b)所示的沿山坡发展形成的片状和团状分布形式；如图 9－18(c)所示的沿山丘或台地发展而形成的星形分布形式。

在山地或丘陵地区进行建筑群体的布置时，应注意依据地形陡缓曲直变化规律，适应于自然变化，争取建筑群体有较好的朝向，并提高日照和通风的效果。如图 9－19(a)所示，未考虑自然地形和气候条件，布置成规则的行列形式，造成了间距不合理、工程量大、用地不经济等缺点。若按图 9－19(b)所示，结合地形布置成自由形式，在建筑面积与图 9－19(a)所示相同的情况下改进了布置方案，这既减少了工程量，又增大了房屋间距，同时还增强了日照和通风效果，从而改善了建筑和设施的作业条件。由此可见，在城市规划设计中结合地形进行建筑群体的规划方案布置是非常重要的。

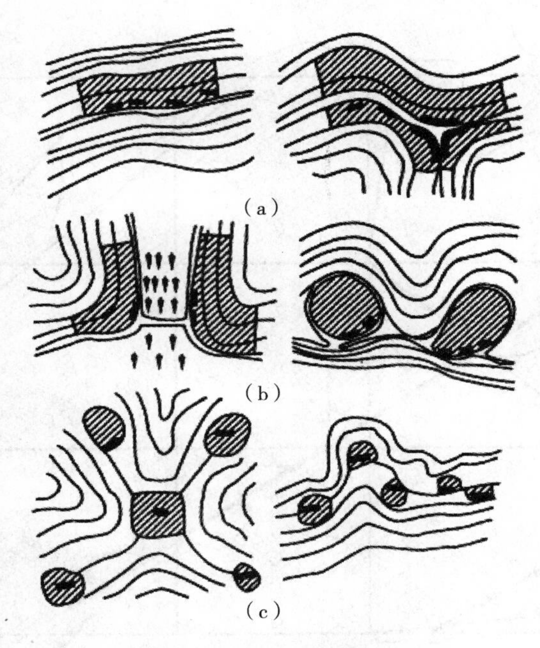

图 9-18　地形与建筑群体布置

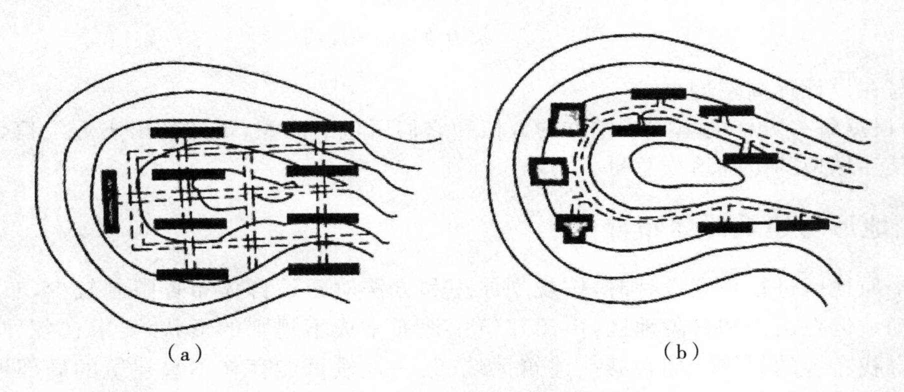

图 9-19　山区地形与建筑群体布置

第五节　地理信息系统

近年来，随着空间信息采集与管理技术的发展，地理信息系统技术与应用也得到了长足的发展。同时，社会对空间信息采集、动态更新的速度要求越来越快，特别是对城市建设所需的大比例地形图空间的数据获取方面的要求越来越高，而且与空间信息获取密切相关的测绘行业在近 10 年来也发生了巨大的变化。

一、地理信息系统概念

地理信息(Geographic Information)是指与研究对象的空间地理分布有关的信息。它是地表物体与环境固有的数量、质量、分布特征、属性、规律以及相互联系的数字、文字、音像和图形等的总称。地理信息不仅包含所研究实体的地理空间位置、形状，也包括对实体特征的属性描述。

例如，应用于土地管理的地理信息，既能够表示某点的坐标或某一地块的位置、形状、面积等，也能反映该地块的权属、土壤类型、污染状况、植被情况、气温、降雨量等多种信息。因此，地理信息除具有一般信息所共有的特征外，还具有空间位置的区域性和多维数据结构的特征，即在同一地理位置上具有多个专题和属性的信息结构；同时还有明显的时序特征，即随着时间而变化的动态特征。将这些采集到的与研究对象相关的地理信息，以及与研究目的相关的各种因素有机地结合，并由现代计算机技术统一管理、分析，从而对某一专题产生决策就形成了地理信息系统。人们从认识地理实体到掌握地理信息，并利用地理信息系统作为决策依据，是人类认识自然和改造自然的一个飞跃。

从应用角度来看，地理信息系统是在计算机硬件、软件及网络技术支持下，对有关地理空间数据进行输入、处理、存储、查询、检索、分析、显示、更新和提供应用的计算机信息系统；从学科组构角度来看，地理信息系统是集计算机科学、地理学、环境科学、城市科学、空间科学、信息科学和管理科学为一体的新兴边缘学科。

二、地理信息系统的构成

按照国外学者 Andrew U. Frank 等人的观点，完整的地理信息系统（Geographic Information System，简称 GIS）主要由四个部分构成，即计算机硬件系统、计算机软件系统、地理空间数据以及系统开发、管理和使用人员。

1. 计算机硬件系统

计算机硬件是计算机系统中的实际物理装置的总称，是 GIS 的物理外壳。构成计算机硬件系统的基本组件包括：

(1)计算机主机：中央处理单元、存储器（包括主存储器、辅助存储器）等；

(2)数据输入设备：数字化仪、图像扫描仪、手写笔、光笔、键盘、通信端口等；

(3)数据存储设备：光盘刻录机、磁带机、光盘、活动硬盘、磁盘阵列等；

(4)数据输出设备：笔式绘图仪、喷墨绘图仪、激光打印机等。

2. 计算机软件系统

计算机软件是指 GIS 运行所必需的各种程序，通常包括如下几个部分：

(1)计算机系统软件

由计算机厂家提供的为用户开发和使用提供方便的程序系统，通常包括操作系统、汇编程序、编译程序、诊断程序、库程序、各种维护使用手册、程序说明等，是 GIS 日常工作所必需的。

(2)GIS 软件和其他软件

可以是通用的 GIS 软件，也可包括数据库管理软件、计算机图形软件包、CAD、图像处理软件等。

(3)分析程序

应用分析程序是系统开发人员和用户根据地理专题或区域分析模型编制的用于某种

特定应用任务的程序，是系统功能的扩展与延伸。在优秀的GIS工具支持下，应用程序的开发应是透明的和动态的，与系统的物理存储结构无关，而随着系统应用水平的不断优化和扩充，应用程序作用于地理专题数据或区域数据，构成GIS的具体内容，这是用户最为关心的真正用于地理分析的部分，也是从空间数据中提取地理信息的关键。用户进行系统开发的大部分工作是开发应用程序，而应用程序的水平在很大程度上决定了系统的实用性。

3. 地理空间数据

地理空间数据是指以地球表面空间位置为参照的自然、社会和人文景观数据，可以是图形、图像、文字、表格和数字等。它由系统的建立者通过数字化仪、扫描仪、键盘、磁带机或其他通信系统输入GIS，既是系统程序作用的对象，也是GIS所表达的现实世界经过模型抽象的实质性内容。

4. 系统开发、管理和使用人员

人是GIS中的重要构成因素，GIS不同于一幅地图，而是一个动态的地理模型。地理信息系统从其设计、建立、运行到维护的整个生命周期处处都离不开人。仅有系统软、硬件和数据还构不成完整的地理信息系统，还需要人进行系统的组织、管理、维护、数据更新、扩充完善、应用程序开发，并灵活采用地理分析模型提取多种信息为研究和决策服务。

三、地理信息系统的主要功能

地理信息系统的功能服务于上述任务，覆盖了数据采集、处理和分析，乃至决策、应用的全部过程。尽管目前GIS软件和系统千差万别，但它们的基本功能大体相同。Mauguire等按照地理信息系统中的数据流程，将地理信息系统的基本功能分为五类(10种)：采集、检验与编辑；格式化、转换、概括；存储与组织；分析；显示。其中分析功能(包括空间分析与模型)被称为地理信息系统的高级功能。在上述功能中，数据存储、检索和人机交互显示贯穿于整个流程。下面我们就按Mauguire等基于数据流程的思路，来分述地理信息系统的主要功能。

1. 地理信息系统的基本功能

(1)数据采集和输入

数据采集和输入是指地理信息系统从现实世界的采集、观测，从现存文件、地图中获取地理空间数据并输入计算机中。目前可用于地理信息系统数据采集和输入的方法、技术很多。一部分是通用的计算机方法，如利用键盘、软驱、光盘机、扫描仪等来输入数据；另一部分是地理信息系统及相关领域的专业方法，如利用全站仪等测量设备采集地理空间数据，利用手扶跟踪数字化仪从原有地图上采集并输入地理空间数据等。

(2)数据处理

主要包括检验与编辑、格式化、转换和概括。地理空间数据输入地理信息系统之后需要进行检验，并按照地理信息系统数据库运作和分析功能等的要求进行编辑、修改，以保证数据在内容与空间上的完整性、数值逻辑一致性以及正确性、美观都适宜于用户的具体需求等。这就是检验与编辑功能。

格式化功能是使GIS中的数据采取，或转换为各种迎合地理信息系统运作和用户需要的数据结构，例如矢量数据结构或栅格数据结构，或其相互转换等。

数据转换通常有两种类型。一类是坐标转换。坐标转换又包括两种:一是不同平面坐标间的坐标变换,变换公式可以是线性的,也可以是非线性的。例如,人们常常从GIS输入设备(数字化仪或扫描仪等)所给定的英寸单位的坐标系,向我国通用的高斯-克吕格大地坐标系转换;二是地图投影,即将地表曲面(球面或旋转椭球面)上的地理坐标,转换为地图上的平面坐标。

另一类数据转换是不同数据格式的转换。这种转换是由于GIS软件开发商和数据生产者皆采用各自的方式来组织地理空间数据,导致实际应用的GIS数据格式千差万别。例如,美国的ESRI、MapInfo和Intergraph等公司所开发的GIS软件包,所用数据格式皆不同;即使是同一公司的不同软件产品,如ESRI公司的Arc/Info和ArcView也都会采用不同的数据格式。另一方面,GIS数据生产者或供应商,如美国地质测量局、农业部、人口调查局等所提供的地理空间数据的格式也各不相同。而地理信息系统用户常常需要采用多种GIS软件开发商或数据供应商的数据。因此,地理信息系统必须具备进行不同数据格式之间转换的功能。

数据概括功能对应着地图学的制图概括(也称制图综合),即利用计算机手段来进行制图概括。制图概括很大程度上依赖于地图学家的专业智能和人为处理。因此,实现数据概括功能的难度较大。目前常见的GIS数据概括功能仅有:线条的简化、平滑;部分实现比例尺缩小时地图数量、形态等的筛选和简化表达;以及在荧屏上缩小或放大地图时,自动地减少或增加图层,以保持适当的地图图面负载量等。总的来说,GIS系统的数据概括功能至今仍很欠缺,需要尽可能采用计算机人工智能技术,加强这方面的研究开发。

(3)数据存储、组织和管理

为了实现GIS数据处理等功能,地理空间数据必须按GIS表达和运作的要求来组织和管理,而这种组织与管理又与地理空间数据的存储技术密切相关。在一般计算机系统中数据的存储、组织和管理,主要是数据结构和数据库系统技术的任务。但是,由于地理空间数据的特殊复杂性(空间特征、属性特征及挂联关系),一般的计算机数据结构和数据库系统技术还不能很好地解决GIS的数据存储、组织和管理的问题。因此,地理信息系统必须发展自己特有的数据存储、组织和管理功能。

GIS的数据存储、组织和管理功能不像其他功能那样,能够较简单地加以解释。因此,只要理解一点就行:地理信息系统的数据存储、组织和管理功能是实现GIS表达、运作和其他功能的基础。

(4)显示与输出

可视化是地理信息系统的基本特征。除采用报告、表格和图表等常规数据表达方式外,所有的地理信息系统皆为用户提供可视化表达地理空间数据的手段或输出产品。例如,通过计算机荧屏输出或硬盘拷贝(纸张等)输出等形式,显示、分析、绘制和输出地图及其相关数据。地理信息系统十分强调良好的、交互式的制图环境和可视化的分析环境,让用户能够设计和制作出高质量的地图,或采用人机交互方式进行空间分析研究。

(5)空间查询与分析

空间分析是地理信息系统的核心功能,也是GIS与其他计算机系统的根本区别之一。现在多数人认为空间分析包括空间查询,空间查询是地理信息系统空间分析功能中最基本的低层次分析功能；简单空间查询以外的空间分析，特别是模型分析功能属于地理信息系统的高级分析功能。由于空间分析的重要性，下面专门加以论述。

2. 空间分析与模型分析功能

空间分析在地理学乃至其他地学研究中有着悠久的历史与传统，数学概念与方法的引入，从统计方法扩展到运筹学、拓扑学等方法的应用，加强了其定量分析的能力。而地理信息系统的空间分析功能使传统的空间分析能力大大加强，能更科学高效地分析和解释地理特征间的相互关系及空间模式。

地理信息系统的空间分析可分为三个不同的层次。

(1)空间查询检索。空间查询检索的是地理信息系统最基本的分析功能，能否有效地从地理信息系统海量数据库中检索出所需的信息，将影响地理信息系统的进一步分析能力。空间查询检索一般有三种形式：一是从地物的空间位置查询或检索地物的属性；二是反过来，从地物的属性数据条件查询或检索地物的空间位置特征；三是让用户通过图形手段查询指定范围中地物的空间位置和属性双重特征。将查询检索的结果用图形图像等可视化方式表达出来，也是空间查询检索功能的必要组成部分。

(2)定式化的空间分析功能。空间分析的种类很多，在大量的空间分析研究和实践过程中，一些常用的对不少应用领域都有普遍意义的空间分析手段被总结出来，被做进通用型 GIS 商业软件包中，成为其中定式化的空间分析功能模块，如空间叠置(或叠加)分析模块、网络分析模块、三维分析模块、空间聚类分析等。这里以前者为例加以说明。

空间叠置分析是利用多重专题(属性)图层的，具有普遍应用意义的区域性多因子综合分析。由于普遍应用，空间叠加分析业已成为某些通用型 GIS 商业软件包中的定式化模块。叠置分析模块允许通过人工干预，按应用对象的具体要求来进行叠加分析，并为用户可视化地表达分析结果，非常方便。例如，研究生物多样性保护的用户可利用叠置分析模块对地形、土壤类型、降水量、植被、土地利用、地籍(土地权属)等属性要素(或专题图层)，进行灵活的叠加分析，能一目了然地观察分析结构，评价不同的区域开发规划对保护生物多样性的影响。

(3)其他的空间模型分析。

更多的空间分析不具有跨领域的普遍性，它们仅面向自己的应用领域，通常需要结合本领域，如环境、水利和生物生态等的专业模型或专家系统。我们可以笼统地称之为空间模型分析或应用模型分析。在应用模型分析中，有的是将专业模型(如水文—水力模型)整块地植入 GIS 系统中；有的则是将应用领域的知识与 GIS 功能有机交融；还有一种特别值得一提的空间模型分析，是地理学理论上的空间分析。

思考题与习题

1. 阅读地形图的主要目的是什么？
2. 地形图在工程建设中有哪些应用？
3. 如何在地形图上去确定地面点的空间坐标？
4. 面积量算的方法有哪些？
5. 地形与建筑群体布置有哪些要点？

6. 地理信息系统由哪些构成？

7. 现有一块五边形地块，在地形图上求得边界交点 5 点的坐标分别为 A(490.00, 501.30)、B(515.00, 640.28)、C(477.00, 670.11)、D(383.01, 603.88)、E(366.57, 580.94)，试计算该地块面积。

8. 方格法测算土方的基本步骤是什么？

第十章　建筑工程施工测量

本章将学习建筑施工测量，了解施工测量基本工作，掌握施工控制测量、民用与工业建筑的施工测量、施工测量技术，为工程施工管理打下基础。

第一节　建筑施工测量概述

一、施工测量的内容和任务

施工测量同地形图一样，都以地面控制点为基础，计算出建(构)筑物各特征点与控制点之间的距离、角度(或方位角)、高差等数据，将这些特征点在实地标定出来作为实际施工的依据。这些工作称为测设，又称放样。

施工测量贯穿于整个施工过程中，从场地平整、建筑定位、基础施工到建筑构件安装都需要进行施工测量，才能使建(构)筑物各部分的尺寸、位置符合设计要求。施工测量的主要内容有：建立施工控制网；建筑物、构筑物的详细放样；竣工检查、验收测量；变形观测。

二、施工测量的特点

施工测量与一般测图工作有以下区别：

1. 目的不同

测图工作是以控制点为基础，将地面上的地物、地貌按一定的比例缩绘在图纸上，绘制成地形图；施工测量是把图纸上设计好的建筑物或构筑物尺寸和位置放样到地面上，程序上是相反的。

2. 精度要求不同

测绘地形图的精度取决于测图方法和测图比例尺；施工测量的精度取决于工程的性质、规模、材料、用途及施工方法等因素。一般而言，高层建筑的施工测量精度高于低层建筑物，钢结构施工测量精度高于钢筋混凝土结构，装配式结构施工测量精度高于非装配式建筑物，建筑物各轴线间的相对放样精度高于构筑物的整体放样精度。因此，施工放样精度应根据具体情况合理选择，忽视精度要求将会影响到工程施工质量，甚至造成质量事故。

3. 施工测量是每道施工工序的先导

施工测量前必须做好一系列的准备工作：要了解设计内容及施工测量的精度要求，认真核对图纸上的尺寸与数据，检校好测量仪器，结合现场制订合理的施工测量方案，认真计算核对放样数据。在施工中应认真负责，并随时掌握施工进度及现场的变化情况，使施工测量与施工密切配合。

4. 施工测量干扰因素多

由于施工现场上工种多、交叉作业频繁，因此各种测量标志应埋设在使用方便、稳固而不易破坏的地方，并应妥善保管、经常检查，如有破坏应及时恢复。此外，在施工测量过程中应随时注意仪器及人员人身安全。

三、施工测量的原则

为减小误差积累、满足施工设计要求，施工测量应遵循“由整体到局部，先控制后碎部，从高级到低级”的原则，即先在施工现场建立统一的施工平面和高程控制网，以此为基础再测设建(构)筑物的细部位置。这样的目的是使测量误差在整个测区内分布均匀，从而保证测图精度，而且还可以在分幅测绘时平行作业。

四、施工测量的精度

施工测量的精度要求主要取决于工程的性质、规模、材料及施工方法等因素。一般情况下工程竣工后的最低精度要求即为建筑限差(允许误差)。假设建筑限差为 $\Delta_{限}$，工程竣工后的中误差为 m，则有：

$$m=\frac{1}{2}\Delta_{限}$$

中误差 m 由测量定位中误差和施工中误差 m_1 组成，测量定位中误差又由建筑场区控制测量中误差 m_2 和细部放样中误差 m_3 组成，它们之间的关系如下：

$$m^2=m_1^2+m_2^2+m_3^2$$

其中各项中误差之间的比例关系并不固定，一般情况下，$m_2^2<m_3^2<m_1^2$。工程测量规范对部分建(构)筑物施工放样的允许误差予以了相关规定，可取其一半作为施工中误差 m_1。

第二节　施工测量基本工作

测量的基本工作是距离测量、角度测量和高程测量，施工测量的基本工作即是将已知的距离、角度和高程在实地上测设出来。

一、基本要素的测设

1. 已知水平距离的测设

已知的水平距离的测设是从地面已知的起点出发，沿给定方向测出已知设计的水平距离，其中所用的工具主要为钢尺和光电测距仪(全站仪)。

(1)一般方法

在场地平坦的地方，从起点开始按已知长度沿给定方向，用经过长度检定的钢卷尺直接测量定出另一端点。为了减少误差应进行往返丈量，在较差允许范围内取其平均值作为最终结果。

(2)精密方法

当测设精度要求较高时采用精密方法，具体操作如图 10－1 所示。先按一般方法放样，再对此距离进行三项改正：尺长改正 ΔD_l、温度改正 ΔD_t、高差改正 ΔD_h。其中测设水平距离 $D=nl+q$（n 为整尺段数；l 为钢尺长度；q 为不足一整尺的余长）。则：

$$D_{放}=D-\Delta D_t-\Delta D_l-\Delta D_h \tag{10-1}$$

如果施工放样是在已整平后的建筑场地上则不需要进行高差改正；其他两项改正可根据其数值大小和施工放样的精度要求进行取舍。

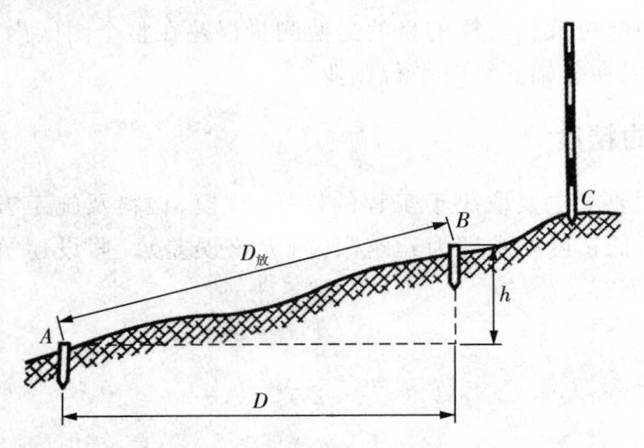

图 10－1　已知距离精密测量方法

(3)用光电测距仪测设水平距离

当所测距离较长、地面不平坦时用光电测距仪测设比钢尺更方便，它可直接测得水平距离并可预先设置改正参数，如图 10－2 所示。

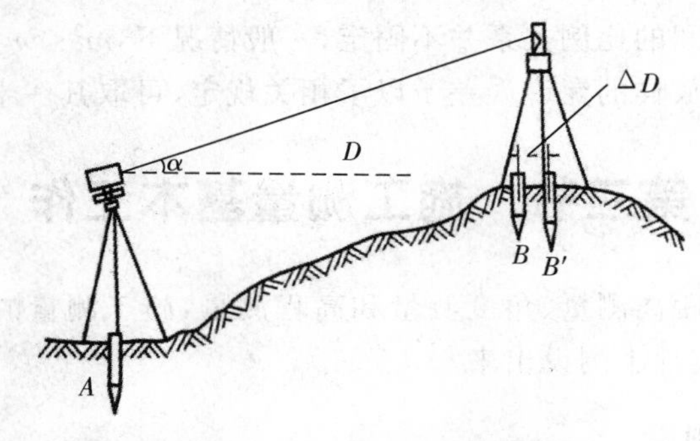

图 10－2　光电测距仪放样距离

安置仪器于 A 点，按测时的气温、气压设置气象改正值，设置距离显示为"水平距离"，瞄准已知方向。沿此方向移动棱镜位置，使仪器显示值略大于测设距离 D，定出 B' 点。在 B' 点安置棱镜，测出棱镜竖直角 α 及斜距 L，计算水平距离 $D'=L\cos\alpha$，求出 D' 与 D 之差 δ。根据 δ 的符号在实地用小钢尺沿已知方向改正 B' 至 B 点并在木桩上标定其点位。多次复核直至测设的距离符合限差要求。

2. 已知水平角的测设

已知水平角的测设是指已知角顶点并根据一条已知边方向标定出另一边方向，使两者之间的水平夹角等于已知角值。水平角测设的任务是根据地面已有的一个已知方向，将设计角度的另一个方向测设到地面上。水平角测设的仪器是经纬仪或全站仪。

(1)一般方法

① 半测回法，如图 10－3 所示。

设地面已知方向 AB，A 为测站点，B 为定向点。顺时针测设水平角 β，并在该角方向定出 C 点。半测回法操作：在 A 点安置经纬仪，对中、整平、盘左或盘右位置瞄准后视点 B，读取读数 b，转动照准部使水平盘读数为 $b+\beta$，固定照准部，按视准轴方向定出 C 点。

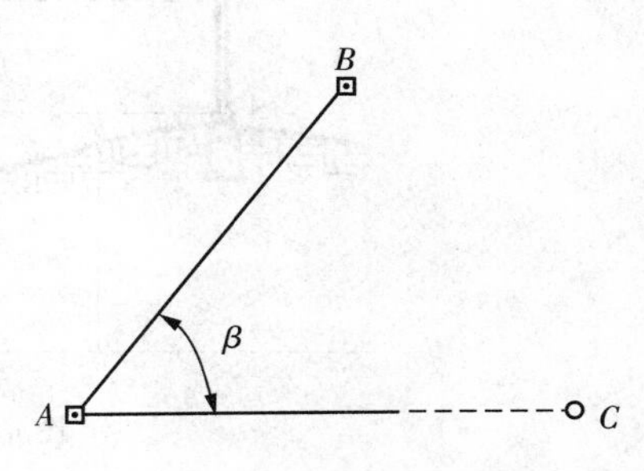

图 10－3 半测回法测设水平角

②一测回法

此方法用于测设水平角精度要求较高时，又称正倒镜分中法。如图 10－4(a)所示，按上述方法，先盘左定出 C_1，再盘右定出 C_2，取 C_1、C_2 中间点 C，则$\angle BAC$ 为所需要测设的水平角 β。

采用一测回法可抵消测角仪器的视准轴误差和横轴误差。

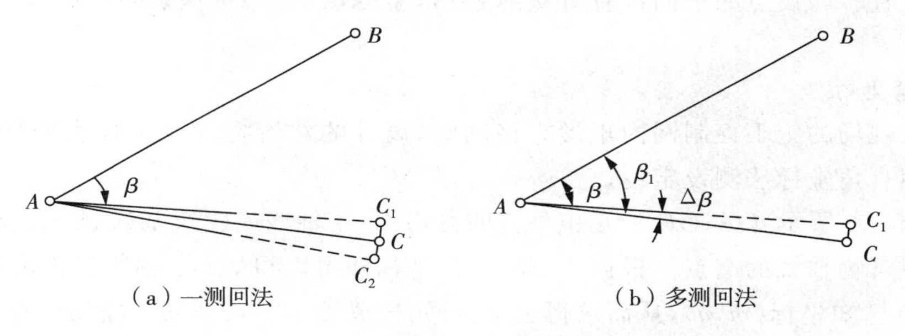

图 10－4 测回法测设水平角

(2)精确方法

当测设水平精度要求很高时，可采用多测回测设水平角，如图 10－4(b)所示，其操作步骤如下：

按半测回法在地面测设出水平角 β，定出点 C_1；反复观测水平角$\angle BAC_1$ 多次测回准确取其平均值 β_1，与设计角值之差为 $\Delta\beta$；则可计算出改正距离 $CC_1=AC_1\cdot\tan\Delta\beta=AC_1\cdot\Delta\beta/\rho$，从 C_1 点沿 AC_1 的垂直方向量出 CC_1，定出 C 点，则$\angle BAC$ 为要放样的已知水平角。

$\Delta\beta>0$ 时，沿 AC_1 的垂直方向向外量取；反之，向内量取。

3. 已知高程的测设

已知高程的测设是利用水准测量的方法，根据已知水准点，将设计高程测设到地面标志上，如图 10－5 所示。

设 A 点为已知高程点，高程差为 H_A，需要测设 B 桩高程 H_B，测设步骤如下：

在 AB 之间安置经纬仪，A 点竖水准尺，测得读数为 a。则仪器高程为 $H_i=H_A+a$。

在 B 点设木桩，桩边立水准尺，则 B 点读数应为 $b=H_i-H_B$。

向下移动尺子，当读数正好为 b 时固定水准尺，此时尺底部高程为 H_B。

用笔沿尺底部在桩上做记号，则该位置高程即设计高程 H_B(注意事项：当水准仪读数

小于 b 时，逐渐将桩打入土中，直至尺上读数增加到 b）。

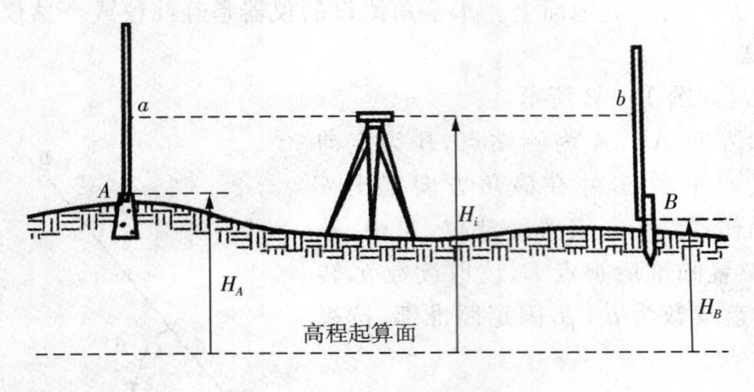

图 10－5　测设高程示意图

二、点的平面位置测设

点的平面位置测设是根据已知控制点与放样点间的角度（方向）、距离及其他坐标关系定出点的位置。测设点的平面位置方法有：直角坐标法、极坐标法、角度交会法、距离交会法等。

1. 直角坐标法

当施工现场的施工控制网为矩形方格网时，设计的建筑物轴线垂直或平行于控制网，此时常采用直角坐标法测设定位。

如图 10－6 所示，OA、OB 为互相垂直的方格网，主轴线或建筑基线 a、b、c、d 构成的矩形为放样建筑物轴线的交点。根据 a、c 的设计坐标即可以 OA、OB 轴线放样出其他各点。

设 O 点已知坐标(m,n)，从而求得 $\Delta x_{oa}=x_a-m$，$\Delta y_{oa}=y_a-n$。经纬仪置于 O 点，照准 B 点，沿此视线方向从 O 沿 OB 方向放样 Δy_{oa} 定出 M 点，置经纬仪于 M 点，盘左照准 O 点，顺时针放样 90 度定出 a' 点；同理盘右定出 a''。所求 a 点即为 a' 和 a'' 的中点。

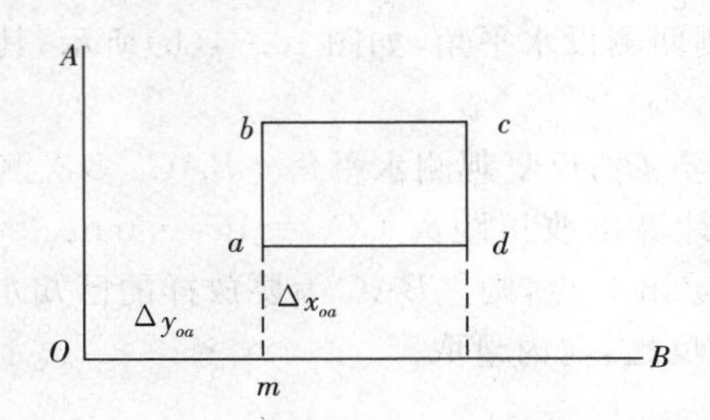

图 10－6　直角坐标法示意图

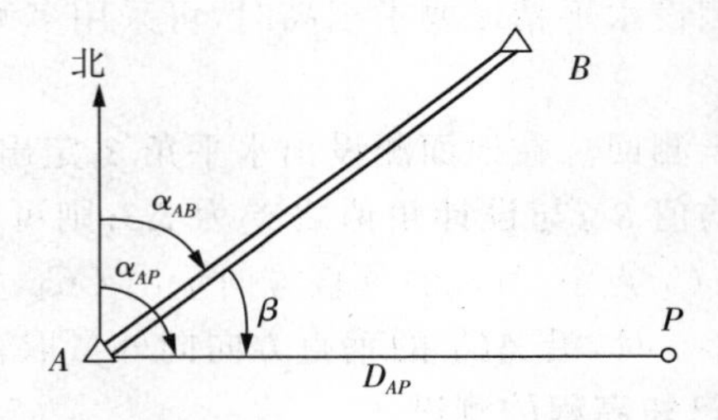

图 10－7　极坐标法示意图

2. 极坐标法

当已知点与测设点间距离较小且便于量距时，采用极坐标法测设，即根据水平角和距离来测设点的平面位置。

如图 10－7 所示，A、B 为附近的控制点，A、B 点以及其他各点坐标均为已知，欲测设某已知点需要按坐标反算公式求出测设数据 β_1 和 D_1

$$\alpha_{A1}=\arctan\frac{y_1-y_A}{x_1-x_A},\alpha_{AB}=\arctan\frac{y_B-y_A}{x_B-x_A}$$

$$\beta_1=\alpha_{AB}-\alpha_{A1},D_1=\sqrt{(x_1-x_A)^2+(y_1-y_A)^2}$$

该测设方法的具体步骤是将经纬仪置于 A 点，测设 β_1 角及用钢尺测设长度 D_1，即可得测设点位置。

3. **角度交会法**

角度交会法适用于测设点离控制点较远或量距较困难的场合。

如图 10－8 所示，根据控制点 A、B、C 和测设点 P 的坐标计算测设数据 α_{AB}、α_{AP}、α_{BP}、α_{CP} 及 β_1、β_2、β_3、β_4 的角值。将经纬仪置于 A 点，按方位角 α_{AP} 或 β_1 角值，定出 AP 方向线。在 P 点附近打两个木桩，桩上钉小钉以示此方向。同理定出 BP_2、CP_3 方向线。三条细线交于一点即为所求，如果示误三角形的边长不超过 4cm 时，则取该三角形重心为所求 P 点的位置。

4. **距离交会法**

距离交会法适用于测设点离两个控制点较近（一般相距不超过一整尺段的长度），且地面平坦便于量距的场合。

如图 10－9 所示，A、B、C 为已知控制点，1、2 为需要测设的点，距离交会具体控制步骤如下：

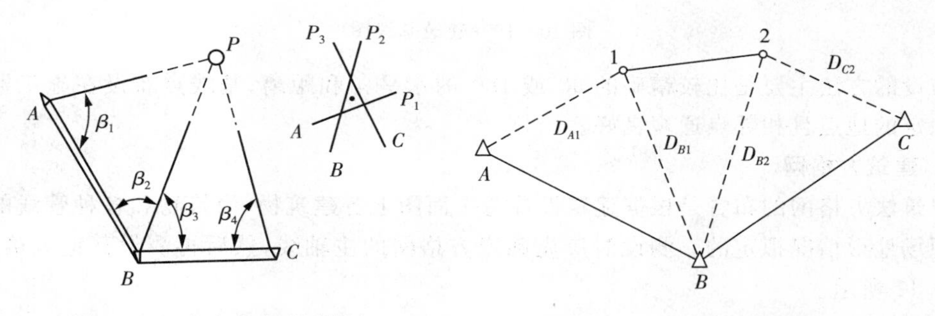

图 10－8　角度交会法测设点　　图 10－9　距离交会测设点

（1）根据 A、B、C 的已知坐标及 1、2 点的设计坐标，计算出需要测设的距离 $D1$、$D2$、$D3$、$D4$。

（2）用两把钢尺分别以控制点 A、B 为圆心，$D1$、$D2$ 为半径，在地面上画圆弧，两弧线的交点即为 1 点。

（3）用同样方法分别以 B、C 为圆心，以 $D3$、$D4$ 为半径画圆弧，两弧交点即为 2 点。

（4）丈量 1、2 点的距离，与设计距离比较作为检核，其误差应在限差以内。

5. **全站仪坐标法**

全站仪坐标法由极坐标法改进而来，它能适合各类地形情况且精度高、操作简便，现已在生产实践中广泛采用。

测设前，首先，将全站仪置于放样模式，输入测站点、后视点（或方位角）、放样点等坐标；其次，用望远镜照准棱镜，按坐标放样功能键，可立即显示棱镜位置与放样点的位置坐标差；最后，根据差值移动棱镜位置直至坐标差为零。

第三节　施工控制测量

建筑施工控制测量要建立施工控制网，施工控制网包括平面控制网和高程控制网，它是施工测量的基础。

一、平面控制网

1. 建筑基线

在面积不大又不十分复杂的建筑场地上，常布置一条或几条相互垂直的基线，称为建筑基线。建筑基线的布置是根据设计建筑物的分布、场地的地形和原有控制点的情况而定的。其布置形式有三点直线形、三点直角形、四点丁字形和五点十字形，如图 10－10 所示。

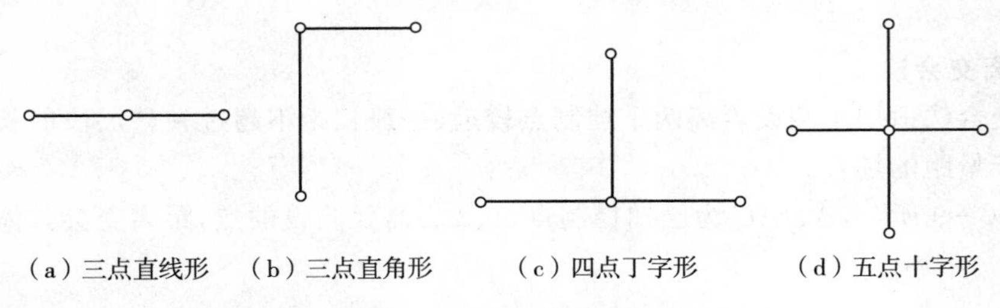

图 10－10　建筑基线图

布设的方法主要是比较精确的 90°或 180°的水平角和距离；基线点布设在施工期间能保持稳定的地点且相邻点通视良好。

2. 建筑方格网

建筑法方格网的布置是根据建筑设计总平面图上各建筑物、构筑物和各种管线的布设结合现场地形情况拟定的。测设时应先确定方格网的主轴线，然后再测设其他方格点，如图 10－11 所示。

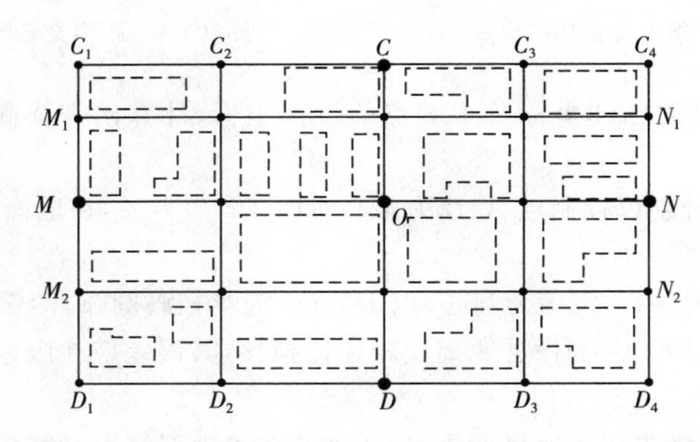

图 10－11　建筑方格网

方格网设计时应注意：

(1)主轴线应布设于场区中部，并于拟建主要建筑物基本轴线相平行。

(2)方格网中水平角的测角中误差一般为±5°。

(3)方格网的边长一般为100～300m,且边长相对精度一般为1/30000～1/20000。

(4)方格网的边应保证通视,点位标石应埋设牢固以便长期保存。

二、高程控制网

由于测图高程控制网在点位分布和密度方面均不能满足施工测量的需要,因此在施工场地建立平面控制网的同时还必须重新建立施工高程控制网。

在建筑施工场地,用三等、四等水准测量精度,从国家或城市水准点连测高程布设若干个临时水准点,建立高程控制网。水准点密度尽可能满足安置一次仪器即可测设所需高程点。

此外,为测设方便和减少误差,在一般厂房内部或附近应专门设置±0.000m水准点。但需要注意设计中各建筑物、构筑物中的±0.000m高程不一定相等要加以区别。

第四节　民用与工业建筑施工测量

民用建筑一般是指人们日常生活及进行各种社会活动所需的建筑物,如住宅、办公楼、食堂、医院、学校等。其主要测设内容是建筑物的定位、放线、基础施工测量和墙体施工测量、轴线投测与高程传递等。

工业建筑则以厂房为主体,分为单层和多层。一般工业厂房多采用预制构件在现场装配的方法施工,其主要测设内容是厂房矩形控制网测设、厂房柱列轴线放样、基础施工测量及厂房预制构件安装测量等。

一、施工前的准备工作

1. 熟悉图纸

设计图纸是施工测量的依据,测设前应了解施工的建筑物与相邻地物的相互关系,以及建筑物尺寸和施工要求等。

测设时必须具备下列资料:建筑总平面图、建筑平面图、基础详图、立面图和剖面图。

2. 踏勘与确定方案

现场踏勘的目的是了解建筑施工现场上地物、地貌以及原有控制测量点的分布情况,并对建筑施工现场上的平面控制点和水准点进行检核,以便根据实际情况考虑测设方法。

在熟悉设计图纸、掌握施工计划和进度的基础上结合现场条件、实际情况拟订测设方案。测设方案包括测设方法、测设步骤、采用的仪器工具、精度要求、时间安排等。

3. 数据准备

每次现场测设前根据设计图纸和测设控制点的分布情况,准备好相应的测设数据并对数据进行检核。除了计算必要的测设数据,还需要从图纸查取房屋内部平面尺寸和高程数据。

4. 厂房矩形控制网的建立

工业厂房一般都应建立厂房矩形控制网,作为厂房施工放样的依据。如图10-12所示,Ⅰ、Ⅱ、Ⅲ、Ⅳ为建筑方格网点。a、b、c、d为厂房最外边的四条轴线交点,其设计坐标已知。A、B、C、D 为布置在基坑开挖范围以外的厂房矩形控制网的四个角点，称为厂房控制桩。其坐标可根据厂房外形轮廓轴线交点的坐标和设计间距 l_1、l_2 求出。先根据建筑方格网点Ⅰ、Ⅱ用直角坐标法精确测设 A、B 两点，然后由 A、B 两点测设 C、D 点，最后校核 $\angle DCA$、$\angle BDC$ 及边长 CD。

一般厂房角度误差不超过±10°，边长误差不超过 1/10000。

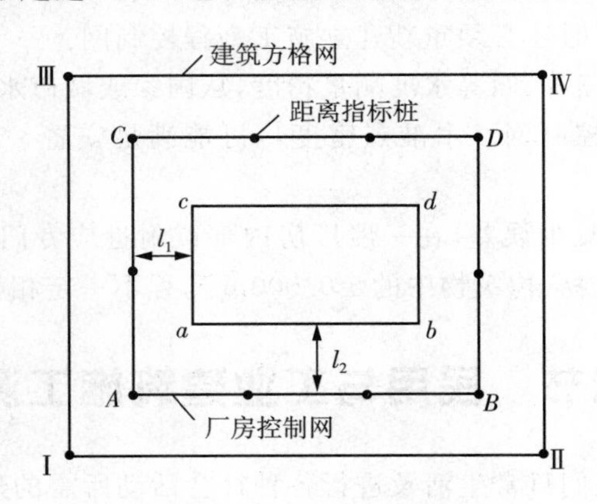

图 10－12　矩形控制网

小型厂房也可采用民用建筑的测设方法即直接测设厂房四个角点，将轴线投测至轴线控制桩或龙门板上。

大型或设备复杂的厂房应先测设厂房控制网的主轴线，再根据主轴线测设厂房矩形控制网。

二、民用建筑施工测量

施工测量就是把设计图纸上工程建筑物的平面位置和高程，用一定的测量仪器和方法测设到实地上，也叫施工放样、施工放线。施工放样根据建筑物的设计尺寸，找出建筑物各部分的特征点与控制点之间位置的几何关系，算得距离、角度、高程、坐标等放样数据，然后利用控制点在实地上定出建筑物的特征点并据以施工。

建筑测设内容和顺序一般为建筑物的轴线测设、施工控制桩的测设、基础施工测量和构件安装测量。

1. 民用建筑墙轴线测设

民用建筑墙轴线测设内容是根据总平面图给出的建筑物设计位置，将建筑物的外轮廓墙的各轴线交点测设到实地作为基础放线和细部放线的依据。建筑放线是根据施工现场已测设好的建筑物定位点，详细测设其他各轴线交点的位置并将其延长到安全的地方做好标志。再以细部轴线为依据，按基础宽度和放坡要求用白灰撒出基础开挖边线。

放样定位点的方法很多，最常见的是根据与周围原有的建筑物的关系放样和根据规划道路红线进行建筑物定位这两种方法。

(1)根据原有建筑物的关系定位

如图 10－13 所示，填充了斜线图案的为原有建筑，粗虚线表示要放样的建筑。图示中绘出了常见新建建筑与原有建筑之间的关系。

图 10－13(a)所示是新建建筑与原建筑共一条外墙线且相距 q_1 的情形。先作 A_1B_1 的平行线 $A'_1B'_1$，将 C_1A_1 和 D_1B_1 分别往外延长 p_1（距离一般为 1～4m，依实地情况而定），得到 A'_1 和 B'_1。在 A'_1 点安置经纬仪，沿 $A'_1B'_1$ 的方向量取 q_1 得到 M'_1 点，再从 M'_1 量取 l_1，得到 N'_1 点。分别在 M'_1 和 N'_1 安置经纬仪，在垂直于 $M'_1N'_1$ 的方向上量取 p_1，得到 M_1 和 N_1，从 M_1 和 N_1 点量距 d_1，得到 P_1 和 Q_1。

图 10－13(b)所示是新建建筑与原建筑物的外墙线相互平行，且墙线纵横分别相距 q_2、g_2 的情形。按上述同样方法定出 M_2、N_2、Q_2、P_2。

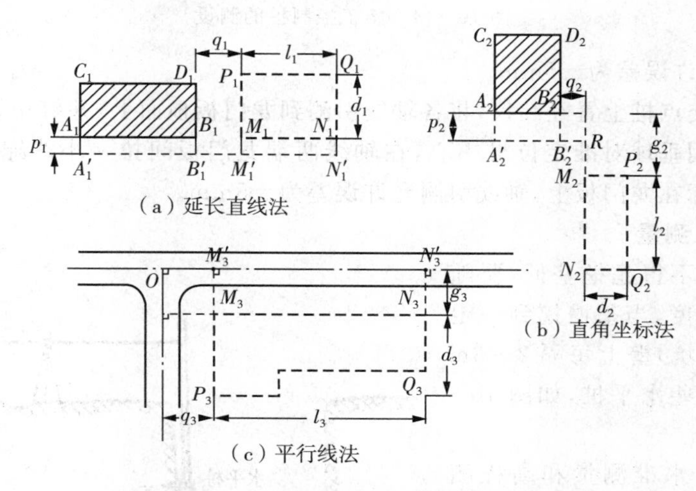

(a) 延长直线法
(b) 直角坐标法
(c) 平行线法

图 10－13　根据原有建筑物进行建筑定位

(2)根据规划道路红线进行建筑物定位

靠近城市道路的建筑物设计位置应以城市规划道路的红线为依据。

图 10－13(c)所示是新建建筑与道路中线平行，且分别相距 q_3、g_3 的情形。应先找出道路中心线交点 O，在 O 点安置经纬仪，沿中线方向按施工图测设出 M'_3 和 N'_3，按同样方向测设出 M_3、N_3、Q_3、P_3。

2. 施工控制桩的测设

由于开挖基槽时定位桩和各轴线交点桩均会被挖掉，为了使开挖后各阶段施工能准确恢复各轴线位置，应在基槽外侧各轴线的延长线上测设轴线控制桩，作为基槽开挖后确定轴线位置的依据。

控制桩一般定在槽边外 2～4m 且不受施工干扰和便于引测的地方。如附近有固定建筑物最好把轴线投测到建筑物上。

在一般民用建筑中为了便于施工，常在基槽外一定距离处钉设龙门板。如图 10－14 所示，钉设龙门板的步骤和要求如下：

(1)在建筑四角和隔墙两端的基槽开挖边线外 1～1.5m 处设置龙门桩，龙门桩侧面与基槽平行并保持竖直和牢固。

(2)根据建筑场地的水准点在每个龙门桩上测设±0.000m 的标高线，在现场条件不许可时，也可测设一定竖直的标高线，同一建筑物最好选取一个标高。

(3)沿龙门桩上±0.000m 高程线钉设龙门板，使龙门板顶面的高程在一个水平面上，

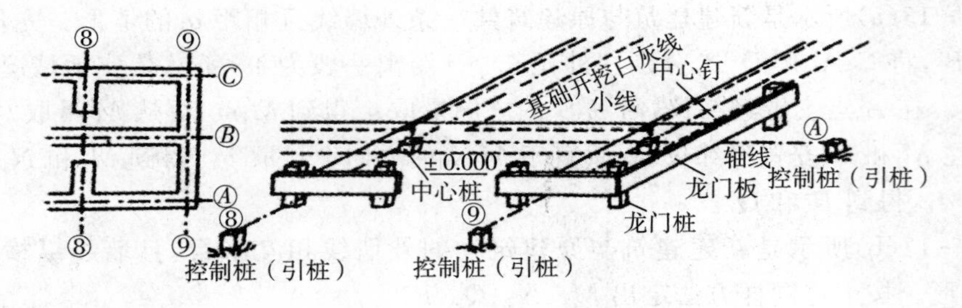

图 10－14　施工控制桩的测设

其标高测设的允许误差为±5mm。

(4)在轴线交点桩上置经纬仪，将各轴线引测到龙门板顶面上，并钉小钉作标志。若建筑物较小，也可用垂球对准定位桩中心，在轴线两端龙门板间拉一小线绳，使其贴靠垂球线，将轴线延长标在龙门板上，轴线引测允许误差为±5mm。

3. **基础施工测量**

开挖基槽时不得超挖基低，要随时注意挖土的深度，当基槽挖到一定深度后，在基槽（坑）壁上每隔 2～3m 和拐角处设置一些水平桩，如图 10－15 所示。

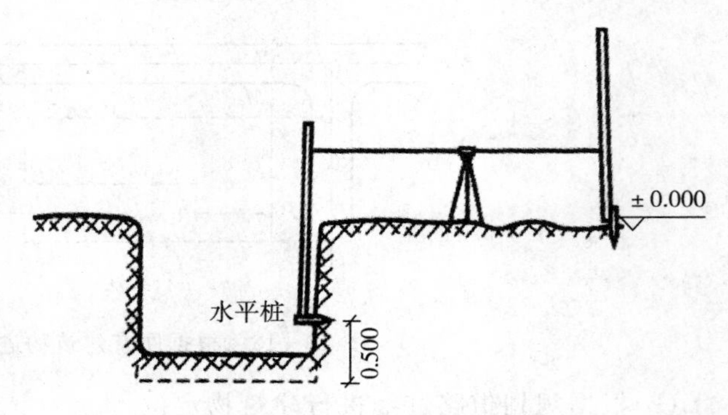

图 10－15　基础施工测量

建筑施工中水准测量和高程测设一般称为抄平。基槽开挖到规定深度后，按施工控制桩或龙门板的墙轴线用垂球垂直投影到基槽底部，用木桩标志把桩顶高度测设为垫层的高程。垫层打好后，根据控制桩在垫层上用墨线弹出墙中线和基础边线。由于整个墙身砌筑均以此线为准且是确定建筑物位置的关键环节，所以要严格校核。

三、工业建筑施工测量

1. **柱基施工测量**

如图 10－16 所示的工业厂房，柱基定位和放线步骤如下：

(1)用两架经纬仪分别置于相应的柱列轴控制桩上，沿轴线方向交会出各柱基的位置，此项工作称为柱基定位。

(2)在柱基四周轴线上打入定位小木桩，其桩位应在基础开挖边线以外比基础深度大 1.5 倍的地方作为修坑和立模的依据。

(3)按基础详图尺寸和基坑放坡宽度用特制角尺放出基坑开挖边界线，并洒出白灰线，此项工作称为基础放线。

(4)柱列轴线不一定都是柱基的中心线，而一般立模、吊装等习惯用中心线，此时应将柱列轴线平移，定出柱基中心线。

当基坑挖到一定深度后，再用水准仪在坑壁四周离坑底设计标高 0.3～0.5m 处测设若干水平桩，作为检查坑底标高和打垫层的依据。

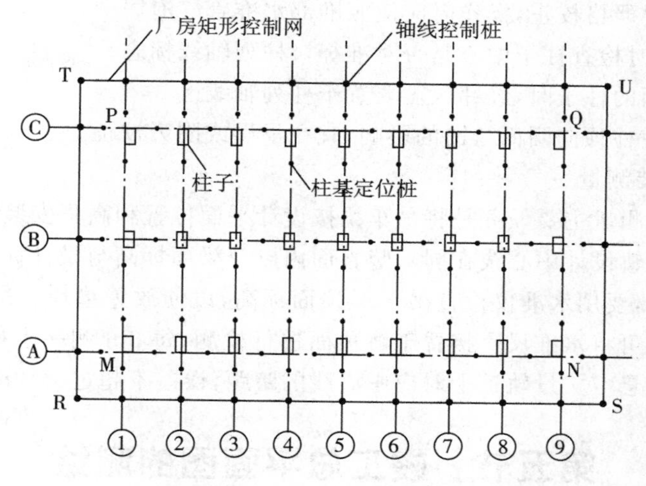

图 10－16　厂房柱基础施工测量

2. 厂房构件的安装测量

(1)柱子安装测量

柱子安装前先把定位轴线投测到杯形基础顶面上，画上墨线标志。根据牛腿面设计标高，用钢尺量出柱下平线，即柱子安装后的高程控制线。根据柱下平线量至柱低高差计算出基础杯底的应有高程；根据高程控制线杯底用水泥砂浆补平，使柱子安装后牛腿面符合设计标高。

实际安装时一般是一次把许多根柱子都竖起来，然后进行竖直校正。

这时可把两台经纬仪分别安置在纵横线的一侧与轴线成 15°角以内的方向上，一次校正几根柱子，如图 10－17 所示。

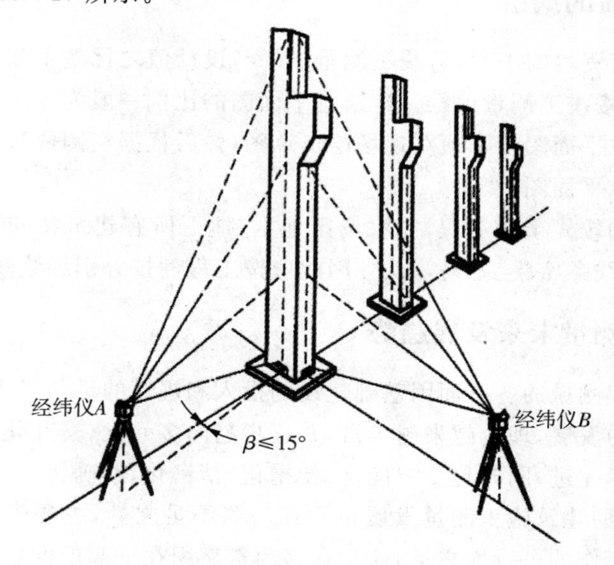

图 10－17　柱子安装测量

注意事项：

① 经纬仪需要严格校正，操作时应使照准部水准管气泡居中。

② 校正时，随时检查柱子中心是否对准杯口柱列轴线标志。

③ 校正变截面的柱子时，经纬仪需要置于柱列轴线上。

④ 考虑日照使柱顶向阴面弯曲的影响，宜在早晨或阴天校正。

(2)吊车梁安装测量

吊车梁的安装测量主要任务是将吊车梁按设计平面位置和高程安装在牛腿上，保证梁上下中心线与吊车轨设计中心线在同一竖直面内以及梁面标高与设计标高一致。

吊车轨安装前，要用水准仪检查吊车梁顶面标高，以便放置垫块。吊车轨按校正过的中心线安装就位后可将水准尺直接置于轨顶面进行检测，每 3m 测一点标高，误差在 3mm 以内。最后用钢尺悬空丈量轨道上对应中心线的跨距，误差不超过±10mm。

第五节　竣工总平面图的测绘

竣工总平面图是设计总平面图在施工后的实际情况的全面反映，所以设计总平面图不能完全替代竣工总平面图。竣工总平面图及附属资料是考查和研究工程质量的证据之一。

一、竣工测量

建筑物和构筑物竣工验收时进行测量工作即为竣工测量，其主要内容有：测定建筑物和构筑物的墙角坐标，地下管线转折点、窨井中心的坐标和高程，道路起止点、转折点、交叉点、变坡点坐标和高程；测定主要建筑物室内地坪高程，并附上房屋编号、结构层数、面积和竣工时间等资料；编制竣工总平面图、分类图、断面图以及细部坐标和高程明细表。

二、竣工总平面的编绘

对凡有竣工测量资料的工程，若竣工测量成果与设计值之比差不超过所规定的误差时应按设计值编绘，或按竣工测量编绘。建筑总平面图的比例一般为 1∶500 或 1∶1000。

实地测绘竣工总平面图时必须在现场绘出草图，最后根据实测成果和草图在室内进行展绘完成实测竣工总平面图。

对于大型企业和较复杂的工程，如将场区地上、地下所有建筑物和构筑物都绘在一张总平面图上，会造成线条密集、不易辨认。因此应按工程性技分别编绘竣工总平面图。

三、建筑施工测量未来发展趋势

近年来我国工程测量的各方面因基础建设的投入和规模的迅猛扩大，其理论和工程应用实践得到了很大的发展，理论越来越丰富，并逐步趋向多元化、交互化、实用化和完善化；工程测量仪器越来越先进，同时趋于智能化、便携化、精密化、准确化。

除此之外，我国的建筑施工测量发展也存在一些不足之处，主要表现在先进的工程测量仪器操作和测量工作的可行性之上，这是众多因素交织在一起的问题。解决这一大问题的关键应当是从理论入手。在理论方面的发展趋势应该是与其他学科协同、交织、交互，譬如电子科学与工程技术的发展，人工智能、通信遥感和机械制造业的发展，以及图像采集与成像技术的发展，都将进一步完善工程测量理论体系，也将进一步为新型先进的工程测量仪器的研制和应用提供可能和机遇。另外，由理论引导实践，从而使此项技术的水平一跃而上，更好地造福民众。

我国工程测量技术未来的发展趋势主要体现在：

(1)数字化采集，数据处理自动化和测绘信息化，测量精准化，测量和绘图一体化。

(2)高新技术的综合化越来越显现，在不久的将来因遥感技术、激光雷达技术、卫星通信技术等的发展而更上一个发展的台阶，并将形成一定系列的专业工程和特种工程专业工程测量，如岩气开采工程测量、地热开采与利用工程测量、舰船制造工程测量、航天工程测量等。

思考题与习题

1. 施工测量包括哪些主要内容？其基本工作是什么？

2. 测设点的平面位置有哪些方法？各自适用的范围是什么？

3. 建筑物的定位方法有哪些？如何测设？

4. 如何测设施工控制桩和龙门桩？

5. 在工业厂房施工测量中，为什么要专门建立独立的厂房矩形控制网？为什么要在网中设立距离指标桩？

6. 试述柱基的施工测量步骤。

7. 已知点 P 的坐标为：$x_P=14.23\text{m}$，$y_P=86.71\text{m}$；放样点 M 的设计坐标为：$x_M=42.30\text{m}$，$y_M=85.03\text{m}$；$\alpha_{MP}=300°04'00''$。试用极坐标法求将仪器安置于 P 点所需的放样数据。

第十一章 道路工程测量

第一节 道路工程测量概述

道路通常由线路、桥涵、隧道及其他设施所组成，主要分为城市道路（包括高架道路）、联系城市之间的公路（包括高速公路）、工矿企业的专用道路以及农业生产服务的农村道路，并由此组成全国道路网。道路的组成实际上由于地形及其他因素的限制，路线的平面线形必然有转折，因此一般的道路都是由直线和曲线组成的空间曲线。为了修建一条经济、合理的路线，首先必须进行线路勘测设计测量，为线路工程的规划设计提供地形信息（包括地形图和断面图）；然后将设计的线路位置测设于实地，为线路施工提供依据。

道路工程在勘测设计和施工、管理运营各个阶段进行的一切测量工作，称为道路工程测量。道路工程测量在工程建设的不同阶段有其不同的内容，一般分为勘测设计阶段和施工测量阶段。

在勘测设计阶段，其工作内容有以下几项：

（1）道路初测：根据路线基本走向初步方案，在路线可能范围内结合现场实际情况对所选定的线路进行导线测量和水准测量，并测绘线路大比例尺带状地形图，为线路的初步设计提供必要的地形资料。根据初步设计选定某一方案即可进入线路的定测。

（2）道路定测：定测是把已批准的初步设计所选的线路方案，利用带状地形图上的初测导线和设计图上的线路的几何关系，将选定的线路测设到实地上去。定测的任务是确定线路平、纵、横三个面上的位置，其工作包括中线的测量、曲线测设及纵横断面的测量。

本章主要介绍道路工程测量中的中线测量、纵横断面测量和道路施工测量的内容。

第二节 道路中线测量

道路是一个空间三维的工程结构物，此实体表面的中心线称为道路的中线。道路中线测量就是把道路的设计中心线测设在实地上。道路中线由平面线性三要素（直线、圆曲线和缓和曲线）组成，中线测量就是把这些平面线形在实地中标测出来作为后期施工放样的依据。中线测量的工作主要包括：中线上交点（JD）和转点（ZD）的测设、量距和钉桩、测量转点上的偏角、测设圆曲线和缓和曲线等。

一、交点和转点的测设

路线的各个交点，包括起点和终点是详细测设中线的控制点。测设时先在初测的带状地形图上进行纸上定线，然后再标定交点位置。

交点是路线上的转折点，作为测设直线和曲线的控制点在路线测设时应先选出路线的转折点，这些转折点是路线改变方向时相邻两直线延长线相交的点，称之为交点(JD)，当相邻两交点互不通视或直线较长时，需要在其连线上测定一个或几个内分点称为转点(ZD)。

1. **交点的测设**

(1)穿线交点法

穿线交点法主要应用于不太复杂的地区，主要步骤如下：先测设路线中线的直线段，根据两相邻直线段相交在实地定出交点。

① 如图 11-1 所示，C_1、C_2、C_3、C_4和C_5为初测导线点，根据它们与中线的位置关系，分别在图上量出各点到中线的支距或极距 L 以及极角 θ，用支距法放出 P_2、P_3、P_5，应分别分布在两条直线上。

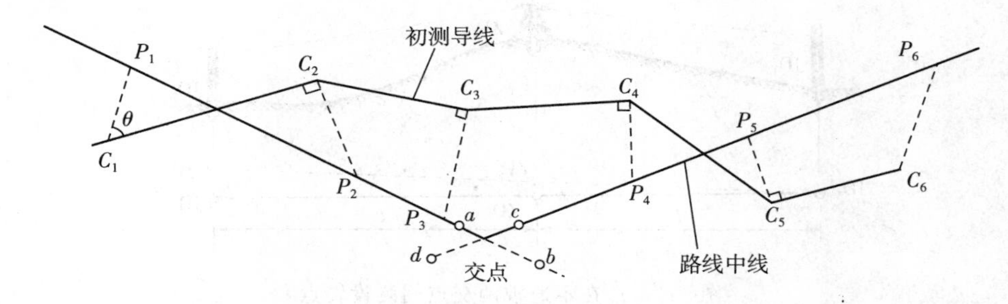

图 11-1　穿线交会法

② 将经纬仪安置在已经放出的某个临时点上，找准大部分临时点所靠近的直线方向，该方向即为直线方向，并将临时点调整到该直线上来。

③ 上述确定的直线延长相交的点即为所求的交点。

穿线交点法测设的精度较高，但是比较费时。

(2)根据导线点测设交点

按导线点的坐标和交点的设计坐标计算测设数据，用极坐标法、距离交会法或角度交会法测设交点，如图 11-2 所示，根据导线点 DD_4、DD_5和JD_{12}三点的坐标，计算出导线边的方位角 α_{45}和 DD_4至JD_{12}的平距 D 与方位角 α，用极坐标法测设JD_{12}。

(3)根据地物的关系测设交点法

如图 11-3 所示，交点JD的位置在地形图上已经选定，该点与两房角和电线杆的距离在图上可量出来，在现场就采用距离交会法测设JD。

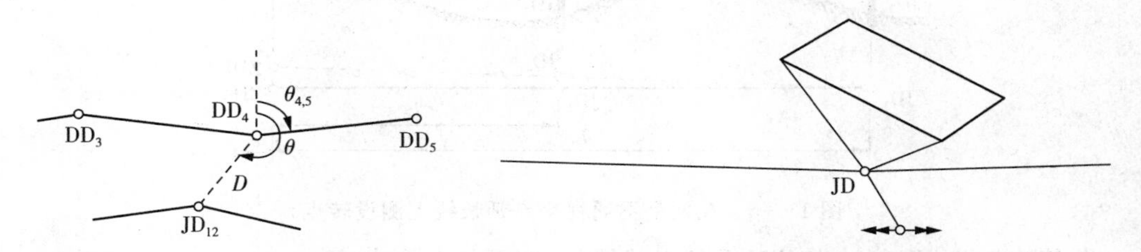

图 11-2　根据导线点测设交点　　　　图 11-3　根据地物关系测设交会点

2. **转点的测设**

当相邻两个交点之间互不通视或者直线比较长时，在其连线方向上增设一个或者几个转点以便于测量交点上的转向角，也可作为定线的目标。

(1)两交点间测设转点

相邻两个交点之间相互通视时在其中一个交点上安上经纬仪，后视另外一个交点在视线方向上设置转点。

如图 11－4 所示，经纬仪安装在这个点上，用正倒镜分中法延长直线JD_1至JD_2'，若 JD_2'与 JD_2重合或偏差 f 在限差内时就可以确定转点的位置。若 f 较大，可采用视距法测定 L_1、L_2，此时 ZD′应横向移动的距离 e 可按以下公式计算：

$$e=\frac{L_1}{L_1+L_2}f \tag{11-1}$$

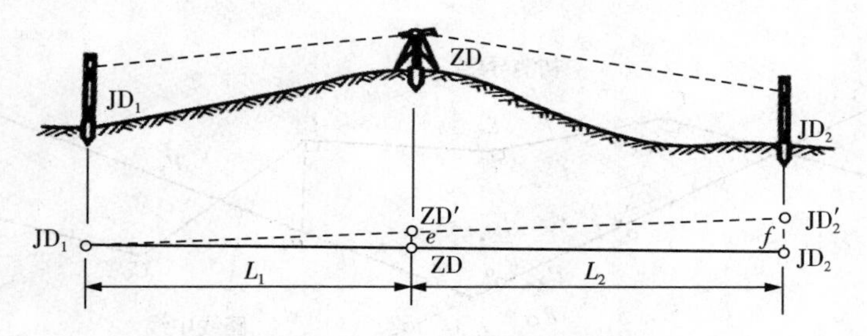

图 11－4　在不通视两交点间测设转点

将 ZD′移动距离 e 定出新的转点 ZD 后，再将仪器移至 ZD，按照上述方法逐渐趋近，直至满足要求。

(2)在两交点的延长线上测设转点

如图 11－5 所示，JD_3、JD_4两交点互不通视，可在两交点连线的延长线上设转点 ZD′。安置经纬仪于 ZD′，用正、倒镜照准 JD_3，并以相同竖盘位置俯视 JD_4'，重合或偏差 f 较小，则转点位置即可确定。否则应重设转点，量出 f 值，采用视距法得到 L_1、L_2后，可按式(11－2)得到横移的距离：

$$e=\frac{L_1}{L_1-L_2}f \tag{11-2}$$

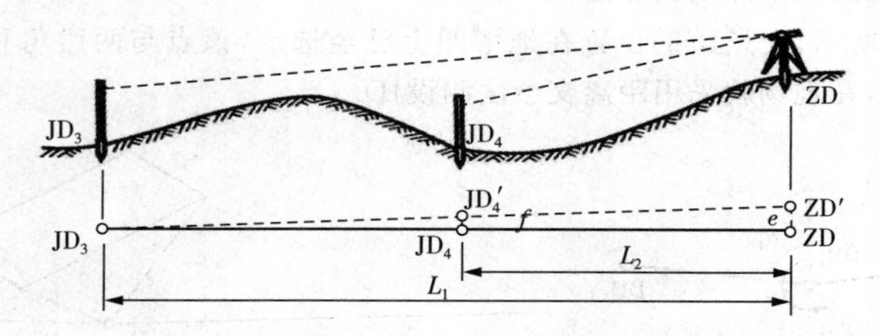

图 11－5　在两个不通视交点延长线上测设转点

将 ZD′横移 e 至新转点 ZD，重复上述操作，直至符合要求。

二、中线转向角的测设

线路交点和转点确定后，在线路方向变化处需要测定线路的转向角。为得到转向角 α，首先需要测定线路的转折角。线路由一个方向偏转向另一个方向时偏转后的方向与原方向间的夹角称为转角 β。如图 11－6 所示，道路的前进方向为 $A-B-C-D$，则 AB 与 BC 的夹角称作线路的转折角（通常转折角是指线路前进方向的右角）。

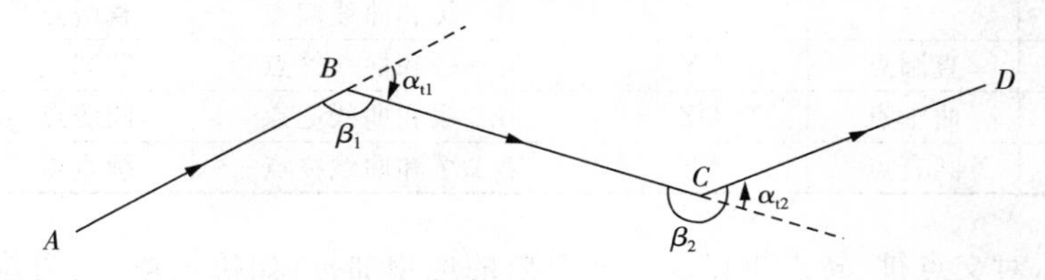

图 11－6 转向角示意图

转向角也称为转角或偏角，是线路从一个方向偏转到另一个方向时偏转后的方向与原来方向的夹角。线路右转时，$\beta<180°$；线路左转时，则 $\beta>180°$。转向角的计算公式为：

$$\beta<180°\text{时},\alpha_{右}=180°-\beta \tag{11-3}$$

$$\beta>180°\text{时},\alpha_{左}=\beta-180° \tag{11-4}$$

三、里程桩的设置

为了确定线路中线的具体位置和线路长度，满足线路纵横断面测量以及为线路施工放样打下基础，则必须由线路的起点开始每隔 20m 或 50m（曲线上根据不同半径每隔 20m、10m 或 5m）钉设木桩标记，称为里程桩，也称为中桩。桩上正面写有桩号，背面写有编号，桩号表示该桩至线路起点的水平距离。如某桩至路线起点距离为 1225.04m，桩号为 K2＋225.04。编号是反映桩间的排列顺序，以 9 为一组，循环进行。

里程桩分为整桩和加桩两种，如图 11－7 所示。整桩是从路线起点开始，按规定每隔 20m 或 50m 为整桩设置的里程桩。百米桩、千米桩和线路起点桩均为整桩。加桩分为地形加桩、地物加桩、曲线加桩、关系加桩等。地形加桩是指沿中线地形坡度变化处设置的桩；地物加桩是指沿中线上桥梁、涵洞等人工构筑物与建筑物处以及与公路、铁路、高压线、渠道等交叉处设置的桩；曲线加桩是指在曲线起点、中点、终点等设置的桩；关系加桩是指路线交点和转点（中线上传递方向的点）的桩。在书写曲线加桩和关系加桩时，应在桩前加写其缩写名称，目前我国线路采用表 11－1 所列的汉语拼音缩写名称。

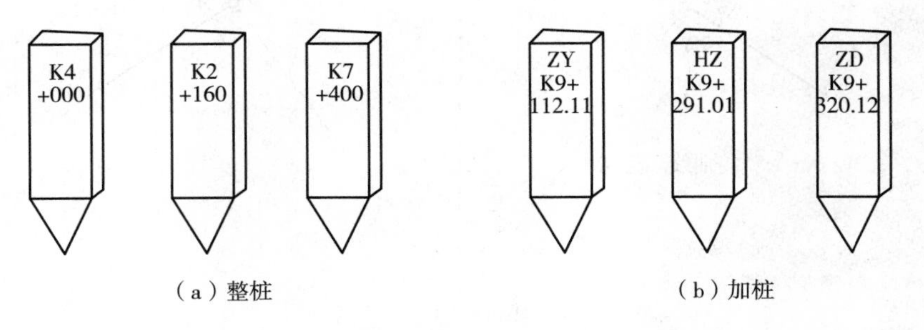

图 11－7 里程桩

表 11-1　我国线路主要标志点名称表

标志点名称	简称	缩写	标志点名称	简称	缩写
交点		JD	公切点		GQ
转点		ZD	第一缓和曲线起点	直缓点	ZH
圆曲线起点	直圆点	ZY	第一缓和曲线终点	缓圆点	HY
圆曲线中点	曲中点	QZ	第二缓和曲线起点	圆缓点	YH
圆曲线终点	圆直点	YZ	第二缓和曲线终点	缓直点	HZ

在订桩时，对交点桩、转点桩以及一些重要的地物加桩（如桥位桩、隧道位置桩）等均采用方桩与地面齐平，顶面钉一小钉表示点位。在距方桩 20cm 左右设置指示桩，上面书写桩的名称和桩号。钉指示桩时要注意字面应该朝向方桩，在直线上应在路线同一侧，在曲线上则应打在曲线外侧。其余的里桩一般使用板桩，一半露出地面，以便书写桩号，字面一律背向路线前进方向。

四、圆曲线测设

道路从一个方向转到另一个方向时必须用曲线来连接，而圆曲线是道路弯道中采用的最基本的平曲线形式。圆曲线的测设一般分为两步进行，首先测设出起控制作用的曲线主点，即曲线的起点（ZY）、中点（QZ）和终点（YZ）；然后再进行曲线的详细测设，即在已测定的主点间进行加密，按规定桩距测设曲线上的其他各桩点。

1. 圆曲线主点测设

(1) 主点测设元素的计算

道路中线的圆曲线如图 11-8 所示，设交点 JD 的转角为 α，圆曲线半径为 R，则圆曲线主点的测设元素：切线长（T）、外矢距（E）、曲线长（L）和切曲差（D）的计算公式为：

$$\text{切线长}\quad T = R\tan\frac{\alpha}{2} \tag{11-5}$$

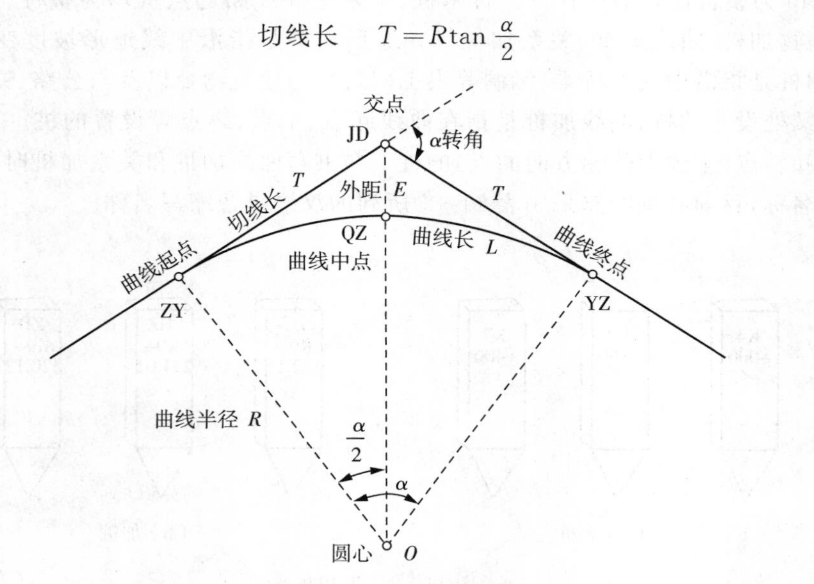

图 11-8　道路中线圆曲线图

$$外矢距\quad E=R(\sec\frac{\alpha}{2}-1) \tag{11-6}$$

$$曲线长\quad L=R\alpha\frac{\pi}{180} \tag{11-7}$$

$$切曲差\quad D=2T-L \tag{11-8}$$

在测设道路主点时，可根据路线交点的里程桩号及圆曲线测设元素计算出各主点的桩号。主点桩号计算公式为：

$$\text{ZY 桩号}=\text{JD 桩号}-T \tag{11-9}$$

$$\text{QZ 桩号}=\text{ZY 桩号}+\frac{L}{2} \tag{11-10}$$

$$\text{YZ 桩号}=\text{QY 桩号}+\frac{L}{2} \tag{11-11}$$

$$\text{YZ 桩号}=\text{JD 桩号}+T \tag{11-12}$$

(2) 主点的测设

① 测设直圆点(起始点 ZY)

如图 11－9 所示，将经纬仪安置在交点 JD 上，后视相邻交点或转点方向，沿视线方向量取切线长 T，即可确定曲线的起点 ZY。

② 测设圆直点(终点 YZ)

将经纬仪安置在交点 JD 上，前视相邻交点或转点方向，自交点 JD 沿该方向量取切线长，从而得曲线终点 YZ。

③ 测设曲终点(中点 QZ)

在确定起点和终点的基础上，将经纬仪安置在 JD 上，后视 ZY 点(或前视 YZ 点)，测设水平角，确定路线转折角分角线方向，量外矢距 E，标定圆曲线中点，得曲线中点 QZ。

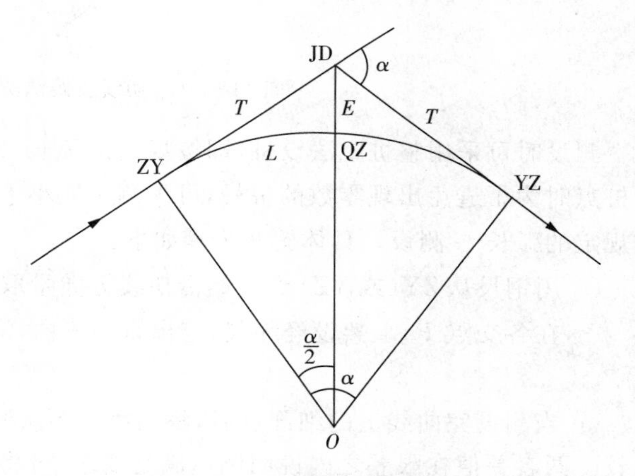

图 11－9　圆曲线主点的测设

2. 圆曲线详细测设

在圆曲线的主点确定后，可满足地形变化较小、曲线长在 40m 以内的曲线。当地形复杂、曲线较长时还需要在曲线上测设一定桩距的细部点，才能满足线型和施工的需要，称为圆曲线的详细测设。

圆曲线详细测设的方法有多种，下面介绍几种最常用的方法。

(1) 切线支距法(直角坐标法)

这种方法以曲线起点 ZY 或终点 YZ 为坐标原点，切线方向为 X 轴，过原点的半径方向为 Y 轴建立直角坐标系，然后利用曲线上的各点在此坐标系中的坐标测设曲线，故又称直角坐标法。

如图 11-10 所示，待测点至原点的弧长为 L_i，所对的圆心角为 φ_i，曲线半径为 R，可得待测点 P_i 的坐标如下式所示：

$$x_i = R\sin\varphi_i \tag{11-13}$$

$$y_i = R(1-\cos\varphi_i) \tag{11-14}$$

式中，$\varphi_i = \dfrac{L_i 180°}{R\pi}$，$\varphi_i$—— 圆心角。

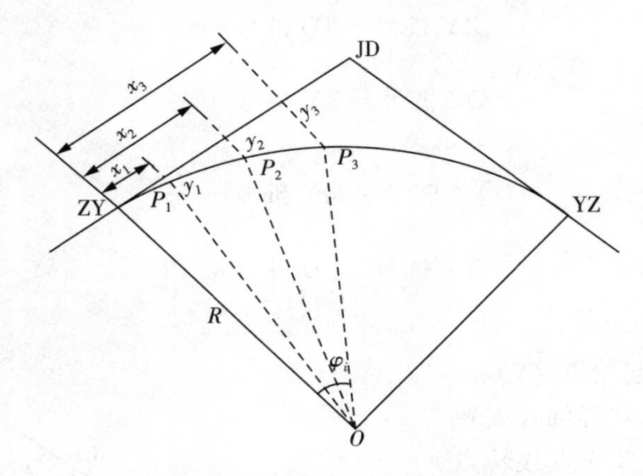

图 11-10　切线支距法测设细部点

测设时可采用整桩距法设桩，即按规定的弧长（20m，10m 或 5m）设桩，但在测设第一个桩点时为了避免出现零数的桩号，可先测一段小于 l_0 的弧，得一整桩号，然后从此点开始按规定的弧长 l_0 测设。具体施测步骤如下：

① 用钢尺从 ZY（或 YZ）点开始沿切线方向量取 M_i 的纵坐标 x_i，与切线的交点为 P_i。

② 在各交点 P_i 上架设经纬仪，定出直角方向，沿此方向量出横坐标 y_i，得到曲线上的点 P_i。

③ 当测设完曲线上的细部点后，将切线支距法测设的 QZ 点与主点测设的 QZ 点进行比较。两者差值在限差之内说明测设满足要求，可将偏差做适当调整；差值超出界限，则应查明原因并给予纠正。此方法适用于地势平坦的地区，具有测法简单、误差不积累、精度高等优点。

（2）偏角法

偏角法是以曲线起点 ZY（或终点 YZ）至曲线上任一待测点的弦线与切线间的弦切角和相邻点间的弦长来确定测设点的位置。如图 11-11 所示，曲线上的细部点即曲线上的里程桩，各点之间为固定的桩距。取 P_1 为第一个整桩，与起点 ZY 的弧长为 l_1，P_1 与 P_2，P_2 与 P_3…… 弧长都为 l_0。最后一个整桩 P_n 与曲线终点 YZ 间的弧长为 l_{n+1}，各弧长对应的圆心角分别为 φ_1，φ_2，…，φ_{n+1}，由下式可得：

$$\varphi_1 = \frac{l_1}{R} \cdot \frac{180°}{\pi} \tag{11-15}$$

$$\varphi_0=\frac{l_0}{R}\cdot\frac{180°}{\pi} \tag{11-16}$$

$$\varphi_{n+1}=\frac{l_{n+1}}{R}\cdot\frac{180°}{\pi} \tag{11-17}$$

由几何知识可得曲线起点至 P_i 的偏角公式：

$$\Delta_i=\frac{1}{2}\varphi_i-\frac{1}{2}\cdot\frac{l_i}{R}\cdot\frac{180°}{\pi} \tag{11-18}$$

弦长 c 计算公式如下：

$$c=2R\sin\Delta_i \tag{11-19}$$

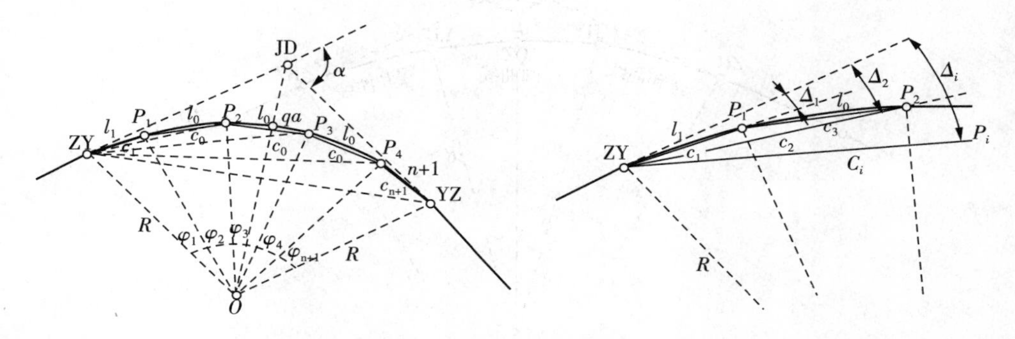

图 11-11 偏角法测设细部点

采用偏角法测设圆曲线的细部点，具体步骤如下：

① 将经纬仪安置在曲线起点 ZY，为正拨，瞄准交点 JD，使水平度盘读数为零（或360°$-\Delta a$）；

② 顺时针转动仪器，使度盘读数为 $\Delta_1=\Delta a$；

③ 从 ZY 点开始，沿视线方向量取弦长 C_0 与视线相交，即可确定 P_1 点；

④ 继续转动仪器，使度盘读数为 Δ_2；

⑤ 从 P_1 点开始，量取整弧段对应弦长 C_0 与视线相交，即可确定 P_2 点。以此类推，即可测设出曲线各桩点。

偏角法不仅可以在 ZY 点上安置仪器测设曲线，而且还可以在 YZ 或 QZ 点上安置仪器进行测设，也可以将仪器安置在曲线任一点上测设。这是一种测设精度较高、实用性较强的常用方法。

五、缓和曲线测设

车辆从直线驶入弯道会产生离心力，影响行车安全。为了减小离心力的影响，曲线的路面要做成外侧高、内侧低，呈单向横坡形式，即弯道超高。车辆在由直线进入圆曲线时，应有一段合理的曲线逐渐过渡，需要在直线与圆曲线之间插入一段半径由∞逐渐变化为 R 的曲线，称为缓和曲线。目前我国道路多采用回旋线作为缓和曲线。

1. 缓和曲线主点测设

如图 11-12 所示，ZD_1 和 ZD_2 为道路中线的转点，JD 为交点，路线的偏角为 α，圆弧对应

的圆心点为 O，圆曲线设计半径为 R，缓和曲线长度为 L_s。

根据已经测定出道路中线的转点和交点的坐标及相关设计资料，可计算出缓和曲线的测设数据。

计算道路的偏角，公式如下：

$$\alpha=\beta-180° \tag{11-20}$$

偏角为正值则道路向左偏转，反之向右偏转。由此确定缓和曲线和圆曲线上各点坐标的计算公式。为了能够测出曲线上的各点坐标，先以起点 ZH 或终点 HZ 为原点、以切线方向为 X 轴建立直角坐标系。如图 11－13 所示，将坐标转化从而得到各点的大地坐标。

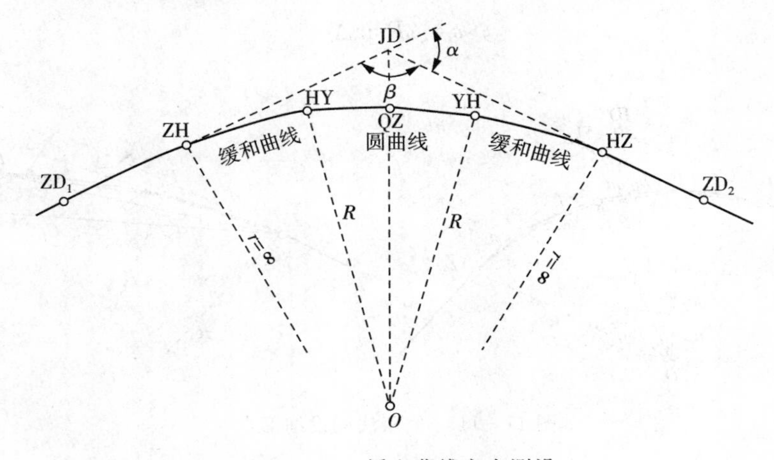

图 11－12　缓和曲线主点测设

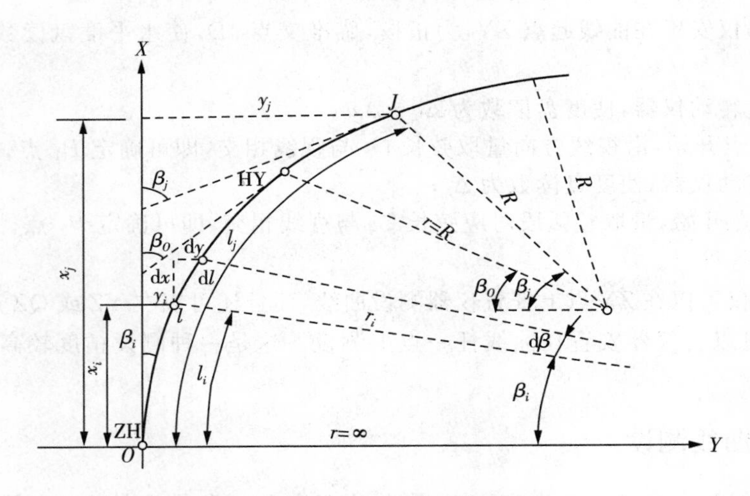

图 11－13　计算示意图

在直角坐标系中，圆曲线半径 R、缓和曲线长度 L_s 及原点到圆曲线上某一点的弧长 L_j 都不变，则缓圆点 HY 的缓和角 β_0 和圆曲线整桩点 J 的切线方位角 β_j 的计算公式如下：

$$\beta_0=\frac{L_s}{2R}\cdot\frac{180°}{\pi} \tag{11-21}$$

$$\beta_i = \beta_0 + \frac{L_j - L_s}{2R} \cdot \frac{180^\circ}{\pi} \tag{11-22}$$

根据切线方位角，可得到缓和曲线的曲线元素计算公式如下：

$$切线增长值\ q = \frac{L_s}{2} - \frac{L_s^3}{240R^2} \tag{11-23}$$

$$内移值\ p = \frac{L_s^2}{24R} \tag{11-24}$$

$$切线长\ T = m + (R + p)\tan\frac{\alpha}{2} \tag{11-25}$$

$$外矢距\ E = (R + p)\sec\frac{\alpha}{2} - R \tag{11-26}$$

$$圆曲线长\ L_c = R(\alpha - 2\beta_0)\frac{\pi}{180^\circ} \tag{11-27}$$

根据交点的里程和所求得的相关元素值，可得各主点里程桩号的计算公式如下：

$$直缓点\ \mathrm{ZH} = \mathrm{JD} - T_H \tag{11-28}$$

$$缓圆点\ \mathrm{HY} = \mathrm{ZH} - L_s \tag{11-29}$$

$$圆缓点\ \mathrm{YH} = \mathrm{HY} + L_c \tag{11-30}$$

$$缓直点\ \mathrm{HZ} = \mathrm{YH} + L_s \tag{11-31}$$

$$曲中点\ \mathrm{QZ} = \mathrm{HZ} - \frac{L_H}{2} \tag{11-32}$$

2. 缓和曲线的细部测设

缓和曲线和圆曲线上的细部点一般按下述规定设置：缓和曲线以直缓点 ZH 或直缓点 HZ 为坐标原点，以过原点的切线为 x 轴，过原点的半径为 y 轴，利用缓和曲线和圆曲线上各点的 x、y 坐标测设曲线。

在缓和曲线上各点的坐标可按缓和曲线参数方程式计算，即：

$$x = l - \frac{l^5}{40R^2 l_s^2} \tag{11-33}$$

$$y = \frac{l^3}{6Rl_s} \tag{11-34}$$

圆曲线上各细部点坐标的计算公式如下：

$$x = R\sin\varphi + q \tag{11-35}$$

$$y = R(1 - \cos\varphi) + p \tag{11-36}$$

式中，$\varphi = \frac{L}{R} \cdot \frac{180^\circ}{\pi} + \beta_0$，$l$ 为该点到 HY 或 YH 的曲线长，仅为圆曲线部分的长度。缓和曲

线和圆曲线的细部点的起点距点的桩号计算，细部点的独立坐标是以里程桩号为基础的。

根据两个坐标系转换即可得到缓和曲线和圆曲线的测设数据。

第三节　路线纵横断面测量

道路工程施工中经常要进行纵、横断面水准测量。纵断面水准测量又称中线水准测量，它的任务是在中线测定之后测定中线上各里程桩的地面高程，绘制中线纵断面图供线路纵坡设计使用；横断面水准测量主要是指测量各中线桩两侧垂直于中线方向的地面起伏，然后绘成横断面图供横断面设计、土石方工程量计算和施工时确定断面填挖边界等使用。

一、路线纵断面测量

路线纵断面水准测量分两步进行：首先是在线路方向上设置水准点，建立高程控制点，即高程控制测量，亦称为基平测量；其次是在基平测量的基础上，根据各水准点高程分段进行中桩水准测量，称为中平测量。

1. 基平测量

基平测量布设的水准点分永久水准点和临时水准点两种，是高程测量的控制点，在勘测设计和施工阶段甚至工程运营阶段都要使用。因此，水准点应选在地基稳固、易于联测以及施工时不易被破坏的地方。水准点间距一般为 300～1500m，山岭和丘陵地区可适当加密，大桥、隧道口及其他大型构造物两端应该增设水准点。水准点要埋设标石，也可设在永久性建设物上，或将金属标志嵌在基岩上。

基平测量时，首先应将起始水准点与国家高程基准点进行联测以获得绝对高程。在沿线途中，也应尽量与附近国家水准点进行联测以便获得更多的检核条件。若线路附近没有国家水准点，也可以采用假定高程基准。将水准点连成水准路线，采用水准仪测量的方法，或光电测距、三角高程测量的方法进行，外业成果合格后要进行平差计算以得到各水准点的高程。

根据线路工程不同的要求应该采用不同的水准测量等级，铁路、高速公路、一级公路及其他大型线路工程应采用四等水准测量，二级及其以下公路和其他的一般线路工程可采用五等水准测量，其技术要求见表 11－2 和表 11－3 所列。

表 11－2　公路及构造物水准测量等级

测量项目	等级	水准路线最大长度/km
2km 以上特大桥、4km 以上特长隧道	三等	50
高速公路、一级公路、1～2km 特大桥、2～4km 隧道	四等	16
二级及二级以下公路、1km 以下桥梁、2km 以下隧道	五等	10

表 11－3　公路及构造物水准测量精度

等级	每公里高差中数中误差/mm		往返较差、附合或闭合差/mm		检测已测测段高差之差
	偶然中误差	全中误差	平原微丘区	山岭重丘区	
三等	±3	±6	$\pm12\sqrt{L}$	$\pm3.5\sqrt{n}$ 或 $\pm25\sqrt{L}$	$\pm20\sqrt{L_i}$
四等	±5	±10	$\pm20\sqrt{L}$	$\pm6.0\sqrt{n}$ 或 $\pm20\sqrt{L}$	$\pm30\sqrt{L_i}$
五等	±8	±16	$\pm30\sqrt{L}$	$\pm45\sqrt{L}$	$\pm40\sqrt{L_i}$

注：计算往返较差时，L 为水准点间的路线长度(km)；计算附合或环线闭合差时，L 为附合或环线的路线长度(km)；n 为测站数；L_i 为检测测段长度(km)。

2. 中平测量

中平测量就是应用仪器直接测定里程桩的地面高程。根据中平测量的成果绘制纵断面图供道路设计采用。

中平测量通常以附合水准路线的方法从一水准点出发，逐步测定线中各里程桩的地面高程，然后附合到另一水准点上。中平测量采用 S_3 级水准测量和塔尺进行水准测量，限差为±50mm。

如图 11－14 所示，水准仪安置于①处，后视水准点 BM_1，前视转点 TP_1，将观测结果分别记入表 11－4 所列的“后视”和“前视”栏内；然后观测 BM_1 与 TP_1 间的各个中桩，将后视点 BM_1 上的水准尺依次立于 0＋000，＋050，…，＋120 等各中桩地面上，将读数分别记入表 11－4 所列的“中视”栏内。

仪器搬至②站，后视转点 TP_1，前视转点 TP_2，然后观测竖立于各中桩地面点上的水准标尺。用同法继续向前观测，直至附合到水准点 BM_2，完成测段的观测。

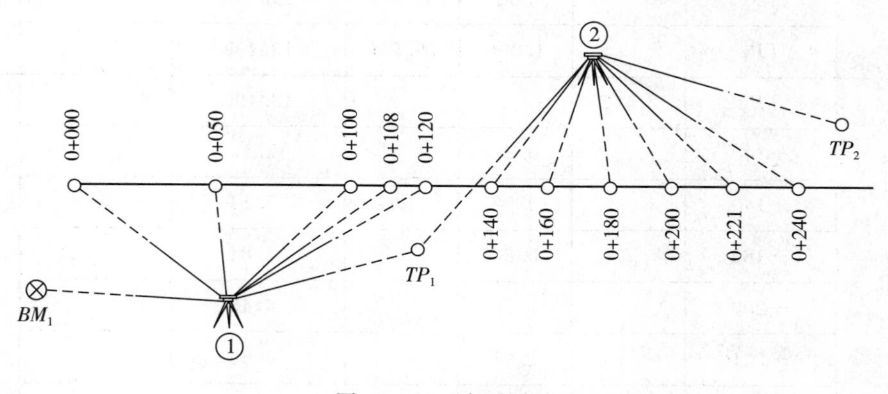

图 11－14　中平测量

中桩地面高程与前视点高程应按所属测站的视线高程计算，每一测站的计算按下列公式进行：

$$视线高程 = 后视点高程 + 后视读数$$

$$中桩高程 = 视线高程 - 中视读数$$

$$转点高程 = 视线高程 - 前视读数$$

本例中观测高差 $h_{测}=2.301\text{m}$，已知水准点 BM_1、BM_2 高程分别为 $H_1=12.314\text{m}$，$H_2=14.618\text{m}$，则该附合水准线路的高差理论值为：

$$h_{测}=14.618-12.314=2.304\text{m}$$

高差闭合差：$f_h=h_{测}-h_{理}=2.301-2.304=-0.003\text{m}$

允许闭合差：$f_{h容}=\pm 50\sqrt{L}=\pm 50\times\sqrt{0.4}=\pm 32\text{mm}$

因为 $f_h<f_{h容}$，说明测量精度符合要求。

表 11-4　中平测量记录

测站	点号	水准尺读数/m			视线高程/m	高程/m	备注
		后视	中视	前视			
	BM_1	2.291		14.505	12.314		
	K0+000		1.62		12.89		
	050		1.90		12.61		
1	100		0.62		13.89		ZY_1
	108		1.03		3.48		
	120		0.91		13.60		
	TP_1		1.006	15.661	13.499		
	TP_1	2.162			13.499		
	+140		0.50		15.16		
	+160		0.52		15.14		
2	+180		0.82		14.84		QZ_1
	+200		1.20		14.46		
	+221		1.01		14.65		
	+240		1.06		14.60		
	TP_2		1.521		14.140		

（续表）

测站	点号	水准尺读数/m			视线高程/m	高程/m	备注
		后视	中视	前视			
3	TP_2	1.421			15.561	14.140	YZ_1
	＋260		1.48		14.08		
	＋280		1.55		14.01		
	＋300		1.56		14.00		
	＋320		1.57		13.99		
	＋335		1.77		13.79		
	＋350		1.97		13.59		
	TP_3		1.388		14.173		
4	TP_3	1.724			14.173		JD_2
	＋384		1.58		14.32		
	＋391		1.53		14.37		
	＋400		1.57		14.33		
	BM_2		1.281		14.616		

3. 纵断面图的绘制

纵断面图是沿中线方向绘制的反映地面起伏和纵坡设计的线状图，其表示出各段纵坡的大小和坡长及中线位置的填挖高度，是道路设计和施工的重要技术文件之一。

如图 11－15 所示，纵断面图由上、下两部分组成。在图示的上部，从左至右有两条贯穿全图的线是以里程为横坐标、高程为纵坐标。一条是细的折线，表示中线方向的地面线，是根据中平测量的中桩地面高程绘制的；另一条是粗线，是包含竖曲线在内的纵坡设计线。为了明显反映地面的起伏变化，一般里程比例尺取 1∶500、1∶200 或 1∶100。此外，图上还注有水准点的位置和高程，桥涵的类型、孔径、跨数、长度、里程桩号和设计水位、竖曲线示意图及其曲线元素，同公路、铁路交叉点的位置、里程及其有关说明等。

图示的下部主要用来填写有关测量及纵坡设计资料，自下而上主要包括以下内容：

(1)直线与平曲线。按里程标明路线的直线和曲线部分。曲线部分用折线表示，上凸表示路线右转，下凹表示路线左转，并注明交点编号、圆曲线半径，带有缓和曲线者应注明其长度。

(2)里程。按里程比例尺标注公里桩、百米桩、平曲线主点桩及加桩。

(3)地面高程。按中平测量成果填写相应里程桩的地面高程。

(4)设计高程。根据设计纵坡和竖曲线推算出的里程桩设计高程。

(5)坡度及坡长。从左至右向上斜的直线表示上坡，下斜的表示下坡，水平的表示平坡。斜线或水平线上面的数字表示坡度的百分数，下面的数字表示坡长。

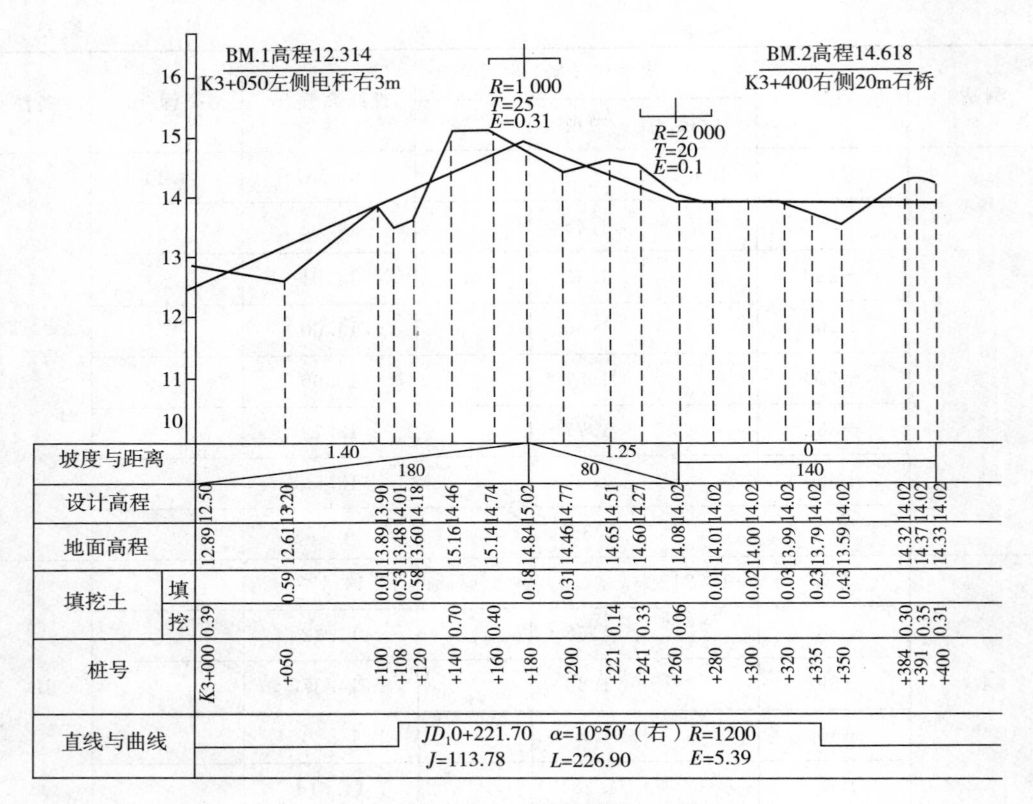

图 11－15　纵断面图

(6)土壤地质说明。标明路段的土壤地质情况。

纵断面图的绘制一般可按下列步骤进行：

(1)按照选定的里程比例尺和高程比例尺打格制表，填写直线与曲线、里程、地面高程、土壤地质说明等资料。

(2)绘地面线。首先选定纵坐标的起始高程，使绘出的地面线位于图上适当位置。一般是以 10m 整倍数的高程定在 5cm 方格的粗线上，以便于绘图和阅图。然后根据中桩的里程和高程在图上按纵、横比例尺依次点出各中桩的地面高程，再用直线将相邻点一个个连接起来就得到了地面线。在高差变化较大的地区，如果纵向受到图幅限制时可在适当地段变更图上高程起算位置，此时地面线将构成台阶形式。

(3)根据纵坡设计计算高程。当路线的纵坡确定后，即可根据设计纵坡的两点间的水平距离，由一点的高程计算另一点的设计高程。

设计坡度为 i，起算点的高程为 H_0，推算点的高程为 H_P，推算点至起算点的水平距离为 D，则

$$H_p = H_0 + i - D \tag{11-37}$$

上坡时，取正；下坡时，取负。

对于竖曲线范围内的中桩，按上式算出切线设计高程后，还应加以修正。按竖曲线凹凸加减竖曲线纵距，才能得出竖曲线内各中桩设计高程。

(4)计算各桩的填挖高度。同一桩号的设计高程与地面高程之差,即为该桩的填挖高度,填方为正,挖方为负。通常在图中专列一栏注明填挖高度。

(5)在图上注记有关资料,如水准点、桥涵、竖曲线等。

二、路线横断面测量

垂直于线路中线方向的断面称为横断面。对横断面的地面高低起伏所进行的测量工作,称为横断面测量。

1. 横断面方向的测定

横断面的方向,通常可用十字架(也叫方向架)、经纬仪和全站仪来测定,方向架确定横断面方向,如图 11-16 所示,将方向架置于所测断面的中桩上,用方向架的一个方向照准线路上的另一个中桩,则方向架的另一个方向即为所测横断面的方向。

用经纬仪确定横断面方向:在需要测定的横断面的中桩上安置经纬仪,瞄准中线方向,测设 90°角,即得所测横断面的方向。

用全站仪测量横断面时,除与经纬仪同法外,还可将全站仪自由设站,根据坐标值确定横断面的方向。

2. 横断面的测量方法

横断面测量可采用水准仪法、经纬仪法或全站仪法进行施测。由于公路、铁路横断面数量多、工作量大,应根据精度要求、仪器设备情况及地形条件选择测量方法。

(1)水准仪测横断面

在地势平坦地区,用方向架定向,皮尺(或钢尺)量距,使用水准仪测量横断面上各坡度变化点间的高差。面向线路里程增加方向,分别测定中桩左、右两侧地面坡度变化点之间的平距和高差,按表 11-5 所列记录格式记录测量数据,分母是两测点间的平距,分子是两点间的高差。绘制横断面图时,再统一换算成各测点到中桩的平距和高差。

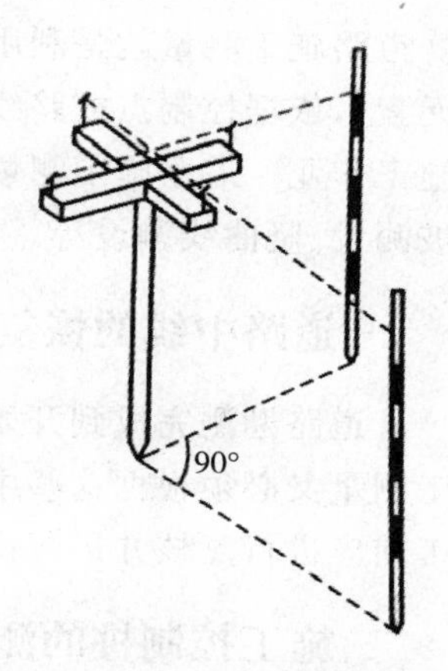

图 11-16　路线横断面测量

表 11-5　横断面测量记录

左侧			桩号	右侧		
$\frac{+2.1}{12.0}$	$\frac{-1.9}{8.7}$	$\frac{2.6}{18.5}$	DK_5+256	$\frac{-1.4}{14.5}$	$\frac{+1.8}{10.5}$	$\frac{-1.4}{16.0}$

(2)经纬仪测横断面

在中线桩上安置经纬仪,定出横断面方向后,用视距测量方法测出各测点相对于中桩的水平距离和高差。这种方法速度快、效率高,可适用于各种地形。

(3)全站仪测横断面

用全站仪测横断面,将仪器安置在中线桩上,定出横断面方向后,测出各测点相对于中桩的水平距离和高差。这种方法速度快、精度高、受地形限制小,是目前常用的测量方法。

3. 横断面图的绘制

横断面图是根据横断面测量成果绘制而成的,如图 11-17 所示。绘图时以中线地面高程为准，以水平距离为横坐标，以高程为纵坐标，将地面特征点绘在毫米方格纸上，依次连接各点即成横断面的地面线。

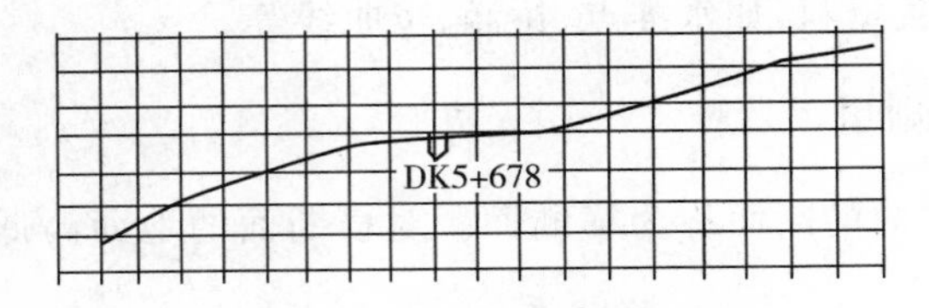

图 11－17　横断面图

第四节　道路施工测量

道路施工测量就是利用测量仪器和设备，按照设计图纸中的各项元素（如道路平、纵、横元素），依据控制点或路线上的控制桩的位置，将道路的“样子”具体地标定在实地，以指导施工作业。道路施工测量的主要任务包括：恢复中线测量、施工控制桩测设、路基边桩和边坡测设、竖曲线测设等。

一、道路中线的恢复

从道路勘测完成到开始施工这一段时间内，有一部分中线桩可能被碰动或丢失，道路施工测量又必须根据这些中桩点进行引测，同时为了保证道路中线位置与设计路线相符，施工前应进行复核并进行恢复以达到施工的需要。

二、施工控制桩的测设

道路在开挖施工过程中，中线桩不可避免被挖掉或掩埋，为了在施工中控制中线位置，需要在不易受施工破坏、便于引测、易于保护的中线以外的地方测设施工控制桩。测设方法通常有以下两种：

1. 平行线法

平行线法是在路基以外测设两排平行于中线的施工控制桩的方法，如图 11－18 所示。平行线法多适用于地势平坦、直线段较长的线路，控制桩的间距一般取 10～20m。

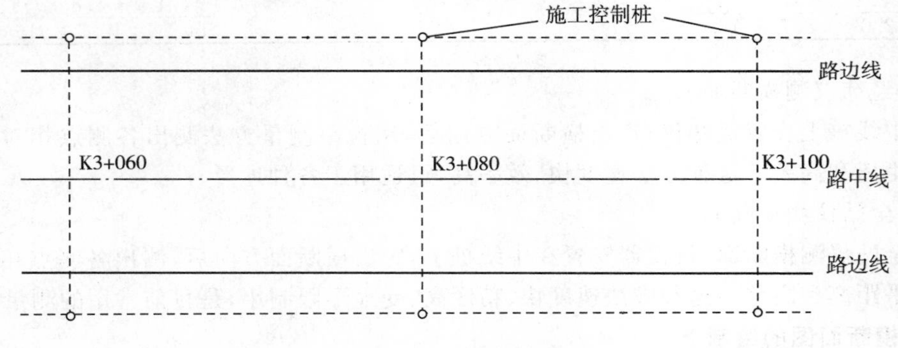

图 11－18　平行线法

2. **延长线法**

在道路转弯处的中线延长线上或者在曲线中点至交点连线的延长线上，测设两个能够控制交点位置的施工控制桩的方法称为延长线法，如图 11－19 所示。延长线法在地势起伏较大、直线段较短的线路中广泛应用。为了方便恢复损坏的交点，应当量出控制桩至交点的距离并做好记录。

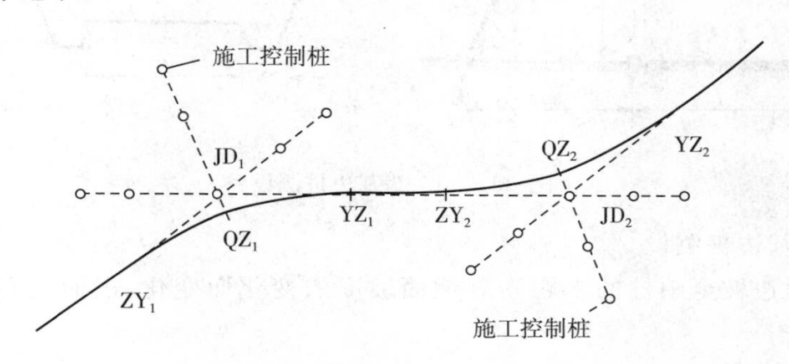

图 11－19　延长线法

三、路基边桩的测设

在路基施工前，把设计路基的边坡线与原地面线相交的点测设出来，在地面上钉设路基边桩，以此作为路基施工的依据。至于路基边桩的位置通常按填土高度或挖土深度、边坡设计坡度及横断面的地形情况而定。测设方法一般有以下几种：

1. **图解法**

在道路工程设计时，根据已经绘制在厘米方格纸上的地形横断图及路基设计断面，量出中桩到边桩的距离，并在实地用皮尺沿横断面方向量出该实际长度，即可得边桩位置。

2. **解析法**

解析法是通过计算出路基中心桩至边桩的距离，然后在实地沿横断面方向按距离将边桩放出来。地形不同，计算和测设的方法也不同。

(1)平坦路基边桩测设

如图 11－20 所示，路堤坡脚到中桩的距离为：

$$l=\frac{B}{2}+mH \tag{11-38}$$

路堑坡顶到中桩的距离为：

$$l=\frac{B}{2}+mH+S \tag{11-39}$$

式中：B——路基设计宽度；

m——路基边坡率；

H——填土高度或挖土深度；

S——路堑边坡顶宽。

根据计算得到的距离，从中桩沿横断面方向量出距离即可得到边距。

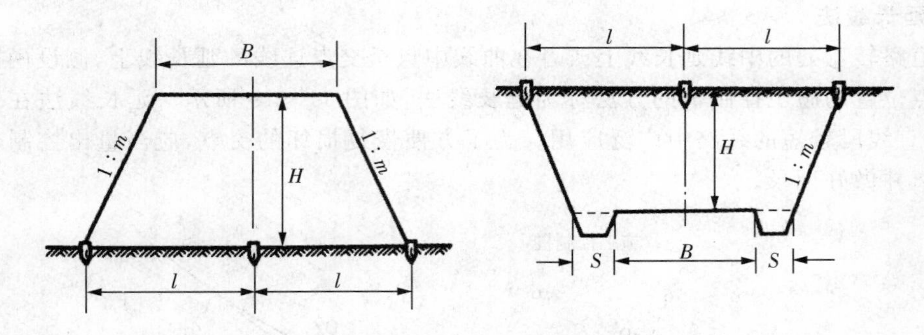

图 11-20　路基边桩测设

(2)山区路基边桩测设

在倾斜地段边坡至中桩的平距随着地面坡度的变化而变化，因而左右两边距离并不相等。

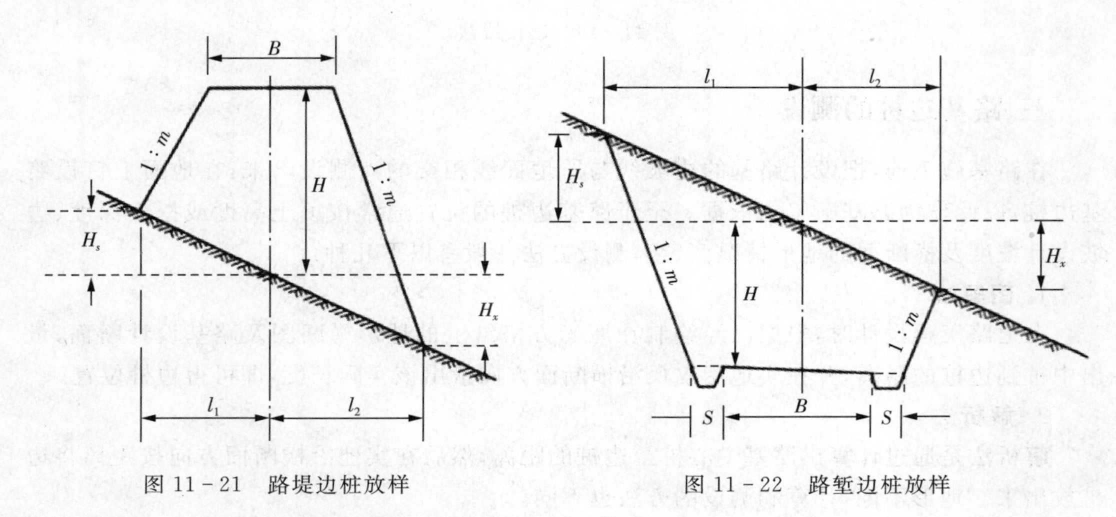

图 11-21　路堤边桩放样　　　　图 11-22　路堑边桩放样

如图 11-21 所示，路堤坡脚到中桩的距离为：

$$l_1=\frac{B}{2}+m(H-H_s) \tag{11-40}$$

$$l_2=\frac{B}{2}+m(H+H_s) \tag{11-41}$$

如图 11-22 所示，路堑所示边桩到中桩的距离为：

$$l_1=\frac{B}{2}+m(H+H_s)+S \tag{11-42}$$

$$l_2=\frac{B}{2}+m(H-H_x)+S \tag{11-43}$$

式中：H_s 为斜坡上侧边桩与中线桩的高差；

H_x 为斜坡下侧边桩与中线桩的高差。

在实际作业时，B、S和m均由设计决定，故l_1与l_2随H_s、H_x变化而变化。由于H_s、H_x在未测出边桩前是未知的，所以在实际工作中采用“逐点趋紧法”，在现场边测边标定。

四、竖曲线的测设

在道路的纵坡变更处，为了满足视距的要求和行车平稳，在竖直面内用圆曲线将两段纵坡连接起来，这种曲线叫竖曲线。如图11－23所示为凸形竖曲线和凹形竖曲线。

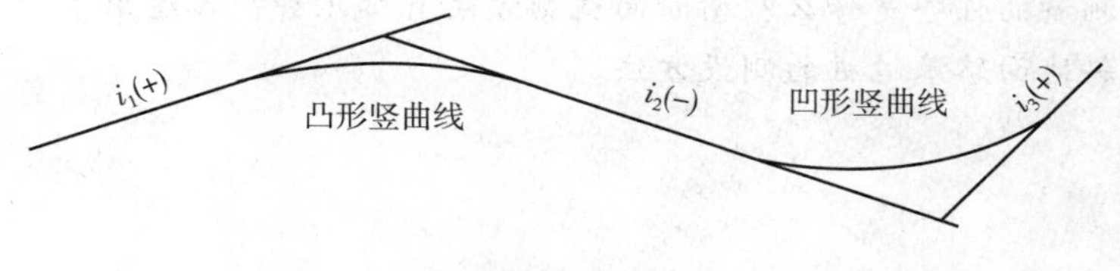

图11－23　竖曲线

如图11－24所示，根据竖曲线的设计半径R和相邻坡度i_1、i_2计算测设元素，计算公式如下：

$$\text{曲线长}\ L=\alpha R \tag{11-44}$$

$$\text{切线长}\ T=\frac{L}{2} \tag{11-45}$$

$$\text{外矢距}\ E=\frac{T^2}{2R} \tag{11-46}$$

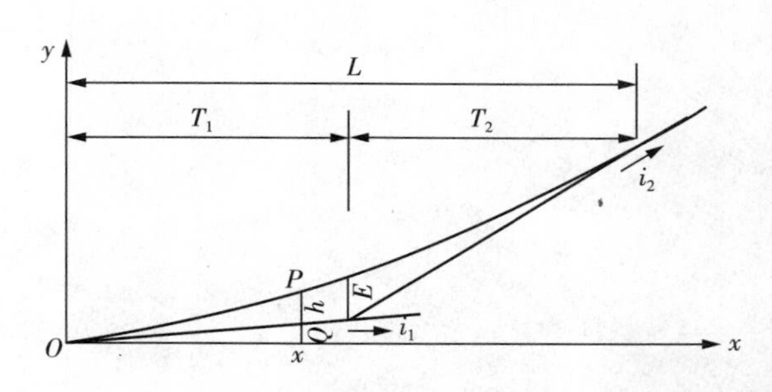

图11－24　竖曲线计算

测设竖曲线细部点时，根据直角坐标法计算竖曲线某点Q至曲线起点或终点的水平距离X以及Q点到切线的纵距Y，即：

$$Y=\frac{X^2}{2R} \tag{11-47}$$

根据坡度计算中桩在竖曲线切线方向的坡道高程，再加上纵距Y即可得中桩的竖曲线高程。竖曲线高程计算后可采用水准仪进行测设。

思考题与习题

1. 道路中线测量的任务是什么？包括哪些主要工作？
2. 路线的转角是什么？如何确定转角是左转角还是右转角？

3. 里程桩分为整桩和加桩，加桩有哪几种？为什么要设置加桩？并说明 K4＋200 中数字的含义。

4. 圆曲线测设元素有哪些？怎么计算？

5. 为什么要设置缓和曲线？缓和曲线的长度是根据什么确定的？

6. 线路纵断面测量的任务是什么？试述中平测量的施测方法。

7. 试述纵断面的绘制方法。

8. 横断面测量的任务是什么？横断面施测方法有哪几种？各适用于什么情况？

9. 试述倾斜地面路基边桩的测设方法。

第十二章 建筑物的变形观测

第一节 概述

一、建筑物变形的基本概念

随着我国经济社会的飞速发展，城市化进程不断加快，各种复杂、大型、重点的建筑项目日益增多。在建筑物的建造和运营过程中，建筑物都会不同程度地出现变形。为了不影响建筑物的正常使用且保证工程质量和安全生产，同时也为今后进行合理的设计积累材料，必须在建筑物建设之前、建设过程中以及交付使用期间对建筑物进行变形观测。变形观测已成为工程测量中的一个独立的分支体系，是工程建设中一项十分重要的工作内容。

1. 建筑物产生变形的原因

建筑物产生变形的原因主要有两个方面：一是自然条件及其变化，即建筑物地基的工程地质、水文地质及土壤的物理性质等；二是与建筑物本身相关的原因，即建筑物本身的荷重，建筑物的结构、形式及动荷载（风力、震动等）。此外，勘测、设计、施工以及运营管理等方面工作做得不合理还会引起建筑物产生额外的变形。因此，在工程建筑物的施工阶段和运营管理阶段都要对建筑物的变形状态进行监测，即变形观测（也称变形监测或变形测量）。

变形分为两大类，即自身形体的变化和变形体的刚体变化。变形体自身的形变包括：伸缩、错动、弯曲和扭转；而刚体形变包括：变形体的整体平移、转动、升降和倾斜。

所谓变形观测，就是用测量仪器或专用仪器测定建筑物及其地基在建筑物荷载和外力作用下随时间变形的工作。

2. 变形观测的意义

建筑物变形观测的意义主要体现在两个方面：首先是实用上的意义，主要是掌握各种建筑物和地质构造的稳定性，为安全性诊断提供必要的信息，以便及时发现问题并采取措施；其次是在科学上的意义，包括更好地了解变形的机理，验证有关工程设计理论和地壳运动假设，进行反馈设计以及建立有效的变形预报模型。

二、建筑物变形观测分类

变形观测按时间连续性分为静态和动态变形观测。静态变形观测是通过对观测点进行周期性的重复观测，经过计算、分析便能获悉观测对象的变形特征（量值、速率等）。动态变形测量则需要采用自动化程度较高的先进仪器设备（如全站仪、GPS、近景摄影测量系统、自动记录仪等）对观测对象或观测点进行实时测量、解算，测定其即时位置便能确定其瞬时变形值。

变形观测按使用的目的分为：施工变形观测、监视变形观测及科研变形观测。施工变形测量主要是指随着工程施工的进展，逐渐地监测建成体或影响体的变形，通过监测数据及分析，决策是否调整施工方案和施工进度等。监视变形观测主要是指在工程竣工后，监视建筑物运营阶段的稳定程度，检验工程设计的可靠性，为运营决策提供依据。科研变形观测则是指既要监视监测对象的变形程度，又要分析研究变形的过程、机理；既要为本工程提供决策，又要为类似工程在设计或施工方面提供重要的参考资料。

变形观测按监测的内容分为：沉降、水平、倾斜、裂缝等。其中最基本的是沉降观测和水平观测，且主要是静态观测。

三、变形观测的特点和方法

1. 变形观测的特点

同一般测量相比，变形观测具有以下特点：

(1)观测精度要求高

变形观测的结果将直接关系到建筑物的安全，影响对变形成因及变形规律的正确分析，因此，变形观测数据必须具有很高的精度。典型的变形观测精度要求是1mm或相对精度为1×10^{-6}。变形观测应根据不同的目的，确定出合理的观测精度及观测方法，优化观测方案，选择测量仪器，以保证变形观测结果的准确性和可靠性。

(2)需要重复观测

由于各种原因产生的建筑物变形都存在着时间效应，计算其变形量最简单、最基本的方法是计算建筑物上同一点在不同时间的坐标差和高程差。这就要求变形观测必须按一定的时间周期进行重复观测。重复观测周期取决于观测的目的、预计的变形量的大小和速率。

2. 变形观测的基本方法

变形观测的方法可以分为四类：

(1)利用常规的大地测量方法，包括几何水准测量、三角高程测量、三角测量、导线测量、交会测量等。这类方法的精度高，应用灵活，适用于不同变形体和不同的工作环境，但是野外测量工作量大、自动化程度不高且不能连续观测。

(2)利用摄影测量方法，包括近景摄影测量。此方法不但能同时获取变形体的全方位情况，而且能对变形进行连续的动态观测，外业作业简单，但精度较低。

(3)利用物理原理的方法，包括激光准直、液体静力水准等，能轻易地实现对变形体的连续自动观测，且相对精度较高，但对测量环境要求高，所以适用于对规则的小范围的变形体进行观测。

(4)利用空间测量技术方法，包括全球定位系统(GPS)、甚长基线干涉测量、卫星激光测距等。此方法适合大范围的变形观测，野外数据获取容易，但内业数据处理复杂。由于此方法对环境、时间限制小，能全天候地对变形实体进行动态的观测，是研究地壳变形和地表形变等的主要手段。

建筑物的变形观测采用的具体方法根据变形体的性质、使用情况、周边环境以及对变形的具体要求来定，可以选取其中的一种或几种方法结合进行施测。

第二节　建筑物沉降观测

建筑物的沉降是指建筑物及基础在垂直方向的变形(也称垂直位移)。沉降观测就是测定建筑物上所设观测点(沉降点)与基准点(水准点)之间随时间变化的高差变化量。通常采用精密水准测量或液体静力水准测量的方法进行。

一、水准基点及沉降观测点的布设

1. 水准基点的布设和要求

水准基点是垂直位移观测的基准,因此,水准基点应设在建筑物变形影响范围之外并永久保存和不受施工影响的安全的地点,以提高沉降观测的精度。可按二、三等水准点标规格埋设标石,也可设在稳固的建筑物或基岩上,为了对水准基点进行校核一般点数不少于3个。

2. 沉降观测点的布设和要求

观测点布设在变形体上,并能正确反映其变形的有代表性的特征点。点的位置和数量应该根据地质情况、支护结构形式、基坑周边环境和建筑物荷载情况而定。高层建筑物应沿其周围每隔10～20m设置一点,房角、纵横墙连接处以及沉降缝的两旁,工业厂房可布置在其基础柱子、承重墙及厂房转角处。观测点应埋设稳固、不受破坏且能长期保存。点的高度在朝向上要便于垂直立尺观测。观测点的埋设形式应根据建筑物结构、形式而设置,一般有以下几种形式:角钢埋设点观测点[图12-1(a)],设备基础观测点[图12-1(b)]和永久性观测点[图12-1(c)]。

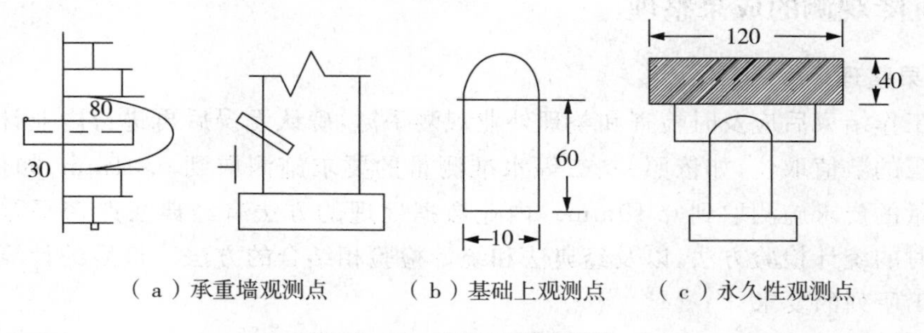

(a)承重墙观测点　　(b)基础上观测点　　(c)永久性观测点

图12-1　沉降观测点形式

二、沉降观测

1. 精度要求及施测方法

沉降观测就是根据水准基点定期对建筑物进行水准测量,测量出建筑物上观测点的高程,从而计算其下沉量。对于高层建筑、深基坑开挖、桥梁和水坝的沉降观测通常采用精密水准仪按国家二等水准测量的要求进行施测,将各观测点布设成闭合或附合水准路线联测到水准基点上。观测精度要求和观测方法见表12-1所列,对精度要求较低的建筑物可采用三等水准施测。

观测应该选择成像清晰、稳定的时间内进行，同时应尽量不转站，视线长度应小于50m，前、后视距离应保持相等。为了提高精度，采取固定人员、固定仪器和固定施测路线的三种固定方法。

沉降观测的周期应根据建筑物的特征、精度等因素综合考虑。例如，高层建筑物主体结构施工时，每1～2层楼面结构浇筑完毕就须观测一次（或者在加载达到一定的数目时就必须观测一次），在施工完成后一年内每季观测一次，在竣工后的第二年内分旱、雨两季各观测一次，至沉降稳定为止。其他建筑物的观测总次数应不少于5次。

表12－1　沉降观测精度要求及观测方法

等级	高程中误差 /mm	相邻点高差中误差 /mm	观测方法	往返较差、附合或环线闭合差 /mm
一等	±0.3	±0.15	除按国家一等精密水准测量的技术要求实施外，尚须设双转点，视线≤15m，前后视差≤0.3m，视距累积差≤1.5m，精密液体静力水准测量等	$\leqslant 0.15\sqrt{n}$
二等	±0.5	±0.30	按国家一等精密水准测量的技术要求实施精密液体静力水准测量	$\leqslant 0.30\sqrt{n}$
三等	±1.0	±0.50	按国家二等水准测量的技术要求实施液体静力水准测量	$\leqslant 0.60\sqrt{n}$
四等	±2.0	±1.00	按国家三等水准测量的技术要求实施短视线三角高程测量	$\leqslant 0.14\sqrt{n}$

三、沉降观测的成果整理

1. 成果整理

观测工作结束后应及时检查和整理外业观测手簿，确认无误后再进行内业计算。内业计算位移量的数值取位，如依照一、二等水准测量的要求施测取到0.01mm；如依照三、四等水准测量的要求施测取到0.10mm。内业数据处理的方法有经典法严密平差和采用自由网平差时的统计检验方法，以及经典法和统计检验相结合的方法。最后的计算结果应符合表12－1所列的要求。

2. 计算沉降量

第一次观测后经过计算，就对各个沉降观测点赋予了一个起始值（相当于一个基准），在以后每次观测结束后都可以根据基准点高程算出各观测点的高程，然后分别计算各观测点相邻两次观测的沉降量（本次观测高程减去上次观测高程）和累积沉降量（本次观测高程减去第一次观测的起始），并将计算结果填入表12－2所列的各项中。

3. 绘制沉降曲线

为了更形象地表示沉降、荷重、时间之间的关系，可绘制荷重、时间、沉降量关系曲线图，如图12－2所示。时间—沉降量关系曲线是以沉降量s为纵轴，时间t为横轴，根据每次观测日期和相应的沉降量按比例画出各点的位置，然后连接各点，构成$s-t$曲线图。

表 12-2　沉降观测记录

观测次数	观测时间	各观测点的沉降情况									施工进展情况	荷载情况/(t·m^{-2})
		No. 1			No. 2			No. 3				
		高程/m	本次下沉/mm	累计下沉/mm	高程/m	本次下沉/mm	累计下沉/mm	高程/m	本次下沉/mm	累计下沉/mm		
1	2014.1.10	70.454	0	0	70.474	0	0	70.467	0	0	一层平口	
2	2014.2.23	70.448	−6	−6	70.467	−6	−6	70.462	−5	−5	三层平口	40
3	2014.3.16	70.443	−5	−11	70.462	−5	−11	70.457	−5	−10	五层平口	60
4	2014.4.14	70.440	−3	−14	70.459	−3	−14	70.453	−4	−14	七层平口	70
5	2014.5.14	70.438	−2	−16	70.456	−3	−17	70.450	−3	−17	九层平口	80
6	2014.6.4	70.434	−4	−20	70.452	−4	−21	70.446	−4	−21	主体完	110
7	2014.8.30	70.429	−5	−25	70.447	−5	−26	70.441	−5	−26	竣工	
8	2014.11.16	70.425	−4	−29	70.445	−2	−28	70.438	−3	−29	使用	
9	2015.2.28	70.423	−2	−31	70.444	−1	−29	70.436	−2	−31		
10	2015.5.6	70.422	−1	−32	70.443	−1	−30	70.435	−1	−32		
11	2015.8.5	70.421	−1	−33	70.443	0	−30	70.434	−1	−33		
12	2015.12.25	70.421	0	−33	70.443	0	−30	70.434	0	−33		

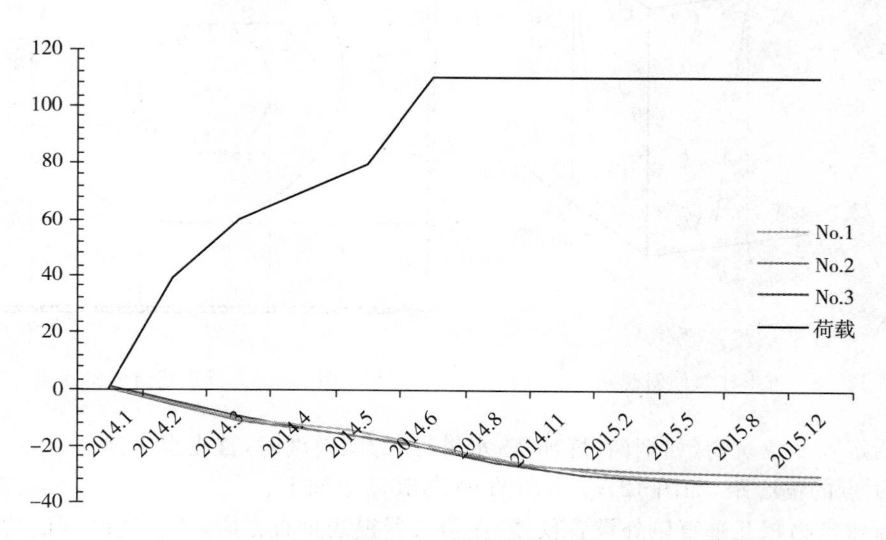

图 12-2　沉降曲线

第三节　建筑物倾斜观测

基础不均匀的沉降将使建筑物倾斜，对于高大建筑物影响更大，严重的不均匀沉降会使建筑物产生裂缝甚至倒塌。因此必须及时观测、处理，以保证建筑物的安全。下面介绍三种方法：投点法、倾斜仪观测法和激光铅垂仪法。

一、投点法

对墙体相互垂直的高层建筑，如图 12－3 所示，在建筑物顶部设置 M、P 为观测点，在离建筑物大于高度 H 的 B 点放置经纬仪，用盘左、盘右分中法定出低点 N。在另一侧面仪器放置在 A 点，由点 P 通过盘左、盘右分中法定点 Q。经过一段时间后一起分别安置在 A、B 点，按正、倒镜方法分别定出 N'、Q'点。若 N'与 N，Q'与 Q 不重合，说明建筑物产生倾斜，此时用钢尺量出位移 ΔA、ΔB，然后通过勾股定理算出总倾斜位移量

$$\Delta D=\sqrt{a^2+b^2} \tag{12-1}$$

若建筑物高度为 H，则倾斜度为：

$$i=\frac{\Delta D}{H} \tag{12-2}$$

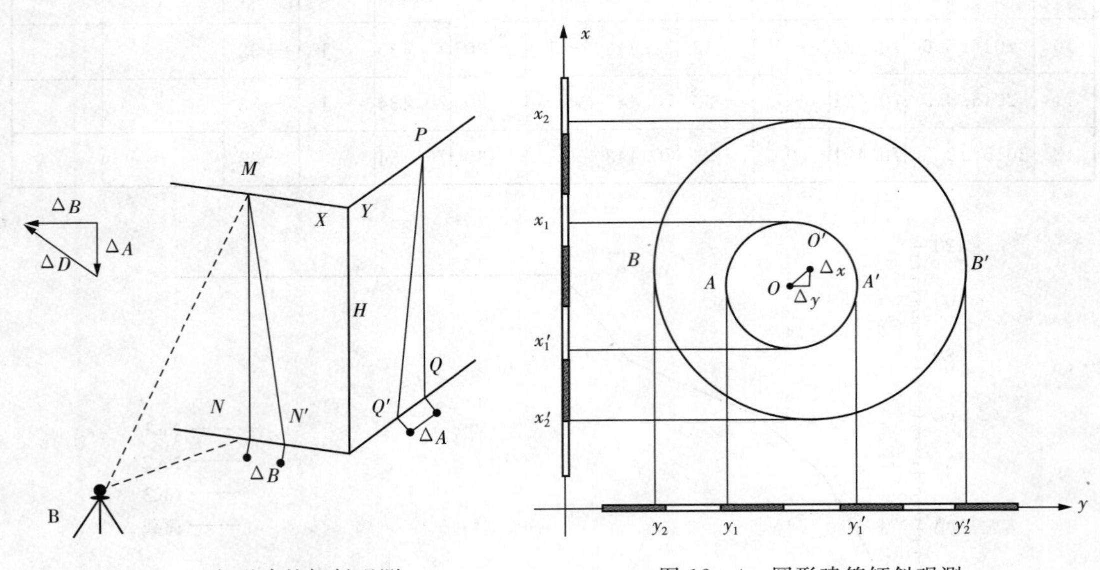

图 12－3　方形建筑倾斜观测　　　　图 12－4　圆形建筑倾斜观测

当测定圆形建筑物(如烟囱、炼油塔、水塔等)的倾斜度时，首先求出顶部中心 O 点对底部中心 O'点的偏心距，如图 12－4 所示的 OO'，其做法如下：

在与建筑物相互垂直以外设置仪器，在与仪器视线垂直方向，建筑物底部横放水准尺。如图 12－4 所示，经纬仪分别照准顶部边缘两点 A，A'及底部边缘两点 B，B'，投测在标尺上的读数分别为 y_1，y_1'和 y_2，y_2'，则横向倾斜量为：

$$\Delta y=\frac{y_1+y_1'}{2}-\frac{y_2+y_2'}{2} \tag{12-3}$$

在另一侧经纬仪照准塔形顶部及底部边缘在标尺上的读数分别为 x_1，x_1'和 x_2，x_2'，则纵向倾斜量为：

$$\Delta x=\frac{x_1+x_1'}{2}-\frac{x_2+x_2'}{2} \tag{12-4}$$

总倾斜量为：

$$OO'=\sqrt{(\Delta x)^2+(\Delta y)^2} \tag{12-5}$$

若建筑物高度为 H，则倾斜度为：

$$i=\frac{OO'}{H} \tag{12-6}$$

二、倾斜仪观测法

市面上常见的倾斜仪有气泡式倾斜仪、水准管式倾斜仪和电子倾斜仪等。倾斜仪一般具有连续读数、自动记录和数字传输等特点，有较高的观测精度，因而在倾斜观测中得到了广泛应用。

三、激光铅垂仪法

激光铅垂仪法是在顶部适当位置安置接收靶，在其垂线下的地面或地板上安置激光铅垂仪，按一定的周期观测，在接收靶上直接读取或量出顶部的水平位移量和位移方向。作业中仪器应严格置平、对中。

当建筑物立面上观测点数量较多或倾斜变形比较明显时，也可采用近景摄影测量的方法进行建筑物的倾斜观测。

建筑物倾斜观测的周期，可视倾斜速度每 1～3 个月观测一次。如果遇到基础附近因大量堆载或卸载，场地降雨长期积水多而导致倾斜速度加快时，应及时增加观测次数。施工期间的观测周期与沉降观测周期取得一致。倾斜观测应避开强日照和风荷载影响大的时间段。

第四节　建筑物水平位移观测和裂缝观测

一、水平位移观测

建筑物水平位移观测就是测量建筑物在水平位置上随时间变化的移动量。为此必须建立基准点或基准线，通过观测相对于基准点或基准线的位移量就可以确定建筑物水平位移变化情况。

常用的方法有“视准线法”“控制点观测法”等。

1. 视准线法

视准线法是在与水平位移垂直的方向上建立一个固定不变的基准线，以测定各观测点相对基准线的垂直距离的变化情况而求得其位移量。采用此方法，首先要在被测建筑物的两端埋设固定的基准点，以此建立视准基线，然后在变形建筑体布设观测点。观测点应埋设在基准线上，偏离的距离不应大于 2cm，一般每隔 8～10m 埋设一点，并做好标志。观测时经纬仪安置在基准点上，照准另一个基准点，建立了视准线方向，以测微尺测定观测点至视准线的距离，从而确定其位移量。

测定观测点至视准线的距离还可以测定视准线与观测点的偏离的角度，由于角度很小，所以称为“小角法”。小角 α 的测定通常采用仪器精度不低于 T_2 的经纬仪，测回数不小于四个测回，仪器至观测点的距离 d 可用测距仪或钢尺测定，则其偏移值 Δ 为

$$\Delta=\frac{\alpha^{n}}{\rho^{n}}d \tag{12-7}$$

2. 控制点观测法

当建筑场地受环境限制不宜采用视准线法时，可采用精密导线法、前方交会法、极坐标法等方法。将每次观测求得的坐标值与前次进行比较，求得纵、横坐标增量 Δx、Δy，从而得到水平位移量 $\Delta=\sqrt{(\Delta x)^2+(\Delta y)^2}$。

当需要动态监测建筑物的水平位移时可用 GPS 来观测点位坐标的变化情况，从而求出水平位移。还可用全站式扫描测量仪对建筑物进行全方位扫描而获得建筑物的空间位置分布情况，并生成三维景观图。将不同时刻的建筑物三维景观图进行对比，即可得到建筑物全息变形值。

二、建筑物裂缝观测

工程建筑物发生裂缝时为了解决其现状和掌握其发展情况，应对裂缝进行观测，以便根据这些观测资料分析其产生裂缝的原因和它对建筑安全的影响，及时采取有效的措施加以处理。

裂缝观测的主要技术有：(1)在发生裂缝的两侧设立观测标志；(2)按时观测标志之间的间隔变化情况；(3)分析裂缝的宽度变化及变化速度。

为了观测裂缝的发展情况，要在裂缝处设置观测标志。如图 12－5 所示，标志固定好后，在两片白铁皮露在外面的表面上红色油漆并写上编号与日期。标志设置好后，若裂缝继续发展，白铁皮就会被逐渐拉开，露出正方形白铁皮上没有涂油漆的部分，它的宽度就是裂缝加大的宽度，可以用尺子直接量出。

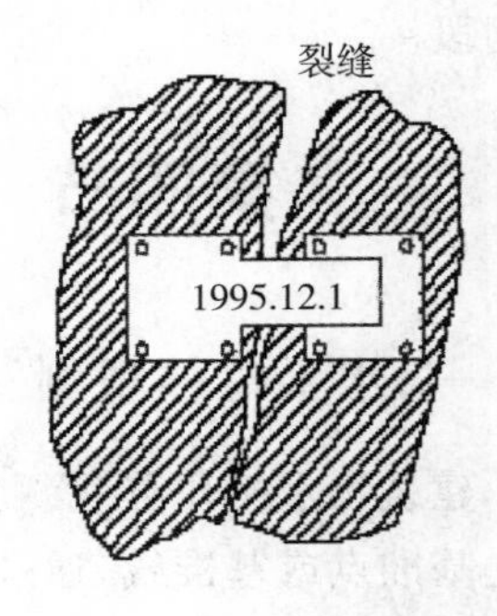

图 12－5　裂缝观测

变形量的观测的计算是以首期观测的结果为基础，即变形量是相对于首期的结果而言的，变形观测的成果应清晰直观，便于发现变形规律，通常采用列表和作图形式。

思考题与习题

1. 建筑物变形的原因有哪些？其观测目的是什么？
2. 简述变形观测的特点与意义。
3. 建筑变形观测按监测内容可分为哪些？其中最基本的观测是什么？
4. 简述建筑物沉降观测精度和方法。
5. 建筑物的倾斜如何表示？怎样进行观测？
6. 试述建筑物裂缝观测方法？
7. 简述沉降观测、水平观测、倾斜观测和裂缝观测分别具有什么意义？

参考文献

[1] 顾孝烈,鲍峰,程效军. 测量学[M].4 版. 上海:同济大学出版社,2011.

[2] 梁盛智. 测量学[M].3 版. 重庆:重庆大学出版社,2013.

[3] 马中军,鲁云仿. 工程测量[M]. 成都:西南交通大学出版社,2014.

[4] 张序. 测量学[M].2 版. 南京:东南大学出版社,2013.

[5] 曹智翔,等. 交通土建工程测量[M].3 版. 成都:西南交通大学出版社,2014.

[6] 张正禄,等. 工程测量学[M]. 武汉:武汉大学出版社,2005.

[7] 佘代俊,崔立鲁. 土木工程测量[M]. 北京:北京理工大学出版社,2016.

[8] 岳建平. 工程测量[M]. 北京:科学出版社,2006.

[9] 中华人民共和国国家标准. 工程测量规范(GB 50026—2007)[S]. 北京:中国计划出版社,2008.

[10] 中华人民共和国国家标准. 国家基本比例尺地图图式第 1 部分:1∶500 1∶1000 1∶2000 地形图图式(GB/T 20257.1—2007)[S]. 北京:中国标准出版社,2008.

[11] 中华人民共和国行业标准. 建筑变形测量规范(JGJ 8—2007)[S]. 北京:中国建筑工业出版社,2007.

[12] 中华人民共和国行业标准. 城市测量规范(CJJ/T 8—2011)[S]. 北京:中国建筑工业出版社,2011.

[13] 中华人民共和国国家标准. 建筑基坑工程监测技术规范(GB 50497—2009)[S]. 北京:中国计划出版社,2009.

图书在版编目(CIP)数据

工程测量/范正根，余莹主编．—合肥：合肥工业大学出版社，2019.12
ISBN 978-7-5650-4838-8

Ⅰ.①工…　Ⅱ.①范…②余…　Ⅲ.①工程测量　Ⅳ.①TB22

中国版本图书馆CIP数据核字(2019)第301559号

工程测量

范正根　余　莹　主编　　　　责任编辑　王　磊

出　版	合肥工业大学出版社	版　次	2019年12月第1版
地　址	合肥市屯溪路193号	印　次	2020年8月第1次印刷
邮　编	230009	开　本	787毫米×1092毫米　1/16
电　话	艺术编辑部：0551-62903120	印　张	15.5
	市场营销部：0551-62903198	字　数	349千字
网　址	www.hfutpress.com.cn	印　刷	安徽昶颉包装印务有限责任公司
E-mail	hfutpress@163.com	发　行	全国新华书店

ISBN 978-7-5650-4838-8　　　　定价：48.00元